KB095592

재미있고 알기 쉬운

# 화학실험사전

SAMAKI TAKEO 편저 / **정해상** 역

일진사

原 書 :「たのしくわかる化學實驗事典」

左卷健男 編著

原出版社 : 東京書籍株式會社

Copyright ⓒ 1996 by Samaki Takeo et al.

All rights reserved.

Korean translation rights arranged with the authors
through Tokyo Shoseki Co., Ltd., Tokyo.

Korean Translation Copyright ⓒ 2001 Gyeom Ji sa


이 책의 한국어판 저작권은 (株) 東京書籍과 독점 계약한 겸지사에 있고
제작 및 판매·공급권은 일진사에 있습니다.
저작권법에 의해 한국 내에서 보호를 받는 저작물이므로 무단전재 및 복제를 금합니다.

# 머리말

 이 책은 일본의 ㈜도쿄쇼세키(東京書籍)에서 발행한 『즐겁게 배우는 화학실험사전』을 번역한 것이다. 편저자인 사마키 다케오(左卷健男)씨는 이 책 외에도 여러 권의 화학실험에 관한 책을 저술한 바 있으며 우리나라는 물론이지만 일본에도 화학실험에 관한 책은 많은 종류가 있다.

 그럼에도 불구하고 편저자가 군이 이 책을 엮은 동기는 다음과 같은 이유에서였다고 한다.

1. 초·중·고교에서 다루어야 할, 특히 손쉽게 구할 수 있는 재료를 가지고 즐겁게 배울 수 있는 실험만을 모은 책
2. 실험 방법을 상세히 설명하고, 많은 삽화를 수록하여 쉽게 이해할 수 있는 책
3. 학교 현실에 맞추어 짧은 수업시간에도 선생님과 학생들이 충분히 실행할 수 있는 실험만을 모은 책
4. 우수한 화학 교육의 전통을 살리면서도 현대 감각에 맞게 구성하여 지루해지기 쉬운 화학을 재미를 느낄 수 있는 책

 따라서 편저자는 이 책에서 '이것도 저것도'가 아니라 '이것만은 꼭'이라는 실험을 모으는 데 심혈을 기울였다. 그러므로 이 책은 화학실험의 새로운 방법이나 오리지널리티가 있는 것만을 모아 놓은 것이 아니라, 중학 과정과 고등학교 과정을 통하여 반드시 익혀두어야 할 과제와 그것이 실제 수업에서 적용하기에 알맞은 것인가에 초점을 맞춘 책이라고 할 수 있다. 우리말로 옮김에 있어, 다년간 교육 현장에서 화학실험을 지도한 경험이 있는 많은 선생님들의 조언을 받아 쉽게 구할 수 없는 시약 및 실험 환경상 불가피한 과제는 수록하지 못했음을 밝혀 둔다.

 끝으로 번역 과정에서 큰 조언을 주신 경기 연천교육청의 신광우 장학사와 용어 교정에 많은 도움을 주신 가톨릭대학교의 윤창주 교수님께 진심으로 감사를 드린다.

옮긴이 씀

# 이 책의 구성과 사용법

각 실험에 대하여 다음과 같이 기술하고 있다. 다만, 실험 내용에 따라 불필요한 것은 생략하거나 특별한 표제를 붙인 경우도 있다.

(1) 실험 제목
· 실험 제목을 보충하는 의미에서 그 밑에 부제를 붙인 경우도 있다.
· 실험 제목 오른쪽 아래에는
- 교사 실험, 학생 실험의 구분
- 실험 소요 시간을 기록하여 편의를 도모하였다.
(2) 실험 개요
실험을 요약하여 어떤 실험인가를 바로 알아 볼 수 있게 하였다.
(3) 준비물
실험 순서에 따라 준비물을 제시하였다(수와 양을 생략한 경우도 있다).
(4) 주의 사항
특히 안전에 유의할 사항을 제시하였다.
유독·유해물질에 대해서는 폐기물 처리 방법을 제시한 경우도 있다.
(5) 실험 방법
실험 순서에 따라 스스로 실험할 수 있도록 실험방법(가급적 요점과 주의 사항)을 제시하였다.
실험방법과 실험기구 설치를 구체적으로 제시하기 위해 그림과 사진을 사용한 경우도 있다
(6) 해설
실험 배경이 되는 이론 등을 간결하게 기술하였다.
(7) 칼럼
제시된 실험 외에 참고가 될만한 실험을 칼럼 형태로 여백에 제시하였으므로 참고하기 바란다.

# 차례

## *1.* 물질이란 무엇인가?

## *2.* 상태변화

# *3.* 기체

# *4.* 용해 · 용액

# *5.* 화학 변화 입문

# *6.* 전기 화학 입문(전지와 전기 분해)

# *7.* 주기율과 물질·무기화학

# *8.* 산·염기

# *9.* 화학변화와 에너지

# *10.* 유기 화학

# *11.* 화학과 생활·환경

## 부 록

재미있고 알기 쉬운

# 화학 실험 사전

# ① 물질이란 무엇인가?

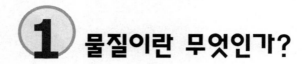

## 수은에는 쇠도 뜬다

교사 실험 ┃ 소요시간 : 10분

## ☐ 실험 개요

쇳덩어리는 당연히 물에 가라앉는다. 그러나 수은이라고 하는 밀도
가 큰 액체에서는 쇳덩어리도 둥둥 뜬다.

## ☐ 준비물

수은, 쇳덩어리(쇠구슬, 밀도 측정용의 입방체 모양 등), 텅스텐(동전
모양의 것, 전구에 쓰이는 텅스텐 코일은 표면장력 때문에 잘 가라앉
지 않는다.)

### 주의 사항

- 수은을 다룰 때 수은 증기를 마시게 되면 매우 위험하다. 수은은 증발하
  기 쉬운 액체이므로 수은을 보존할 때는 소량의 물을 넣어 둔다. 그러면
  표면이 물로 덮여 증발하기 어렵게 된다. 교사 실험의 경우에도 용기에
  넣은 수은에는 소량의 물을 부어 두는 것이 좋다. 물의 존재는 실험하고
  는 본질적으로 무관하다.
- 수은은 밀도가 매우 크므로 소량이라도 묵직하다. 따라서 수은이 든 유
  리병 밑바닥이 빠지는 수도 있다. 그러나 수은의 모습을 보기 위해서는
  유리병이 가장 적합하다.

- 수은을 비커 등 용기에 붓는 경우에는 배트(플라스틱으로 만든 것이거나 얇은 나무 상자 안쪽에 종이를 바른 것)를 마련하여, 배트 위에서 한다. 실험도 배트 위에서 한다.
- 수은보다 밀도가 큰 금속으로는 금이 있다. 금은 수은에 가라앉지만 수은 속에서 건져내면 금색은 사라지고 은색으로 된다. 이것은, 금은 수은과 아말감(수은과의 합금)을 형성하기 쉬우므로 표면이 아말감으로 변했기 때문이다. 가열하면 수은은 증발하여 원래의 금색으로 되돌아가지만 이 때 발생하는 수은 증기는 위험하다. 큰 텅스텐을 사용하면 이런 위험은 없다.

## □ 실험 방법

1. 수은이 들어 있는 용기를 각자에게 들어보게 하여 그 중량감을 느껴보게 한다.
   (250 mL 수은의 질량은 $250 \, cm^3 \times 13.6 \, g/cm^3 = 3400 \, g$, 즉 3.4 kg이 된다.)
2. 수은에 쇠구슬을 넣어 보자.
   쇠구슬이 뜨는 것을 보인 후, 여자용 투포환의 포환을 넣어 본다. 포환을 철사로 3~4겹 감은 다음, 내려뜨려 떨어지지 않는 것을 확인한 후에, 비커 안의 수은 속에 넣는다. 손을 놓아도 포환은 둥둥 떠 있다.
3. 텅스텐(동전 모양)을 수은에 넣어 보자.
   (텅스텐이라도 수은 액면과 동전 모양의 텅스텐을 평행하게 넣으면 표면장력 때문에 뜨게 된다. 액면에 직각으로 넣는다.)

## □ 해설

밀도 학습에서, 오직 질량과 부피로만 밀도를 계산해 내는 것은 밀도의 본질에서 벗어난다. 밀도는 물질의 고유한 성질이다. 수은이라고 하는 물질에 대하여 수은의 묵직한 느낌을 우리가 몸소 느껴보는 것이다.

비교를 위해 수은과 같은 질량의 물의 양을 보여 주는 것도 좋은 방법이다.

---

### 돌이 뜨는 액체

메스실린더에 자갈을 미끄러뜨리 듯이 살며시 넣는다. 사브로모에탄 (테트라브로모에탄)을 주입하면 돌은 떠오른다. 사브로모에탄의 밀도는 $3.0 \, g/cm^3$이고 돌(화강암)은 $2.6 \sim 2.7 \, g/cm^3$이기 때문이다.

다음은 빨간 잉크 등으로 착색한 물을 넣은 다음에 등유(밀도 $0.80 \sim 0.83 \, g/cm^3$)를 넣는다.

납(밀도 $0.9 \, g/cm3$ 정도)을 넣으면 납은 물에 뜨고, 등유에는 가라앉으므로 마침 경계선에서 멈춘다.

뜨고 가라앉음에 대하여 시범을 보이기에 알맞은 실험이다.

## ● 계란은 소금물에도, 설탕물에도 뜬다 ●

교사 · 학생 실험 ┃ 소요시간 : 10분

### □ 실험 개요

계란이 소금물에 뜬다는 것은 알고 있지만 '설탕물에서는 어떻게 될까?' 하는 질문을 받으면 대답을 망설이게 된다. 설탕물도 물보다는 밀도가 크기 때문에 농도가 큰 경우는 계란이 뜬다.

### □ 준비물

소금, 설탕, 물, 계란, 비커, 유리 막대

### 주의 사항

신선한 계란을 준비한다. 신선한 계란의 밀도는 $1.08 \sim 1.09$ g / $cm^3$이지만 오래된 계란이면 기공을 통해 내부 수분이 증발함으로 무게가 줄어든다. 따라서 산란 후 며칠 지난 것일수록 뜨기가 쉬워진다. 실제로 일정한 농도의 소금물($1.08$ g / $cm^3$)에 계란을 넣어, 뜨고 가라앉음으로 그 신선도를 알아보기도 한다.

### □ 실험 방법

1. 물이든 비커에 계란을 넣으면 계란은 가라앉는다. 물 속에 소금을 넣으면서 뒤섞으면 계란은 떠오른다.
2. 물이 든 또 다른 비커에 계란을 넣고 이번에는 설탕을 넣으면서 휘저어 보자. 꽤 많은 양을 넣어도 떠오르지 않는다. 계속해서 설탕을

넣으면 계란은 곧게 서고, 차차 떠오를 기미를 보인다. 결국 계란은
떠오른다.

## ☐ 해설

소금물의 농도와 밀도의 관계 및 설탕물의 농도와 밀도의 관계는
다음과 같다.

소금물 용액(20℃) $(g / cm^3)$

| 1% − 1.005 | 5% − 1.034 |
|:---:|:---:|
| 10% − 1.071 | 15% − 1.109 |
| 20% − 1.149 | |

설탕물 용액(20℃) $(g / cm^3)$

| 5% − 1.018 | 10% − 1.038 | 15% − 1.059 |
|:---:|:---:|:---:|
| 20% − 1.081 | 25% − 1.104 | 30% − 1.127 |
| 35% − 1.151 | | |

# 금속의 연성 · 전성

교사 · 학생 실험 ┃ 소요시간 : 20분

## □ 실험 개요

약 2 m 가 되는 에나멜선 양쪽 끝을 천천히 잡아당기면 80 cm 가량 늘어나는 것을 볼 수 있다. 또 낚시용 추(납)를 모루 위에 놓고 망치로 두드리면 얇게 퍼지는 것을 알 수 있다.

## □ 준비물

에나멜선(지름 0.5 mm, 길이 2.5 m), 나무 막대 2개(길이 30 cm), 낚시용 추(가급적 큰 것), 주석, 아연, 쇠망치, 모루

## □ 실험 방법

[연성]

1. 에나멜선 양 끝을 막대에 여러 번 감아 고정한다. 막대 양 끝 사이를 약 2 m로 한다. 막대에 에나멜선을 묶으면 그 부분에 힘이 가해져 잘리는 수가 있으므로 주의한다.
2. 에나멜선 한쪽 끝 막대를 테이블 가장자리에 대고 꼭 누른다.
3. 다른 쪽 끝에 감긴 에나멜선을 감을 듯이 천천히 당긴다. 그러면 약 50~80 cm는 늘어난다.

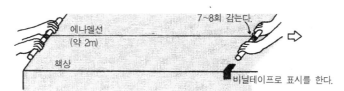

[전성]

1. 모루 위에 낚시용 추(납)를 놓고 쇠망치로 두드린다. 추를 오래 두드리면 매우 넓게 펴진다.

2. 다른 금속(주석, 아연)도 마찬가지로 두드려 펴 보자.

우틀두틀한 부분을 매끄럽게 한다.

□ **발전**

[못으로 칼을 만든다.]

1. 못의 머리 부분을 젖은 걸레로 감싸 잡고, 못 중간쯤에서부터 끝까지 버너 불에 달군다.

2. 쇠가 새빨갛게 되면 모루 위에 놓고 쇠망치로 골고루 두드려 늘린다.

끈을 감는다.

날을 세운다.

3. 칼의 등과 날에 해당하는 우둘두툴한 부분을 줄로 매끄럽게 다듬는다.

4. 거친 숫돌과 마무리 숫돌로 날을 세운다.

□ **해설**

• 가는 에나멜선은 양 끝을 당기는 공정을 여러 번 반복하면 더욱 가늘게 할 수 있다.

• 알루미늄은 0.006 mm, 금은 0.0001 mm까지 가늘게 뽑을 수 있다.

# 금속 거울을 만든다

## 거울 만들기로 발견할 수 있는 아름다운 금속 광택

학생 실험 ┃ 소요시간 : 50분

## □ 실험 개요

은거울 반응으로 유리에 얼룩이 없는 아름다운 은도금을 할 수 있다. 유리로 만든 병이나 유리컵의 측면에 은도금을 하여 원통형의 거울을 만든다.

## □ 준비물

5% 질산은 수용액(500 g 단위로 구입하면 싸게 살 수 있다), 5% 암모니아수, 10% 포도당 수용액, 4% 수산화나트륨 수용액, 이온 교환수(시약은 모두 증류수나 이온교환수로 용해한다), 병(값비싼 시약을 낭비하지 않도록 50 mL 정도의 작은 유리 샘플병 등이 적절하다), 바니어 도료(유성 도료), 스폰지

거울면의 병

은도금액

## □ 실험 방법

1. 유리병을 깨끗하게 세척한다.
2. 질산은 수용액 70 mL 에 침전이 없어질 때까지 암모니아수(18 mL 정도)를 가한다. 다른 용기에 포도당 수용액 70 mL 와 수산화나트륨 수용액 약 10방울(증감에 따라 반응속도를 조절할 수 있다)을 넣는

다. 두 용액을 혼합하여 즉시 유리병에 붓는다. 20분 정도 지나 액을 따라 내고, 이온교환수로 세척한 후 드라이어로 건조시킨다. 바니스 등의 유성 도료를 흘려 넣어 보호막을 형성하게 한다.

3. 아름다운 거울면을 가진 병은 멋진 그릇이 된다. 굽은 면에 글씨나 그림을 비추어 보자.

## □ 해설

금속은 누르스름한 금과 불그스름한 구리를 제외하면 모두가 은백색 고광택을 낸다.

거울 제작방법인 은거울 반응으로 유리면에 은도금을 해 볼 때 시판 거울의 구조와 금속의 관계를 생각할 수 있는 동기가 부여될 것이다. 은거울 반응에 의한 거울 만들기는 화학 반응에 의해 즉시 실용적인 것을 만들 수 있는 흔치 않은 예 중 하나이다.

# 전이 원소
## 금속박과 금속구를 이용하여

교사 · 학생 실험 ▌ 소요시간 : 30분

## ☐ 실험 개요

전이원소는 모두 금속이다. 금과 구리를 제외하고는 모두가 같은 은색을 띠기 때문에 구분하기가 어렵다. 그러나 자석이 있다면 우선 강자성체인 세 금속(철, 코발트, 니켈)을 다른 금속에서 구분해 낼 수 있다. 이 세 금속을 다시 구별하려면 산이 필요하다. 용해시켜 이온의 색깔로 구분할 수 있다. 색깔이 연한 경우라도 발색 시약을 사용하면 뚜렷하게 세 가지 금속으로 구분해 낼 수 있다.

## ☐ 준비물

- 은박과 니켈박
- 철 · 니켈 · 코발트의 구 (코발트박은 매우 고가이므로 과학기자재 판매점에서 구입할 수 있는 코발트구를 사용하여 자성과 산에 녹였을 때의 이온색을 확인한다. 철과 니켈도 산에 녹였을 때의 이온색을 확인하기 위해서는 박보다는 구를 사용하는 편이 색깔의 변화를 뚜렷하게 볼 수 있다.)
- 자석, 진한 염산, 진한 과산화수소수, 물, 세척병, 비커, 시험관 3개, 시험관대, 사이오사이안산포타슘/칼륨 용액, 다이메틸글라이옥심 1% 에탄올 용액, 1 mol/L 암모니아수, 사이오사이안산암모늄의 아세톤 포화 용액

### 주의 사항

진한 염산, 진한 과산화수소수, 물을 1:1:1의 비율로 혼합한 산은 매우 강력하여 금도 녹인다. 물을 가하지 않으면 금속을 넣지 않아도 분해하여 염소를 발생시키므로 주의해야 하고, 사용 직전에 혼합하도록 한다. 반응이 지나치게 격렬한 때는 물을 가하여 반응속도를 조절한다.

## □ 실험 방법

1. 철, 니켈, 티타늄, 지르코늄 등의 박을 제시하여 외관상으로 구별하기 어렵다는 것과 자석에 붙는 것은 철, 니켈박과 코발트(구) 뿐이란 것을 보여 준다. 원소 샘플이 부착된 게시용 대형 주기율표를 사용하면 편리하다.

2. 진한 염산, 진한 과산화수소수, 물을 1:1:1의 비율로 혼합한 산을 3개의 시험관에 3 cm 정도 주입한다. 여기에 철구(박), 니켈구(박), 코발트구를 가한다. 철은 바로 반응하여 황색 용액이 된다(반응이 격렬할 경우 적당하게 물을 가하여 속도를 조절한다). 코발트는 5분 정도면 붉은 이온의 색깔을 확인할 수 있을 정도가 된다. 니켈은 녹색이 되지만 반응이 느리고, 최초에는 색깔이 엷다(사전에 산에 니켈을 가하여 용해시켜 녹색을 확인할 수 있는 것을 준비해 두는 것이 좋다). 이처럼 철, 코발트, 니켈의 세 가지 용액은 황색, 적색, 녹색의 세 가지 색으로 뚜렷하게 구별된다.

   다음에 이 세 가지 색깔 용액을 구별할 수 없을 정도까지 희석시킨다. 철이온을 함유하는 것에 사이오사이안산칼륨 용액을 가하면 적혈색으로 발색한다(이것은 심령수술 등에서 혈액으로 속이는데 사용되고 있다). 또한 헥사사이아노철(Ⅱ)산칼륨 용액을 가하면 진한 청색의 침전이 생긴다.

   니켈 이온을 함유하는 것에 다이메틸글라이옥심 1% 에탄올용액과 1 mol/L 암모니아수를 떨어뜨리면 선홍색의 침전이 생긴다. 100원짜리와 500원짜리 동전에도 니켈이 함유되어 있어, 이 두 종류의 시약을 떨어뜨리면 적색으로 발색한다.

코발트 이온을 함유하는 것은 사이오사이안산암모늄의 아세톤 포화 용액을 과량 가하면 청색으로 발색한다.

□ **해설**

코발트 이온의 용액은 온도가 높으면 보라색, 낮으면 핑크색으로 되는 성질이 있다. 이것과 관련하여, 건조하면 청, 습하면 핑크로 되는 성질도 있다. 건조제인 실리카겔 안에는 염화코발트의 용액으로 착색한 푸른 입자가 혼합되어 있다. 수분을 흡수하여 작용할 수 없게 되면 핑크색으로 변하므로 건조제의 수명을 알 수 있게 되어 있다. 손수건에 염화코발트 용액을 스며들게 하면 습도에 따라 색깔이 변하는 가변색 손수건이 된다. 또 유리관에 염화코발트 용액을 봉입하면 온도에 따라 색깔이 변화하는 재미있는 온도계가 된다.

최근에 니켈 알레르기의 원인으로 피어스 등의 장식품이 지적되고 있다. 니켈 검출약으로는 나이신이 판매되고 있다. 뜻밖의 것에 니켈이 함유되어 있는 경우도 있어, 금속 알레르기 문제의 해결을 위해서도 니켈의 검출은 중요하다.

## 금과 백금을 녹여 보자
### 금속박을 사용한 산과 귀금속 반응

교사 · 학생 실험 ▌ 소요시간 : 20분

## □ 실험 개요

귀금속인 은과 백금은 외견상으로는 모두 은색이다. 그러나 은은 질산에 쉽게 녹고 백금은 녹지 않는다는 점에서 쉽게 구별할 수 있다. 마찬가지로 외견상으로는 비슷한 놋쇠와 금도 질산에 녹는가의 여부로 구별할 수 있다. 금과 백금도 왕수에는 녹는다. 비용이 마음에 걸리는 산과 귀금속의 반응도 금속박을 사용하면 명확하게 확인할 수 있고, 또한 비용도 절약할 수 있다.

## □ 준비물

- 금박, 은박, 백금박, 놋쇠박(플라스틱 필름에 정전기로 부착시킨 것으로 쓰기가 편리하다. 시트별로 손에 들고 보일 수 있고, 시트별로 가위로 작게 잘라 사용할 수 있다. 이들 금속박은 넓은 폭의 양면 테이프로 눌러, 테이프에 옮겨 뜬 후 OHP시트와 0.2 mm의 투명 플라스틱 판에 붙여두면 더욱 다루기 쉽고, 전지와 전기분해의 전극으로서도 손쉽게 사용할 수 있다.)
- 진한 질산, 진한 염산, 샬레, 스포이드

### 주의 사항

진한 질산, 진한 염산은 취급할 때 조심해야 한다. 진한 질산과 금속의 반응에서는 이산화질소, 왕수와 금속의 반응에서는 염소 기체 등의 유독 가스가 발생하므로 금속의 양과 환기에 주의해야 한다.

금을 왕수에 녹이는 실험을 시험관에서 하면, 금을 가했을 때에 왕수가 황색으로 변색하여 마치 금이 녹은 것처럼 보인다. 그러나 이것은 금이 녹은 색깔 이외에 왕수 중의 질산이 분해하여 생긴 색깔도 포함되어 있으므로 설명할 때 유의할 필요가 있다. 백금을 넣었을 때에도 마찬가지로 왕수는 변색하나 금이 녹았을 때는 짙은 황색으로 된다.

## □ 실험 방법

은박과 백금박을 각각 2 cm 정도 잘라 샬레 속에 나란히 놓는다. 어느 쪽이 은이고 백금인가를 예상하면서 질산을 떨어뜨려 본다. 갈색의 이산화질소가 발생되면서 녹는 쪽이 은이다. 백금은 녹지 않지만 그 위에 염산을 반복해서 떨어뜨리면 산은 왕수가 되고, 백금도 점차 녹기 시작한다.

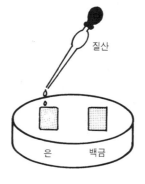

마찬가지로 놋쇠박과 금박으로도 실험하여 본다. 놋쇠박은 녹으면 구리이온의 청록색이 나타난다. 금은 백금과 마찬가지로 왕수로 처리하지 않으면 녹지 않는다.

## □ 폐기물의 처리

은은 독성이 강하여 노동환경에 있어 은의 기준값은 $0.01 \, \text{mg} / \text{m}^3$ 로서 카드뮴과 수은의 기준값(모두 $0.5 \, \text{mg} / \text{m}^3$)보다 엄격하다. 클로렐라의 생육 저해효과는 은은 구리의 약 10배, 카드뮴의 약 100배이다. 은의 폐액은 다른 중금속과 동일한 배려가 필요하다.

## 원소의 샘플이 붙은 주기율표

### 각종 금속박을 중심으로

학생 실험 ┃ 소요시간 : 40분

## □ 실험 개요

103 종의 원소 중에는 금속처럼 박의 형태로, 또는 비금속이라도 분말의 형태로 실물을 주기율표에 부착할 수 있는 것이 있다. 20종 정도의 원소 샘플을 주기율표에 붙여 각종 실험을 하여 보자.

## □ 준비물

- 주기율표 (교과서의 뒤 표지에 있는 주기율표에 직접 샘플을 붙여도 무방하나, OHP 필름에 주기율표를 복사한 편이 아름답고 내구성도 좋다.)
- 게시용 대형 주기율표, 금속박 (Mg, Al, Ti, Fe, Ni, Cu, Zn, Zr, Nb, Mo, Pd, Ag, Sn, Ta, Pt, Au, Pb 등)과 비금속 분말 (P, Si, C, S, Sb 등), 양면 테이프 (1 cm 폭으로 5 mm마다 눈금이 있는 것), 가위, 핀셋, 마그넷 시트

## □ 실험 방법

금속박에 양면 테이프를 붙이고 끝에 원소명, 원소기호, 원자번호를 적은 종이를 붙인다. 이것을 5 mm

정도의 폭으로 잘라 양면 테이프의 종이를 떼어내고 주기율표에 붙인
다. 커다란 주기율표에 각 원소의 커다란 샘플을 붙인 것을 한 개 준
비해 두면 수업에 편리하다.

　[원소 샘플 주기율표의 장점]
1. 금과 구리만이 황색이고 다른 금속은 모두 은색이다.
2. 금속은 모두 전기가 잘 통한다.
3. 자석에 붙는 것은 Fe, Ni, Co 뿐이다 (마그넷 시트 조각으로 확인).
4. 박을 잘라 봄으로써 금속에는 Ti 가까이에 있는 것처럼 견고한 것
　과 Pb와 Zn 가까이에 있는 것처럼 연한 것이 있다는 것을 실감할
　수 있다.
5. Mg 등은 녹슬기 쉽고, 나트륨과 칼륨 등은 그보다 더 녹슬기 쉽기
　때문에 박을 붙일 수가 없다.
6. P는 성냥 끝에 붙인 물질이다.


　이러한 금속의 주요 용도로서는 다음과 같은 것이 있다.
- Ti　: 테이프 레코더의 헤드
- Ni　: 전극
- Cu　: 프린트 배선의 기반
- Zr　: 프린트 놀이의 플래쉬
- Mo : 할로겐 램프의 유리와 베이스의 접합
- In　: 볼베어링의 회전을 원활하게 한다
- Pb　: 방사선기사 등이 사용하는 X선 방지용 앞치마
- Fe　: 전자파 차단제
- Zn　: 방식용
- Pd　: 수소의 정제
- Sn　: 좌약의 포장

## 설탕의 성분원소를 알아본다

교사·학생 실험 ▌소요시간 : 20분

### □ 실험 개요

설탕만을 가열한 것은 엿 모양으로 융해되어 검게 달라붙고, 시험관 안에는 물방울이 생긴다. 설탕과 산화구리(Ⅱ)를 혼합한 것을 가열하였을 때는 시험관 둘레에 물방울이 생겨 구리가 석출된다. 생성된 기체를 석회수에 통과시키면 용액이 흐려진다.

### □ 준비물

설탕 0.5 g×2, 산화구리(Ⅱ) 0.5 g, 석회수, 염화코발트 종이, 성냥, 시험관, 기체 유도관, 지지 기구, 가열장치, 약숟가락, 약 포장 종이, 저울

#### 주의 사항

시험관을 가열할 때는 시험관 바닥을 수평보다 약간 올려서 가열한다. 가열을 중지하여 기체 발생을 멈출 때는 역류 방지를 위해 기체 유도관을 석회수에서 빼내야 한다.

### □ 실험 방법

[탄소 및 수소의 검출]
1. 설탕 0.5 g을 시험관 속에 넣는다.
2. 스탠드에 고정시키고 가열하여 변화를 관찰한다.
3. 다음에 설탕 0.5 g과 산화구리(Ⅱ) 0.5 g을 취한다.
4. 이것을 시약용지 위에서 잘 혼합한 후에 시험관에 넣는다.

5. 그림과 같이 기체유도관
   을 부착, 스탠드에 고정
   한다.
6. 시험관을 가열하면서 시
   험관 내의 상태를 관찰
   하고, 발생하는 기체를
   석회수에 통과시키며, 그
   때의 변화를 관찰한다.

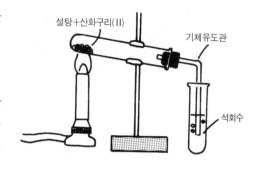

7. 시험관 둘레에 붙은 액에 염화코발트지를 접촉시켜 본다.

□ **해설**

설탕을 가열하면 그 변화하는 상태를 잘 알 수 있다. 연소 생성물이
발생하지 않으며, 시험관 입구에는 물방울이 생긴다.

설탕과 산화구리(Ⅱ)를 혼합하고 가열하는 경우 발생하는 기체를 석
회수에 통과시키면 석회수가 희게 흐려진다. 이것은 이산화탄소가 발
생하기 때문이며, 설탕의 성분에는 탄소가 함유되어 있음을 알 수 있다.

다음에 시험관 입구 부근에 물방울을 볼 수 있는데, 염화코발트지가
청색에서 핑크색으로 변화하는 것으로 물이라는 것을 확인할 수 있다.

이것으로 설탕의 성분 중에 수소가 함유되어 있음을 알 수 있다.

□ **고급 실험**

1. 핀셋으로 각설탕을 집어 버너 불꽃에 접근시켜 본다.
2. 각설탕에 소량의 초목 재를 묻히고, 핀셋으로 집어 버너 불꽃에 접
   근시켜 본다.
3. 초목 재의 성분 (탄산칼륨 등)이 촉매가 되어 파르스름한 불꽃을 내
   며 연소한다 (유기물인 것을 알 수 있다).

## 된장에서 소금을 추출한다

학생 실험 ┃ 소요시간 : 1시간

### □ 실험 개요

'된장에서 소금을 추출하여라.' 혹은 '소금은 몇 %나 들어 있는지 정확하게 측정하는 방법을 제시하여라.'라고 지시한다. 각 반별로 실험 방법을 토의한 후 실험계획서를 제출하도록 지도한다.

### □ 준비물

된장, 여과지, 증발 접시, 비커, 유리 막대, 깔때기, 깔때기 대, 가스 버너(학생들에게 실험 방법을 연구하게 하기 위해 이 외에도 준비물이 있을 수도 있다.)

### □ 실험전의 준비

제출된 실험계획서는 위험한 실험조작을 체크하고 미진한 점을 지적하여 되돌려 준다. 실험계획서를 보고 '왜 이러한 조작을 하면 좋은가를 교과서나 참고서를 통하여 조사하라'고 지시할 수도 있다. 학생들의 계획서는 '된장을 물에 녹여 여과한다. 그 액을 비커로 농축한다' 등이 일반적이다. 된장은 콜로이드 성분이 함유되어 있어 일반적으로는 여과가 되지 않는다.

### □ 학생들의 탐구활동 예

대부분 학생들은 적절한 실험방법을 찾지 못한 채로 실험을 한다.

여과는 약 100 mL의 액이라도 꼬박 1시간은 필요하다. 여과하여도 결국은 황색이다. 무색 투명한 용액이 얻어지리라고 예상했던 학생은 기대한 결과를 얻지 못하여 좌절할 수 있다. 그 속에 소금이 포함되어 있으리라고는 생각지 못한다. 이 경우 찍어서 맛을 보게 해 본다.

학생들이 이 노란 액체를 가열하려 할 때 증발 접시를 사용하도록 지도한다. 굳어진 후 가스 버너에서 내려놓는 학생과 그것을 탄화할 때까지 가열하는 학생이 있다. 후자의 경우는 숯처럼 된 것 속에 소금의 모습은 보이지 않는다(사실은 숯 속에 반짝이는 작은 소금의 결정이 있는데 말이다). '조금 전에 핥았을 때는 소금이 있지 않았나' 라고 지도한다(이 지도를 하지 않으면 탄화한 숯을 버리는 경우도 있다). 충분하게 탄화되었으면 물에 소금을 용해시켜 무색 투명한 소금(정확하게는 무기 염류)을 추출할 수 있다.

이상은 학생의 탐구활동의 한 가지 실례이다(여과에 의하지 않는 방법이 최선의 방법이다. 된장의 질량을 측정하여 그것을 버너로 태우면 유기물은 탄화하고 소금은 물을 가하여 추출할 수 있다). 최후에 리포트를 제출하도록 한다.

이 실험 리포트는 학교에 입학하여 최초의 것일지도 모르므로, 리포트의 각 항목, 쓰는 방법에 대한 지도가 필요하다. 또한 실험 목적을 파악하는 것이 왜 중요한가를 지도하는 동시에, 다음 사항의 중요성도 지도한다. (ⅰ)실험 목적에 따라 실험조작을 설정하는 것, (ⅱ)그 결과 무엇을 알게 되었는가를 결론으로 명확하게 요약하는 것, (ⅲ)왜 그러한 조작을 설정하고자 하였는가의 이유.

---

### 물 속에서의 황인의 연소

시험관에 쌀알 만한 크기의 황인 2~3 알갱이를 넣고 물 15~20 mL 을 가한다. 이것을 70~80℃로 가열한 뜨거운 물 속에 세워 두면 인이 용융한다.

유리관을 인 가까이까지 넣어 서서히 산소를 보내면 인과 산소의 기포가 접촉하여 즉시 발화하며, 수중에서 불덩어리를 볼 수 있다.

## 인광과 황인의 자연발화

□ **실험 개요**

이황화탄소에 황인을 녹인 후, 이 용액으로 종이에 글자를 쓴다. 잠시 있으면 인은 자연 발화하여 흑색의 글자가 나타난다. 암실에서 하면 인광은 빛을 발생하므로 확인할 수 있다.

□ **준비물**

황인, 이황화탄소, 붓, 종이

**주의 사항**

- 황인은 발화하기 쉽고 위험하므로 물 속에 보존한다. 용기(유리제)에는 뚜껑을 닫아 물이 증발하여 없어지지 않도록 한다.
- 황인을 다룰 때는 직접 손에 닿지 않도록 한다. 또 황인을 절단할 때는 물 속에서 한다. 상당히 단단하므로 핀셋으로 잡고, 가위로 자르면 된다.
- 황인에 묻은 수분을 제거하려면 여과지 위에 굴리면 된다. 그래도 수분이 제거되지 않을 때는 종이 사이에 끼고, 가볍게 누르면 된다 (필자는 수분을 제거하려고 종이로 닦은 적이 있다. 마찰열 때문에 황인이 발화하였다).
- 황인으로 다루는데 사용한 핀셋, 가위는 불에 그슬러 인의 성분을 제거한다. 종이 등도 태워버린다.
- 황인으로 화상을 입었을 경우, 즉시 요오드 팅크를 바르거나 표백분의 묽은 용액으로 씻고, 즉시 의사의 치료를 받는다.
- 이황화탄소 용액이 손가락 끝에 묻지 않도록 주의한다. 묻었을 경우 즉시 물로 씻는다.

## □ 실험 방법

[황인 용액으로 인광 글자 쓰기]

1. 시험관에 이황화탄소 3 mL 를 넣는다.

2. 이 액에 쌀알 정도 크기의 황인을 넣으면 녹아서 무색의 액체가 된다 (적인의 경우는 녹지 않는다. 그 이상의 황인을 녹이면 자연 발화하였을 때 종이 전체가 연소하는 경우가 있어 위험하다).

3. 붓을 사용하여 황인의 이황화탄소 용액으로 종이에 글자를 쓴다 (액이 종이 뒷면까지 스며들어 테이블면에 묻으면 테이블에 인광이 보이므로 테이블면에 묻지 않도록 주의하며 쓴다. 쓰고 나면 붓은 즉시 시험관 속의 물에 담근다).

4. 이 종이를 손에 들고 잠시 있으면 이황화탄소가 휘발하고, 나머지 인이 자연 발화하여 검은 색깔의 글자가 나타난다. 암실에서 하면 발화하기 이전부터 청백색의 인광이 나오는 것을 볼 수 있다.

[황인 자연발화 실험]

1. 금속판 위에 종이를 느슨하게 뭉쳐 넣고 여기에 황인의 이황화탄소 용액을 떨어뜨린다.

2. 잠시 있으면 일시에 발화 연소한다.

인의 자연발화

  ※ 황인은 유독 물질이므로 구입이 곤란하다.

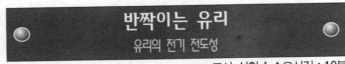

반짝이는 유리
유리의 전기 전도성

교사 실험 **|** 소요시간 : 10분

## □ 실험 개요

유리막대를 가스 버너로 가열하여 녹은 부분에 전류를 흘리면 유리는 눈부시게 반짝인다.

## □ 준비물

유리막대, 가스 버너, 성냥, 탄소막대(지름 6 mm×길이 10 cm, 2자루), 젓가락(목제로 만든 것, 1쌍), 탄소막대 고정용 금속기구, 소켓, 전구(40~60w), 플러그, 비닐테이프, 코드

### 주의 사항

강렬한 빛은 눈을 해치므로 오랫동안 바라보지 말 것.

## □ 실험 방법

[전기가 통하는 기구 제작]
다음의 그림과 같이 전도체를 만든다.

[방법]
1. 전도체를 콘센트에 접속하고 탄소막대끼리를 접촉시켜 전구가 점등하는 것을 확인한다.
2. 가스 버너에 점화한 후, 불꽃을 강하게 한다.

3. 유리막대 끝이 빨갛게 될 때까지 가열하여 융해시킨다.

4. 유리막대를 불꽃에 쪼인 채로 유리의 융해된 부분(폭 3 mm 정도)을 전도체의 탄소막대로 집는다. 전류가 흘러 전구가 점등하고, 융해된 유리의 탄소막대에 집힌 부분이 반짝인다.

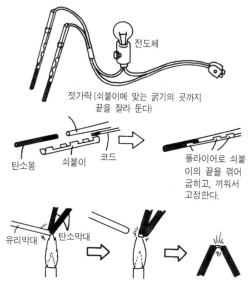

전도체

젓가락 (쇠붙이에 맞는 굵기의 곳까지 끝을 잘라 둔다)

탄소봉    쇠붙이    코드

플라이어로 쇠붙이의 끝을 꺾어 굽히고, 끼워서 고정한다.

유리막대    탄소막대

융해된 유리를 탄소막대로 집어내어 가늘게 늘린다.

5. 유리의 융해된 부분을 그림과 같이 탄소막대로 집어든다. 전기가 통하면서 열이 생겨 불꽃 밖으로 내어도 유리는 융해상태를 유지하고, 전류가 흘러 계속 반짝인다. 또한 융해된 유리막대의 한 점을 그림과 같이 가늘게 늘리면 유리는 보다 강하게 빛난다.

## □ 해설

유리는 규소와 산소가 상호 결합하여 이루어진 입체적인 3차원적 그물 구조 내부에 나트륨 이온과 칼슘 이온이 분산된 구조를 하고 있다. 유리를 가열 융해시키면 이들 이온이 이동할 수 있게 되어 전기 전도성이 나타난다. 또 가열과 전류 이동으로 이들 이온 중의 전자가 에너지가 높은 상태로 이동하지만 그것이 다시 원래의 낮은 에너지 상태로 되돌아 올 때 양자의 차이에 해당하는 에너지가 빛으로 방출된다. 이것이 유리의 발광으로 관찰되는 것이다.

## 매우 간단한 분자 모형

학생 실험 | 소요시간 : 60분

### □ 실험 개요

본을 따라 두꺼운 종이로 피스를 잘라 내어 그것을 조립하여 여러 가지 분자의 모형을 만든다.

### □ 준비물

두꺼운 종이, 분자모형 그림(사전에 인쇄하여 둔다), 가위

### □ 실험 방법

1. 반별로 가위와 분자모형 그림을 나누어준 후 두꺼운 종이에 붙이게 하고 가위로 오리도록 지도한다 (메탄 3분자 분).

2. 메탄 분자를 조립하여 정사면체 구조를 확인한다.

3. 메탄 분자 2개로 에탄 분자를 만든다. 또 프로판·부탄 분자도 만든다.

4. 학생들이 제작한 분자모형을 모두 연결하여 고분자 모형을 만든다.

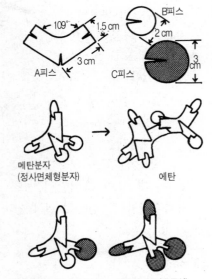

메탄분자
(정사면체형분자)  에탄

모노클로로메탄 (극성)   사염화탄소 (무극성)

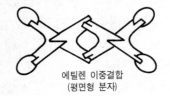

에틸렌 이중결합
(평면형 분자)

5. 메탄분자 2개로 아세틸렌 분자를 만들어 평면구조를 이루는 것을
   확인한다.
6. 메탄분자 2개로 아세틸렌 분자를 만들어, 3중 결합과 분자의 모양
   이 직선형이 되는 것을 확인한다.
7. B (수소)피스를 C피스와 바꾸어(C피스를 산소 또는 염소 원자로 간
   주하여) 물, 알코올, 모노클로로메탄, 클로로포름 등을 만든다. 가장
   간단한 분자 모형을 자작할 수 있으며, 응용범위도 매우 넓다. 특히
   극성 분자의 구조를 지도하는데 적합하다.

[철사분자 모형]

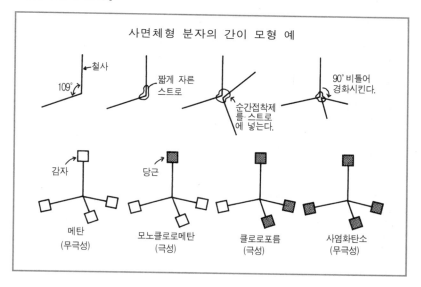

## ● 발포 스티롤 구에 의한 결정모델 ●

학생 실험 ▌ 소요시간 : 60분

### □ 실험 개요

발포 스티롤 구와 플라스틱 판을 사용하여 면심 입방격자와 체심 입방격자의 두 가지 결정 모형을 만든다. 준비가 잘 되었을 경우 1시간 내에 학생 전원이 완성할 수 있다. 모형 제작을 완성했을 때 결정 구조를 실감할 수 있을 뿐만 아니라 악세사리로도 매력이 있다.

### □ 준비물

• 발포 스티롤 구(지름 2.5 cm와 3 cm 등 여러 가지 크기의 것이 있다. 구의 크기에 따라 플라스틱 판으로 만드는 케이스의 크기가 달라진다. 지름 2.5 cm의 구가 값싸게 만들 수 있고, 튼튼한 케이스를 만들 수 있으므로 좋다.)
• 두께 0.5 mm의 플라스틱 판(문구점에서 살 수 있다.)
• 컷터, 셀로판 테이프, 착색용 포스터 컬러, 이쑤시개

### □ 만드는 방법

[케이스]

1시간 안에 완성하기 위해서는 사전에 플라스틱 판을 재단기를 사용하며 폭을 정확하게 맞춰 잘라 놓는다. 케이스 사이즈의 계산과 플라스틱 판의 재단부터 시키게 되면 계산을 할 수 없는 학생도 많고, 시간도 2시간 이상은 필요하게 된다. 또 이렇게 사전 준비를 하여 두면 플라스틱 판의 낭비가 없고, 시간 안에 완성하지 못한 학생도 집으

로 가져가 작업하
기 쉽다. 면심 입
방격자의 경우는
폭 3.6 cm, 길이
21.6 cm, 체심 입
방격자의 경우는

|  | 21.6 cm (면심용) |  |  |  |
|---|---|---|---|---|
|  | 17.4 cm (체심용) |  |  |  |
| 3.6 cm (면심) 2.9 cm (체심) | 자국 | 자국 | 자국 | 절단 절단 |

컷터로 자국을 내고,
자국을 바깥쪽으로 하여
접는다.

위, 아래 뚜껑용
두 장은 잘라낸다.

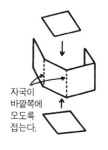

자국이
바깥쪽에
오도록
접는다.

폭 2.9 cm, 길이 17.4 cm로 잘라 둔다. 이것을
학생은 컷터로 4면분 자국을 내어 그림과 같이
접는다. 2면분은 잘라내어 위 뚜껑, 바닥 뚜껑으
로 하여 셀로판 테이프로 붙인다.

[구]

면심 입방격자를 만드는 경우는, 4개의 스티
롤 구를 3개는 절반으로, 1개는 1 / 8로 잘라 채
운다. 체심 입방격자의 경우는 2개의 구를 1개는 그대로, 1개는 1 / 8로
잘라 케이스에 채운다.

면심 입방격자

각면 $\frac{1}{2}$ 개 ×6 =3개
+
각각 $\frac{1}{8}$ 개 ×8 =1개
─────────
계 4개

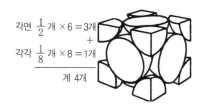

체심 입방격자

각각 $\frac{1}{8}$ 개 ×8 =1개
+
중심 ─────── 1개
─────────
계 2개

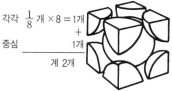

구에 착색할 때는 이쑤시개를 구에 꽂아 포스터 컬러로 채색하고
발포 스티롤의 대에 꽂아 말린다. 말린 다음에 컷터로 자른다. 컷터의
날은 길게 내어 한꺼번에 자르면 된다. 컷터의 날이 새것이 아니면 깨
끗하게 잘리지 않는다.

포스터 컬러는 탈색되기 쉬우므로 탈색방지용으로 목공용 본드를 칠

하면 된다. 또 수성 물감에 목공용 본드를 섞어 칠하는 방법도 탈색을
막고 깨끗하게 칠할 수 있다.

## □ 해설

상자는 두께 0.2 mm의 플라스틱 판이나 OHP시트를 사용해도 무방
하다. 그러나 가공하기는 쉽지만 튼튼한 상자를 만들 수 없는 단점도
있다. 구의 지름에 대하여, 케이스의 한 변과 대각선이 몇 mm가 되어
야 할 것인가 하는 계산은 완성된 모델을 손에 들고 상상하면서 하는
것이 좋을 듯하다.

## 2 상태변화

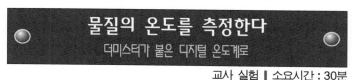

### 물질의 온도를 측정한다
더미스터가 붙은 디지털 온도계로

교사 실험 ┃ 소요시간 : 30분

## □ 실험 개요

온도 측정에 더미스터가 붙은 디지털 온도계를 사용하면 측정온도를 고온은 1200℃ 정도까지, 저온은 −200℃ 정도까지 범위를 넓힐 수 있다. 또 감열부의 열용량이 작고 막대모양의 선단부에 더미스터가 붙어 있으므로 좁은 장소나 작은 물체, 작은 양의 온도측정과 물체의 표면 온도 측정도 가능하다. 또한 반응이 빠르므로 실지 시간으로 온도를 측정할 수 있고, 디지털 표시이므로 지시값을 신속하게 읽을 수 있다.

## □ 준비물

액체 질소, 가스 버너, 구리 파이프, 시험관, 물, 비등석, 성냥, 발포 스티롤, 비열측정용 금속(알루미늄 등), 더미스터가 달린 디지털 온도계

## □ 실험 방법

1. 액체 질소의 온도를 측정한다.

   비커에 넣어 비등하고 있는 액체 질소에 더미스터를 넣으면 질소의 끓는 점(−196℃)을 측정할 수 있다.

2. 가열 수증기의 온도를 측정한다.

물의 비등점은 100℃이지만 기체가 된 후에 그림과 같이 다시 가열하면 100℃ 이상의 수증기를 만들 수 있다. 이 가열 수증기의 온도는 300℃에서 성냥을 접근시키면 발화할 수 있다.

3. 가스 버너의 불꽃 온도를 측정한다.

불꽃에 직접 더미스터 부분을 대어 온도를 측정하여 본다. 불꽃의 온도는 산소량에 따라서도 변화하며, 측정 한계를 초과하는 경우도 있으나 붉은 불꽃(불완전 연소)과 푸른 불꽃(완전 연소)의 온도 차이를 확인할 수 있다.

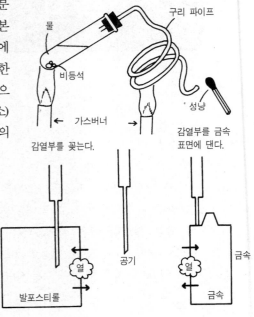

4. 열평형을 조사한다.

실내에 오랫동안 놓아 둔 물체는 열평형에 이르러 온도가 같아진다. 기온, 금속, 발포 스티롤의 온도를 더미스터 온도계로 측정하면 거의 같은 값이 된다. 손으로 만지면 금속이 차고, 발포 스티롤이 따뜻하게 느껴지는 것은, 금속은 열을 전달하기 쉬워 손에서 금속으로 열이 계속 이동하는데 대해 발포 스티롤은 열을 전달하기 어려워 손과 발포 스티롤이 곧 열평형되기 때문이다.

5. 이동한 열량과 금속의 비열을 구한다.

① 비열 측정용의 알루미늄을 100 g 가열하여 온도를 측정한다.

② 온도와 질량을 측정한 물에 ①의 알루미늄을 넣는다.

③ 열평형에 이른 다음 물의 온도(알루미늄의 온도)를 측정한다.

④ 알루미늄에서 물로 이동한 열량을 계산한다.

⑤ ④에서 알루미늄의 비열을 구한다.

6. 단열 팽창 때의 온도변화를 조
   사한다.

   단열 팽창 때의 온도변화를 조
   사하는 것이 종래의 액체 온도
   계로는 어려웠다. 더미스터 온도
   계를 사용하면 실제 시간에 온
   도강하를 확인할 수 있다(유리
   종 속의 공기를 제거하면 풍선
   이 팽창하고, 풍선 속의 공기온
   도가 저하한다).

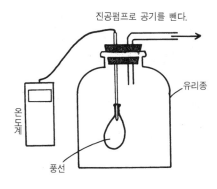

# 메탄올 풍선

## □ 실험 개요

메탄올을 봉입한 폴리에틸렌 봉투에 뜨거운 물을 부어 팽창시킨다. 그 상태 변화에 대하여 토의한다.

## □ 준비물

메탄올, 뜨거운 물, 500 mL 비커, 폴리에틸렌 봉투, 염화비닐 밀봉용 인두 (없으면 고무줄로 묶어도 좋다.)

## □ 실험 방법

1. 폴리에틸렌 봉투에 메탄올 3~5 mL를 넣고 염화비닐용 인두로 봉한다.

2. 500 mL 비커에 폴리에틸렌 봉투를 넣고 뜨거운 물을 부으면 즉시 꽉 차게 팽창 한다. 가끔은 파열되기도 하 므로 예비로 하나를 더 준 비해 둔다. 물은 뜨거운 것이 좋다.

가열한 염화비닐용 인두(납땜 인두로도 대용할 수 있다.)

갱지

3. 충분히 관찰하였으면 왜 팽창하였는지, 분자가 보이는 것으로 간주 하고 분자들의 상태를 그려보게 한다.

4. 그린 그림을 바탕으로 학생과 토의한다.

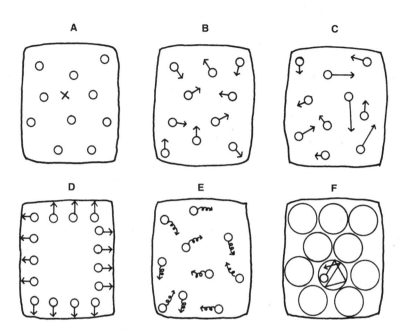

## □ 해설

이 실험은 원자·분자 개념의 도입시 중요한 의미를 준다. 다음 대화를 들어보자.

선생님 : A군, 이 구는 무엇인가?

학생 : 메탄올의 분자입니다. 분자가 흩어졌으므로 봉투가 팽창하였습니다.

선생님 : 그러면 분자는 공중에 정지하고 있는가?

학생 : 아니, 그렇지 않습니다.

여기서 B와 C가 문제이다. B와 C는 어느 쪽이 보다 적절할까? C는 아마도 의식하고 그린 것이 아니라 무심코 조잡하게 그렸지만 정답을 맞추었고 그것이 오히려 적절하였다.

분자의 열운동은 크기도 방향도 무
작위적(평균 550 m/s)이다. E도 분자의
병진운동에 회전운동을 가미하고 있다
는 것을 지적한다. F는 학생이 의식적
으로 분자가 하나하나 팽창함으로써 봉
투가 팽창했다는 것을 그렸다. 이에 대

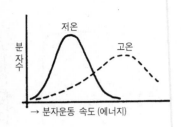

해서는 실소를 금할 수 없으나, 분자의 운동 영역의 확대, 즉 평균 자
유행로의 확대로 볼 수 있다.

학생들은 분자가 운동하는 공간 A의 ×표에 '공기'가 있다고 한다.
적어도 '무엇이 있다'고 생각하고 있다. 이런 생각은 연속적인 마크로
의 세계에 사는 이상 당연한 일이다.

불연속적인 미크로의 세계의 일을 상상할 수 없는 것이 당연하다.
그러므로 '만물은 원자(분자)와 공허로 성립된다'는 미크로의 세계가
마크로의 세계와는 본질적으로 다른 세계라는 것을 강조할 필요가 있
다.

---

**후라이 팬으로 납 요리**

금속을 녹이는 것은 어렵지 않다. 납은 활자나 낚시 추로 사용되고
있는 금속으로, 녹는점이 327.5℃로 낮다. 이 납을 후라이 팬 위에서 녹여
보자

1. 알루미늄제나 철제의 후라이 팬에 납(낚시용의 추 등) 덩어리를 올려놓
   고 가스버너로 가열한다(가능한 센 불로). 수 10분만에 납은 녹아 '은백
   색'으로 반짝인다.

2. 녹은 납을 사전에 만들어 둔 주형(동물의 형틀 같은 것이 있으면 더욱
   좋다)에 부어 넣는다.

3. 식어서 굳으면 '은백색'은 산화하여 '납색'으로 된다.

물의 액체 ⇌ 기체간의
부피변화를 직접 본다
고무풍선과 둥근 바닥 플라스크를 사용하여

교사 실습 ▌ 소요시간 : 20분

## □ 실험 개요

바닥이 둥근 플라스크에 넣은 물의 액체 → 기체, 기체 → 액체의 부피변화를 바닥이 둥근 플라스크에 씌운 고무풍선의 거동으로 직접 보려고 하는 것이다.

직접 부피변화를 볼 수 있으므로 이해하기 쉽다.

무엇보다 재미있는 실험이다.

## □ 준비물

물, 고무풍선, 카드링(겉지름 4 cm), 둥근 바닥 플라스크, 스탠드, 가스버너, 장갑, 젖은 걸레

### 주의 사항

둥근 바닥 플라스크를 가열하면서 고무 풍선을 씌우는 것이므로 수증기로 인하여 화상을 입지 않도록 주의할 필요가 있다.

## □ 실험 방법

1. 카드링의 이음새를 셀로판 테이프로 감는다 (고무풍선이 걸려 찢어지는 것을 방지하기 위해서다).

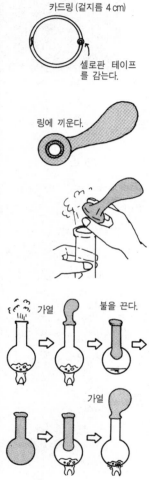

카드링 (겉지름 4 cm)

셀로판 테이프
를 감는다.

링에 끼운다.

2. 고무풍선을 링에 끼운다. 풍선의 입구가 링의 중앙이 되도록 조정
한다.

3. 바닥이 둥근 플라스크를 스탠드에 견고
하게 고정시킨다.

4. 둥근 바닥 플라스크에 물을 부어 끓인다.

5. 2에서 준비한 고무풍선을 재빨리 밀어
넣을 듯이 씌운다 (장갑을 끼고 하면
안전하다). 이때 사전에 풍선 입구를
물에 적시어 마찰을 작게 하는 것이 요
령이다.

6. 가열을 계속하여 풍선이 팽창하면 가스
버너의 불을 끄고 가열을 중지한다.

7. 풍선은 오므라들어 결국은 풍선이 플
라스크의 안쪽으로 들어가고 플라스크의
내벽을 따라 안에서 팽창한다.

이 풍선이 플라스크 안으로 쑥 빨려 들
어갈 때 학생들은 약간은 놀랄 것이다.
또 이때, 플라스크 내벽에 물방울이 가
득히 붙어있는 것도 그냥 보고만 지나지
않도록 한다.

가열   불을 끈다.

가열

8. 완전히 안쪽 가득히 팽창하였으면 이
번에는 다시 가열한다. 서서히 안쪽의
팽창이 작아지고 밖으로 퍽 튀어나온다.

9. 밖으로 팽창하고 있을 때 수증기가 들어
있는 풍선을 살짝 만지게 하여 그것이
어느 정도 고온인가를 확인시키는 것도 효과적이다.

10. 6~8의 조작을 몇 번 더 반복한다. 빨리 식히고자 할 때에는 젖은
걸레로 플라스크를 식힐 수도 있다.

# 알코올, 드라이아이스 한제를 이용한 상태변화

교사 실습 ▌ 소요시간 : 20분

## □ 실험 개요

액체 질소라면 약 −200℃, 드라이아이스라면 약 −70℃(드라이아이스 자체의 온도는 −78.9℃)의 세계를 체험할 수 있다. 액체 질소의 온도까지 이르지 않고 −70℃에서도 충분히 즐거운 실험을 할 수 있다. 특히 부탄을 액화하여 그것을 손바닥으로 데워 기화시켜 연소시키는 실험은 반드시 보여주기 바란다.

## □ 준비물

드라이아이스, 에탄올, 수은, 부탄(가스 라이터용의 봄베가 편리하다), 비커, 시험관

### 주의 사항

- 드라이아이스는 방수 크래프지로 포장한다. 승화온도를 낮추기 위해서는 대기와의 접촉을 막아야 한다. 신문지로 싸도 대기중의 수분이 응결하여 표면에 얼음의 엷은 막이 생겨 열전도를 저해함과 동시에 승화한 이산화탄소가 드라이아이스의 주위를 덮어 이산화탄소의 열전도율이 0.012로 공기의 0.020보다 작기 때문에 열을 전도하기 어려워진다.
- 가능하면 단열성이 높은 용기(발포 폴리스티롤제 등)에 넣어 보존하면 하루 지나도 절반은 남아 있다. 교사실험으로 하는 경우 500 g정도 있으면 충분하다.
- 동상을 피하기 위해 드라이아이스를 다룰 때는 면장갑을 낀다.

- 드라이아이스를 유리병에 넣고 뚜껑을 씌우거나 하여 용기를 밀폐하는 일은 절대로 해서는 안 된다. 병이 파열되어 부상하는 등의 사고가 일어날 수 있다.
- 드라이아이스를 작은 조각으로 할 때는 부엌칼이나 나이프의 날을 드라이아이스에 대고 위에서 두드리면 깨끗하게 갈라진다.

## □ 실험 방법

1. 드라이아이스를 작은 조각(수 cm 정도)으로 한다. 이 작은 조각을 500 mL 의 비커에 절반 가량 넣는다.

2. 위에서 서서히 에탄올을 붓는다. 이것으로 약 −72℃가 된다(필자는 에탄올에 드라이아이스의 작은 조각을 조금씩 넣는 방법을 사용하였다. 이렇게 하는 편이 알코올을 드라이아이스에 넣는 것보다 빨리 거품이 멈춘다).

에탄올

드라이
아이스

3. 바닥에서 수 cm 수은이 들어 있는 시험관을 넣어 냉각한다. 사전에 수은의 양에 표시를 해 두면 좋다. 수은 가운데가 오목해져 고체가 된다(수은은 고체가 되면 체적이 감소한다. 한제에 접하고 있는 부분부터 고체가 되므로 최후에 고체가 되는 가운데에 체적감소가 제일 현저하다).

4. 시험관을 한제 속에 넣어 둔다. 가스라이터 충전용 봄베에서 노즐을 사용하여 이 시험관에 부탄을 뿜어 넣는다. 무색 투명한 액체가 시험관에 고인다. 노르말 부탄은 끓는점 −0.5℃, 이소부탄은 끓는점이 −11.7℃ 이므로 바로 액화가 된다.

5. 시험관을 한제에서 내어 손바닥으로 부탄 액체를 데워주면 활발하게 끓는다.

6. 부탄이 끓고 있을 때 시험관 입구에 점화하면 불
   꽃을 내면서 연소한다(시험관 안이 부탄액으로
   가득 차 있을 때 점화하여도 폭발하지는 않는다).
7. 손에 잡고 더욱 끓게 하면 불꽃은 더욱 커진다.
   한제에 넣어 냉각하면 불꽃은 점차 작아지고 끝
   내는 꺼진다.

시험관

부탄의
액체
비등

## ☐ 드라이아이스를 사용한 몇 가지 실험

[드라이아이스는 수은을 고체로 만든다.]

나이프를 사용하여 드라이아이스에 홈을 파고, 그 곳에 수은을 흘리
면 패여진 형태대로 수은이 고체가 된다(필자가 해 본 결과 고체가
된 수은을 드라이아이스에서 꺼내어 보여주는 도중에 일부가 융해하여
흘러 떨어졌다. 매우 조심해서 하지 않으면 수은이 교실 안에 흩어질
가능성이 있다. 수은을 시험관 안에 넣어 고체로 하는 앞에서 설명한
방법을 권한다).

[부탄을 액화시킨다.]

부탄을 가득 채운 폴리에틸렌 봉투를 드라이아이스 상에 대고 있으
면 점차로 봉투가 작아지고, 액체가 고여 있는 것을 알 수 있다. 이것
을 손으로 따뜻하게 하면 활발하게 비등하여 기체가 된다(안의 기체
가 정말 연료인지를 확인하려면 봉투에 유리관을 꽂고 유리관의 끝에
점화하여 본다).

[이산화탄소 중에 비누방울을 띄운다.]

수조에 드라이아이스의 작은 조각을 많이 넣고 수조 속을 이산화탄
소로 가득 채운다. 거기에 스트로에 세제액을 묻혀 비누방울을 불어넣
으면 비누방울은 수조 속에 떠 있다. 많이 띄워 넣으면 그야말로 장관
이다.

[드라이아이스와 마그네슘을 반응시킨다.]

드라이아이스 1 kg의 덩어리 가운데쯤에 나이프로 홈을 낸 다음 그 곳에 마그네슘 가루를 큰 숟가락으로 가득 떠서 넣고, 한 가운데에 마그네슘 리본을 세운다. 가스 토치로 마그네슘 리본에 점화하고, 마그네슘이 반응을 시작하면 다른 드라이아이스 덩어리를 올려 놓는다(뚜껑을 한 셈이 된다). 그러면 반응이 진행하여 드라이아이스를 통해서 보이는 빛이 흰 빛에서 불그스레한 빛으로 변한다. 반응 완료 후 위의 드라이아이스를 제거해 보면 홈에는 탄소와 산화마그네슘이 생성되어 있다.

# 액체 질소로 −200℃의 세계를 체험한다

교사 실습 | 소요시간 : 30분

## ☐ 실험 개요

액체 질소(−196℃)에 의해 공기가 액화되거나 꽃 등이 동결하기도 한다.

## ☐ 준비물

- 액체 질소, 액체 질소의 보존 용기(보통의 보온병으로도 보존이 가능하다. 전용 보존 용기가 있으면 더욱 좋다).
- 보온병을 사용해도 무방하다.
- 비닐 봉투(젖은 우산을 넣는 가늘고 긴 모양의 것이 사용하기 편하다)
- 냉각물질 : 꽃(신선한 것), 고무 공(연식 테니스공처럼 속이 비어 있는 것), 바나나, 산소, 이산화탄소 등
- 비커(300 mL 정도), 못, 목판, 면장갑, 유리 막대, 발포 스티롤 판(비커를 놓기 위해), 대나무 또는 플라스틱제의 핀셋(나무 젓가락도 무방)

### 주의사항

- 액체 질소는 맨손으로 다루지 말 것. 면장갑과 의복에 액체 질소가 묻으면 저온 화상을 당할 수도 있으므로 주의할 것. 냉각 바나나 등을 잡을 때는 면장갑을 낄 것.

- 밀폐 용기에는 넣지 말 것. 용기가 파열될 위험이 있다.
- 액체 질소를 다룰 때는 충분한 환기를 하여 산소결핍에 유의할 것(산소가 적은 기체를 약간만 흡수해도 위험).
- 화학 수지로 만든 책상 위에 액체 질소를 흘리지 말 것. 급격한 열 수축으로 균열이 생길 우려가 있다.
- 액체 산소는 연소하기 쉬운 것과 함께 다루지 말 것. 폭발적으로 반응하므로 위험, 사망에 이른 사례도 있다.

※ 보통 유리제 비커나 컵에 액체 질소를 넣어도 파손될 염려는 거의 없다.

## □ 실험 방법

[액체 질소로 여러 가지 관찰을 한다.]

소량의 액체 질소를 교탁 위나 칠판의 분필 놓은 곳에 떨어뜨린다. 액체 질소는 튕겨지듯이 대굴대굴 구른다. 이것은 액체 질소에 비해 교탁 등의 온도가 너무 높기 때문에 액체 질소가 순간적으로 비등하여 기체의 층을 교탁과 액체 질소간에 형성하고 있기 때문이다. 손바닥(맨손) 위에 떨어뜨려도 마찬가지이다.

얼어붙는 것을 방지하기 위해 발포 스티롤 판 위에 비커를 놓고 액체 질소를 붓는다. 처음에는 거의 전부가 비등하지만 점차 안정되어 비커에 들어있는 액체 질소를 관찰할 수 있다.

[액체 공기를 만든다.]

비닐 봉투에 공기를 넣고, 입구를 묶은 다음 액체 질소 속에 넣는다. 액체 질소 속에 밀어 넣으면 순식간에 비닐 봉투가 시든다. 공기가 액화하기 때문이다. 집어내어 관찰하면 위쪽에 액체가, 아래쪽에 흰 고체를 볼 수 있다. 위의 액체는 액체공기(액체질소와 액체산소의 혼합물), 아래쪽의 고체는 드라이아이스이다. 입으로 부풀린 비닐 봉투와 실내의 공기를 넣은 비닐 봉투를 비교하면 입으로 부풀린 쪽이 드라이아이스의 비율이 크다.

산소를 비닐봉투에 넣어 마찬가지로 하면 깨끗한 담청색의 액체 산소가 된다. 강력한 자석을 접근시키면 액체 산소는 달라붙는다. 산소는 상자성으로, 자석에 끌리는 성질이 있기 때문이다. 철은 강자성이기 때문에 자석에 강하게 끌리는 성질이 있다. 액체 산소는 위험하므로 그대로 자연으로 증발시키기 바란다.

이산화탄소로 마찬가지 실험을 하면 봉투 속에는 흰 드라이아이스만이 생성된다.

[꽃을 쪼갠다.]

꽃을 액체 질소 속에 넣으면 꽃 주위에서 끓기 시작한다. 잠시 후에 끌어내면 파삭파삭한 모양으로 되어 있다. 딱딱한 것에 부딪치면 쉽게 부서진다.

[고무공을 부수다.]

고무공(테니스공처럼 속이 빈 것)을 액체 질소에 넣고 빙빙 돌리면서 충분히 냉각시킨다. 비커에 부딪칠 때 탱하는 소리가 날 정도가 되면 끌어낸다. 이것을 방바닥 같은 곳에 던지면 사기 그릇처럼 부서진다. 이 파편은 원래의 온도가 되면 탄성이 있는 고무로 복귀한다.

[바나나로 못을 박는다.]

액체 질소 속에 바나나를 넣고 충분한 시간 냉각한다. 속까지 얼었으면 집어내어 못을 박아본다. 언 바나나는 다음에 부수어 먹어도 보자.

[여러 가지 '얼음'을 만든다.]

액체 질소를 사용하여 냉각하면 상온에서 액체인 것은 모두 응고하여 '얼음'이 될 수 있다. 여기서는 에탄올(녹는점 -114.5℃)에 대해서 설명하겠다.

비커에 약 20 mL의 에탄올을 넣고 여기에 약 20~40 mL의 액체 질소를 넣고 유리 막대로 혼합하면 고체의 에탄올이 된다. 이 고체 에탄올을 액체인 에탄올 속에 넣으면 뜨지 않고 바닥으로 가라앉는다.
이처럼 고체가 액체보다 밀도가 크다. 물과 얼음의 경우처럼, 고체의
밀도가 액체보다 작은 것은 특수한 예이다.

[불 위에 서리와 드라이아이스를 만든다.]

금속제 막대(철봉 등)의 한쪽 끝에 발포 스티롤을 꽂거나 하여 직접
손에 닿지 않고서도 들 수 있도록 가공한다. 다른 한쪽을 액체 질소로
충분히 냉각한 후에 가스 버너나 알코올 램프의 불꽃에 쪼인다. 그렇
게 하면 불꽃 위인데도 불구하고 철봉에 새하얀 서리와 드라이아이스
가 생긴다. 이것은 연소로 생긴 이산화탄소와 물이 냉각되었기 때문이
다.

※ 냉각한 철봉을 직접 손으로 잡아서는 안 된다. 손이 얼고 심한 경우 동상
에 걸린다.

[냉동 금붕어를 되살린다.]

어항 등에 기르는 작은 금붕어를 준비한다. 금붕어를 판 위에 놓고
액체 질소를 넉넉하게 부으면 순간적으로 냉동된다. 딱딱하게 냉동되
어 죽은 것처럼 보이지만 다시 물에 넣어 원래의 온도로 되돌아가면
신기하게도 헤엄치기 시작한다. 딱딱하게 얼어있을 때 지느러미 같은
부분이 손상되지 않도록 다룰 때 조심해야 한다.

□ **발전**

액체 질소를 사용하면 세라믹계 초전도체를 사용한 자기부상 실험도
가능하다.

### 종이 상자로 물을 끓인다. 주석을 녹인다

종이(도화지나 사용한 엽서를 이용한다)로 상자를 만든다. 이음새가 있으면 물이 새므로 다음과 같이 만들면 된다.

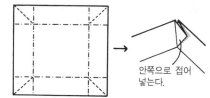

안쪽으로 접어 넣는다.

모서리는 클립으로 고정하고 상부는 호치키스 또는 접착제로 고정한다.

이것을 약한 불로 가열하면 물은 끓어도 종이는 타지 않는다. 물의 끓는점은 100℃이므로, 종이 상자 역시 100℃ 이고 종이가 타는 온도는 300℃ 이상이므로 상자에 물이 붙지 않는 것이다.

주석의 녹는점은 232℃ 이므로 종이 상자로 주석도 융해할 수 있겠는지 시도해 보기 바란다.

필자는 '알갱이 모양의 주석을 바닥 전체에 펴놓는' 방법으로 하였다.

## 수면이 대기에 접하고 있는 물의 100℃ 이상에서의 비등

교사 실습 ┃ 소요시간 : 예열하여 두면 10분/실온에서는 50분

□ **실험 개요**

수면이 대기와 접하고 있음에도 불구하고 100℃ 이상에서 물이 끓고 있다. 또 수온이 높아지면 녹아있던 공기가 거품이 되어 나온다.

□ **준비물**

목이 긴 플라스크, 스탠드, 삼각대, 가열판, 온도계(0~200℃), 실, 비등석

**주의 사항**

바닥에 장치하여 끓고 있는 플라스크를 깨지 않도록 주의할 것.

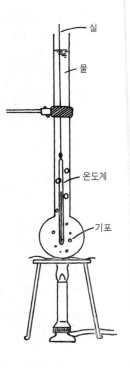

실
물
온도계
기포

□ **실험 방법**

[목이 긴 플라스크를 만든다.]

밑바닥이 둥근 100 mL 플라스크에 안지름 2 cm, 길이 1 m 의 유리관을 2개 접속한다.

2개의 유리관은 비닐 파이프로 플라스크와 유리관은 고무마개로 접속해도 좋다.

1. 그림과 같이, 플라스크를 삼발이, 가열판 위 스탠드에 고정한다. 여기에 수돗물을 약 180 cm 높이까지 넣고 비등석을 몇 개 넣는다. 실을 사용하여 온도계의 원부분이 플라스크의 둥근 부분 중앙에 오도록 매단다.

2. 버너로 가열하면 처음에는 활발하게 작은 거품이 발생한다. 이 거품은 상부의 수면까지 상승하므로 녹아 있던 산소와 질소란 것을 알 수 있다. 곧 큰 거품이 발생하기 시작한다. 이 기포는 장시간 가열을 계속하여도 약 35 cm 상승한 곳에서 사라지고 수면에까지는 이르지 않는다. 즉 플라스크 상부에서는 공기가 냉각되어 온도가 저하되므로 수증기의 거품은 도중에서 사라진다.

3. 다음은 수면까지의 높이가 1 m 가 되도록 플라스크를 경사지게 고정하여 가열한다. 물기둥의 높이를 180 cm 로 하여 플라스크를 바닥에 직각으로 세운 경우에는 40분 후의 끓는점이 150℃를, 또 경사지게 한 경우에는 끓는점이 103℃를 가리킨다.

## □ 해설

비등 즉 액체 내부에서 기체가 발생하려면 그림에서 보는 바와 같이 수증기압($P_{H_2O}$)이 대기압($P_0$)과 수압($P_1$)의 합과 같거나 이보다 커야만 한다. 비등이 일어나는 조건은 다음 식으로 표시된다.

$$P_{H_2O} \geqq P_0 + P_1$$

비커에서 끓게 하였을 경우 바닥에서 발생한 거품에 작용하는 수압은, 가령 수조를 10 cm로 하면 이 압력은 수은주로 $100 / 13.6 = 7.4$ (mmHg)이 되어 대기압의 100분의 1 정도에 불과하다. 그러나 물기둥 180 cm의 높이는 수은주로는

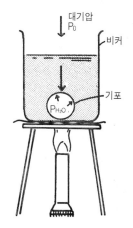

132.4 (mmHg)에 상당하며, 이것이 대기압에 가해져 거품을 누르고 있다. 따라서 비등하려면 100℃보다 높은 온도가 되어 증기압이 커져야만 한다.

물의 끓는점과 대기압의 관계는 다음 식으로 나타낸다.

$$끓는점 = \{100 + 0.03686(P_0 - 760) - 0.0000202(P_0 - 760)^2\}$$

이 실험 예에서는 대기압이 758.4mmHg 였으므로 끓는 점은 바닥에 직각으로 세웠을 때는 104.5℃, 경사지게 하였을 때는 102.6℃가 된다.

---

### 산소와 물질의 연소

산소는 한 때 액산 폭약으로 사용되었다. 액산 폭약이란, 깡통에 탄소분을 채우고 거기에 액체 산소를 뿌려 흡수시킨 것이다. 전류를 흘리거나 하여 이것을 가열하면 폭발하는데, 광산 등에서 사용하였다. 즉 액체 산소는 가연물과 함께 가열하거나 점화하면 폭발적으로 연소한다.

따라서 액체 질소의 사용에 있어서도 공기가 냉각되어 액체 산소도 생성될 수 있는 가능성에 충분히 주의하여야 한다. 예를 들어 액체가 질소 중에서 시험관 등을 냉각하면 액체 공기가 시험관 안에 괸다. 액체 공기는 자연적으로 증발시키면 액체 산소의 비율이 높아진다.

액체 산소가 있으면 다음과 같은 현저한 현상을 볼 수 있다.

### 1. 면의 연소

면 2~3 g 정도를 액체 산소 속에 담궜다 끌어내어 액체를 짜낸 다음 모래접시 위에 놓는다. 가끔 면을 가볍게 만져 보아 액체 산소가 거의 모두 증발한 것으로 느껴지면 막대 끝에 붙인 촛불로 면에 점화한다.

불꽃은 면의 바깥쪽을 서서히 태우다 그 후 단번에 면을 태워버린다. 이때, 면의 작은 조각이 반짝이는데 아직 액체 산소를 다량으로 함유하고 있어 미처 연소하지 못한 것이다. 이것에 불을 접근하면 급격하게 연소한다.

연소는 산소와 가연물이 어느 범위 내(폭발한계 또는 연소한계라 한다)

에 있을 때 성립한다. 산소의 양이 많거나 적으면 제대로 연소하지 않는다.

## 2. 나무조각과 목탄의 연소

액체 산소 약 25 mL를 작은 비커에 넣고 여기에 아직 불기가 남아있는 나무조각을 투입하면 격심하게 빛을 내면서 연소한다. 점화한 목탄도 마찬가지이다.

목탄의 경우 약 2000℃의 고온이 된다.

## 수증기로 성냥에 불을 붙인다
### 100℃ 이상의 수증기는 존재하는가?

교사·학생 실험 ▌소요시간 10분

### □ 실험 개요

수증기가 통하고 있는 구리관을 가열하여, 100℃ 이상의 과열 수증기를 만들어 종이를 그을게 하거나 성냥에 점화하기도 한다. 학생들은 수증기로 불이 붙는 의외성에 놀란다.

### □ 준비물

버너 2개, 300~500cc의 바닥이 둥근 플라스크, 360℃ 수은온도계, 고무마개, 나선상으로 감긴 구리관(안지름 3 mm, 길이 30 cm 정도의 구리관이나 황동관을 사용한다. 관은 일단 새빨갛게 달구어서 식힌 후, 지름 3~4 cm 정도 크기의 나선상으로 감는다.)

### 주의 사항

사용 전에 구리관의 속이 막혀있지 않은가 확인한다. 2~3회 사용하고 그대로 방치해 두면 녹이 생겨 막히는 수도 있다.

### □ 실험 방법

1. 그림과 같이 설치하고, 플라스크의 물을 끓게 한다. 구리관에서 배출되는 수증기의 온도를 측정한다. 강하게 가열하면 수증기가 과도하게 배출되어 고무마개가 뻥 튄다. 캠핑 가스 같은 핸드버너를 사

용할 때는 화구를 폭이 넓은 페
인트 스트립퍼로 하면 가열하기
쉽다. 이것은 유리 세공에도 편
리하다. 굽히거나 모세관을 만들
때 폭 넓게 가열할 수 있으므로
세공하기 쉽다.

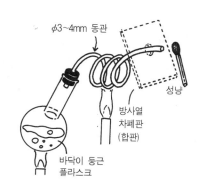

2. 다음에는 구리관을 버너로 가열
하여 배출된 수증기의 온도를 측
정한다. 100℃를 성큼성큼 초과
하여 쉽게 200℃까지 상승한다. 이것이 버너 불꽃의 방사라고 생각
하는 학생이 있을 때는 합판에 구리관이 통하는 구멍을 뚫어 온도
계와 구리관 사이에 끼워 방사를 막는다. 또 구리관의 가열을 멈추
어 보거나 플라스크의 가열을 멈추어 수증기가 흐르지 않게 하면
온도가 저하되므로 수증기의 온도인 것을 확인할 수 있다.

과열 수증기는 물론 투명하다. 구리관을 가열하기 전에는 흰 수증기가
나오지만 가열하기 시작하면 투명하게 된다. 기체로 되면 투명하게 되
는 것이다.

3. 과열 수증기가 200℃를 초과한 시점에서 종이 조각을 대면 그을고,
나무조각을 대면 연기가 나면서 그을린다. 열분해하고 있는 것이다.
여기가 포인트이다. 과열수증기에 성냥을 대면 점화될 것인지 질문
하여 본다. 물은 불을 끄는 작용을 하므로 점화하지 않는다고 생각
하는 학생, 200℃나 되므로 점화할 것이라는 의견도 있다. 실제로
성냥을 대어보면 멋지게 불이 붙는다. 원래는 공기를 수증기가 차
단하고 있으므로 불이 붙지 않겠지만 성냥의 약에는 열분해하면 산
소가 발생하는 물질이 들어 있으므로 점화한다. 그러므로 실험에서
는 불이 붙은 성냥을 재빠르게 수증기에서 격리하여 산소를 공급하
면 계속 연소한다.

## □ 해설

가해진 열은 상태변화에 사용되어 온도는 상승하지 않는다. 그러나 상태변화가 끝나면 다시 물질의 온도를 상승시키는데 쓰인다. 자명한 사실 같지만 의외로 이해하지 못하고 있다. 잠열이란 개념을 이해시키기 위해서도, 또 열 에너지가 분자의 결합상태를 변화시키기 위해서 사용되고 있다는 것을 이해시키기 위해서도 상태변화 후에는 온도를 상승시킨다는 것을 확실히 알려 주어야 한다.

**산소의 자성**

산소가 들어 있는 비닐봉지를 액체 질소로 냉각하면 산소는 액체가 된다. 액체 산소는 담청색이며 강력한 자석에는 이끌려 달라붙는다(비닐봉지 속의 액체산소에 네오듐 자석〈혹은 사마륨 코발트 자석〉을 접근시켜 자석을 위로 비키도록 하면 액체 산소가 붙어 오른다).

물질은 그 자기적 성질에 따라 강자성, 상자성, 반자성의 세 가지로 구분할 수 있다. 철, 코발트, 니켈은 강자성의 물질이므로 보통 자석에 붙는다. 그러나 상자성, 반자성의 물질은 보통 자석으로는 간단하게 그 성질을 감지할 수 없다. 산소는 상자성 물질 중에서도 자성이 강한 물질이므로 강력한 자석이면 붙게 된다.

## 드라이아이스의 액화

교사 · 학생 실험 ▌ 소요시간 10분

## ☐ 실험 개요

드라이아이스를 밀폐하고, 피스톤을 눌러 부피를 압축한다. 또는 드라이아이스가 기화하지 못하도록 폐쇄시킨다. 그러면 압력이 커지고 끈적끈적한 액체를 볼 수 있다.

## ☐ 준비물

드라이아이스, 압축 발화기(자작), 투명한 비닐튜브(지름 약 8 mm, 길이 약 10 cm), 스크류식 핀치 코크(호프만 형)

## ☐ 실험 방법

[압축 발화기로]

압축 발화기란, 파이프 속에 티슈 페이퍼를 넣고 피스톤을 급격히 누르면 단열압축으로 파이프 안의 온도가 상승하여 페이퍼가 불꽃을 내며 일순간에 연소하는 장치이다.

이 장치를 사용하여 이 속에 드라이아이스를 넣고 피스톤을 꽉 누르면 액체의 드라이아이스를 볼 수 있다. 이 장치는 쉽게 구할 수 있는 재료로 값싸게 자신이 제작할 수 있다.

1. 염화비닐 파이프를 받침대 위에 놓는다.
2. 바셀린을 바른 고무마개를 파이프 속에 넣고 피스톤 막대로 말뚝까지 밀어 넣는다.
3. 드라이아이스의 조각을 파이프 속에 넣고 또 하나의 바셀린을 바른

고무마개를 피스톤 막대로 꽉 눌려 넣는다. 그러면 액체의 드라이아이스가 보인다.

4. 액체는 바로 기화하므로 부피가 팽창하여 파이프 안의 압력이 높아지며, 피스톤을 누르는 힘을 단숨에 빼면 가루눈 모양의 드라이아이스가 생긴다.

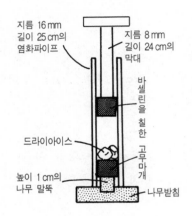

[비닐 튜브로]

1. 안지름은 약 8 mm, 길이는 약 10 cm의 튜브 한쪽 끝을 스크류식 핀치코크로 세게(타올을 사용하면 좋다) 조른다.

2. 튜브 속에 드라이아이스 조각을 4~5개(많이 넣으면 압력이 지나치게 높아져 튜브가 파열할 위험이 있다) 넣는다.

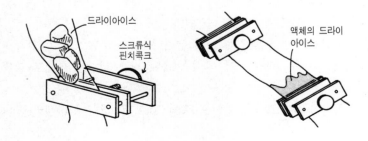

3. 다른 쪽 끝을 핀치코크로 강하게 조른다. 잠시 있으면 액체가 보인
   다. 잘 안보이면 튜브 끝을 잡고 경사지게 하면 된다.
4. 튜브의 한쪽 끝을 책상을 향해 연다. 그러면 '시익'하는 소리를 내
   며 드라이아이스의 액체가 흐른다.

□ **해설**

  드라이아이스는 1기압에서는 −78.5℃ 이상에서 액체가 되지 않고
기체가 된다. 그러나 5.28기압 이상이 되면 액체가 된다. 또한 액화한
드라이아이스를 급격히 개방하면 단열팽창으로 온도가 내려가 가루눈
모양이 된다.

## 염화나트륨의 융해

교사·학생 실험 ▌ 소요시간 15분

### □ 실험 개요

스푼에 담아 가열하면 톡톡 튀기만 하는 염화나트륨도 녹는점인 800℃까지 온도를 높이면 무색 투명한 액체가 된다.

### □ 준비물

염화나트륨, 시험관(파이렉스 제), 시험관 집게, 가스버너, 가스토치, 머플로(muffle furnace), 삼각대, 도가니, 도가니 집게, 나무판(혹은 석고판), 성냥

### □ 실험 방법

[보통 가스버너로 도전―학생실험 가능]

1. 시험관에 바닥에서 5 mm정도까지 염화나트륨을 채워 넣는다. 책상 위에 몇 번 가볍게 두드려 염화나트륨이 빈틈없이 꽉 쌓인 상태로 한다.
2. 가스버너로 불꽃을 가능한 강하게 한다.
3. 불꽃 중심에 염화나트륨이 오도록 하여 가열한다. 불꽃에서 벗어나면 급격히 온도가 낮아지므로 간간이 흔들어는 주어도 불꽃에서 벗어나지 않도록 조심한다(보통 가스버너라도 불꽃의 온도는 1000 수백도는 되므로 염화나트륨을 효율적으로 불꽃 중심에 위치시켜, 고온을 유지할 수 있다면 융해는 가능할 것이다. 염화나트륨의 양을 적게 하면 융해시킬 수 있다).

[열원을 보다 강력한 것으로]

가스토치(여러 가지 형이 있다. 그림은 한 예이다)나 메켈 버너(다량의 공기를 혼합할 수 있으므로 고온을 얻기에 적합한 버너)를 사용하면 염화나트륨의 양을 바닥에서 약 1 cm 증가시켜도 가능하다 (더욱 증가시켜도 가능하지만 시간이 걸린다. 또 하부는 액체로 되어도 상부가 고체인 채로 남아 있어 그것을 융해하는 것이 매우 어렵다).

가스토치

[염화나트륨이 녹았다면]

1. 우선 무색 투명한 것을 확인, 불꽃 속에서 흔들어 보아 액체인 것을 보여 준다.
2. 불꽃에서 꺼내자 마자 시험관에 성냥을 대어 성냥불이 붙는 것으로 고온이란 것을 확인한다.
3. 판 위에 내용물을 쏟아 놓는다. 나무판인 경우는 나무가 탄다. 염화나트륨은 바로 고체로 된다. 이 고체에 성냥불을 대면 또한 불이 붙는다.

[액체인 염화나트륨의 도전성]

1. 옥내 배선용의 F케이블을 사용하여 60와트 전구를 장치한 간이 테스터를 만든다.
2. 염화나트륨이 녹으면 테스터의 리드선(F케이블의 2가닥의 벗겨진 구리선)을 시험관안의 액체 염화나트륨에 집어넣는다. 전구에 불이 켜진다 (염화나트륨의 가열을 멈추어도 전구는 꺼지지 않는다. 표면은 고체로 되어도 줄열로 인하여 내부는 액체상태이기 때문이다. 따라서 염화나트륨의 가열을 멈추는 동시에 일단 전구의 스위치를 껐다가 식은 다음에 스위치를 넣는다. 그러면 전구는 켜지지 않는다. 분말상의 염화나트륨에 도전성이 없는 것은 당연하므로 별도로

액체 염화나트륨을 식혀서 얻은 고체를 준비해 두었다가 그것으로 도전성이 없다는 것을 보여 주어도 좋다).

## □ 해설

염화나트륨을 녹이기 위해서는 녹는점인 800℃ 이상의 열을 꾸준히 유지할 수 있느냐가 문제이다.

필자는 한 때 유리 세공용의 버너로 가열해 보기도 하였다. 지금은 가스토치나 맥켈 버너를 애용하고 있다.

# 아이스크림 만들기
한제의 작용, 응고점 강하, 열전도성에 대해 배우는 작업학습

학생 실험 ❙ 소요시간 60분

## ☐ 실험 개요

아이스크림 재료액을 넣은 캔을 한제에 담구어 휘저어 섞으면서 동결시킨다. 학생들의 갑작스러운 소란으로 다른 반 수업에 지장을 주지나 않을까 염려될 정도로 즐거운 수업을 할 수 있다.

## ☐ 준비물

- 각자 : 재료(계란은 노란자위만 1/3개분, 우유는 100 mL, 설탕은 10~20 g), 알루미늄 캔이나 스틸캔(250~300 mL) 1개, 자루가 긴 스테인리스 약숟가락 등 1개
- 10인이 1개 정도 : 한제를 넣을 용기(실험용 수지수조 등), 잘게 부순 얼음(수조에 8할쯤), 소금(얼음 무게의 약 1/4), 온도계(−30℃까지 측정 가능한 것), 얼음과 소금을 혼합하는 주걱, 앉은뱅이 저울(1 kg용과 2 kg용)

### 주의 사항

캔은 입구가 넓은 것이 다루기 쉽다. 뚜껑부분을 깡통 따개로 잘라내고, 손을 다치지 않도록 안쪽으로 접어 굽힌다. 캔을 만질 때는 깨끗한 면장갑을 끼는 것이 좋다. 얼음은 가능한 한 잘게 부순 것이 좋다. 냉동실에서 만든 작은 덩어리는 실험용 분쇄기가 아니면 부수기 어렵다. 계란과 우유는 한 반 전체가 사용할 양을 한꺼번에 혼합한다.

## □ 이 작업에서 알아볼 것

1. 같은 재료, 두께, 형태의 알루미늄캔과 스틸캔을 사용하여 완성시간을 비교하고 알루미늄과 쇠의 열전도성도 비교한다.
2. 설탕의 양을 0 g, 10 g, 20 g로 바꾸어 농도에 따른 설탕의 응고 용이성을 비교한다. 한 그룹에서 1개만 설탕이 아닌 소금 10 g을 가한다.
3. 분쇄한 얼음에 소금을 혼합한 한제에서 얼음이 '녹겠는가' 또는 '더욱 단단해 지겠는가'를 예상하게 하고, 양자를 충분히 혼합하여 온도를 측정한다. 수조 바깥쪽에 생기는 서리를 관찰하게 한다.
4. 캔의 가장자리 특히 바닥에 붙은 응고물을 계속 닦아내어 언제나 재료액이 캔과 접하고 있도록 하지 않으면 전체적으로 응고하기 어렵다는 것을 보여준다.

## □ 작업 방법

1. 재료를 캔에 넣고 잘 교반한다.
2. 분쇄한 얼음에 소금을 가하고 잘 혼합하여 온도를 측정한다.
3. 한제 속에 재료액이 들어 있는 캔을 담그고, 캔벽에 붙은 응고물을 계속 닦아낸다.

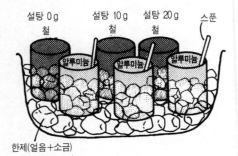

## □ 해설

[열의 전도성]

알루미늄 캔에서는 스틸캔에 비해 훨씬 빨리 응고한다. 또 한제가 들어있는 수지제 수조보다 스틸캔이, 스틸캔보다는 알루미늄 캔이 훨씬 차갑게 느껴진다. 이로 미루어 '알루미늄>스틸>수지' 순으로 열의 전도성이 좋다는 것을 알 수 있다. 수지제 수조에서 한제와 접하고 있는 부분의 바깥쪽에 붙어 있는 서리는 공기 중의 수증기가 승화(직접 기체에서 고체로 변화)한 것으로, 한제에 접하고 있지 않는 부분의 외측에는 서리가 생기지 않는다는 점에서 수지는 열의 절연체임을 알 수 있다.

[한제]

2종 이상의 물질을 혼합하여 저온을 얻는 냉각제를 한제라 하는데 가장 손쉽게 만들 수 있는 한제는 얼음과 소금의 혼합물이다. 얼음에 소금을 혼합하면 얼음 표면에 약간 녹아 있는 물에 소금이 녹는다. 이 짙은 용액을 희석시키기 위해서는 얼음을 더욱 융해시키면 되며, 그 용액에 다시 소금이 용해한다. 얼음의 융해열과 소금의 물에 대한 용해열도 흡열이지만, 외부에서 에너지가 보급되지 않으므로 주위의 얼음에서 탈취한 열로 보급된다. 즉 얼음이 되는 물분자 에너지를 물분자간의 포텐셜에너지로 공급함으로써 얼음이 융해하고 소금이 녹는다. 운동에너지의 감소는 온도의 저하로 나타난다.

소금 22.4%와 얼음 77.6%를 혼합한 한제는 −21.2℃가 된다. 얼음과 다른 것(예를 들어 소금)을 혼합한 한제가 많으므로 얼음에 혼합하는 상대 물질을 한제로 잘못 알고 있는 사람이 많다. 한제는 혼합물 전체를 말한다는 것에 주의할 필요가 있다.

[용액의 응고점 강하]

용액의 응고점 강하는 용질 입자의 농도에 비례한다. 설탕의 분자는 매우 크며 분자량은 342.3으로 수용액 중에서는 분자상태로 녹아 있다. 한편, 소금의(분자량에 해당한다) 식량은 58.44이고 수용액 중에서는 완전히 이온으로 해리된다. 그러므로 설탕과 동일 그램 수의 소금은 설탕의 약 12배의 입자를 함유하고 있는 셈이 된다. 물론 아이스크림 재료액에는 우유와 계란의 단백질 등을 함유하고 있으므로 설탕과 소금의 입자수로 직접 비교할 수는 없다. 그러나 설탕의 양이 증가하면 응고하기 어려워지고, 또 소금을 넣은 재료액은 쉽게 응고하지 않는 것을 알 수 있다. 이러한 사실로 용액의 온도가 한제의 온도에 접근하면 한제는 용액에서 열을 탈취하기 어렵게 되기(즉 열의 이동은 두 물체의 온도차에 비례한다) 때문에 응고되기 어렵게 되는 것을 알 수 있다.

## □ 발전

CaCl$_2$ · 6H$_2$O(59%)와 얼음(41%)을 혼합한 한제는 −54.9℃의 온도를 얻을 수 있다. 무수염화칼슘(CaCl$_2$ 〈도로의 제설제로 사용된다〉)외에 일수화물, 이수화물, 사수화물이 있으나 모두가 용해열(물에 용해할 때의 열의 출입)은 발열이며, 얼음의 융해로 인한 온도 저하를 상쇄하는 작용이 있다. 한제로 사용하기 위해서는 용해열이 흡열인 육수화물이어야만 한다.

# 드라이아이스를 만들자
### 승화 : 기체에서 고체로

교사 · 학생 실험 ▍ 소요시간 10분

## □ 실험 개요

소다 사이폰용의 초소형 $CO_2$ 통에서 세차게 분출한 기체가 흰 가루가 된다. 통도 냉각되어 있다. 상온에서 기체인 $CO_2$도 고체가 되는 것을 분명하게 알 수 있다.

## □ 준비물

소다 사이폰용 $CO_2$ 통 (소다 사이폰이란 것은 수돗물에 고압으로 $CO_2$를 녹여 넣고 소다수를 만드는 도구), 구할 수 없는 경우에는 자전거 펑크 수리용 킷트나 에어컨용의 $CO_2$ 통도 가능하다. 진 같은 색깔이 진한 천, 여러 겹의 종이를 뚫을 수 있는 송곳, 쇠망치, 통을 누르기 위한 바이스 플라이어, 클램프 등

바이스 플라이어

## 주의 사항

통은 고압이므로 구멍을 뚫어 무심코 놓아 두면 용기가 날아가 버린다. 그림과 같이 고정할 수 있는 바이스 플라이어가 편리하다.

## □ 실험 방법

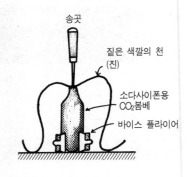

송곳

짙은 색깔의 천 (진)

소다사이폰용 $CO_2$봄베

바이스 플라이어

1. 통을 견고하게 고정하고 전체를 흑색 또는 검은색의 천으로 싼다. 천 위에서 쇠망치로 송곳을 박아 넣는다.

2. 천까지 날아가지 않도록 꽉 누르고 송곳을 재빨리 뺀다. 세차게 $CO_2$ 가스가 분출하고 단열팽창으로 냉각한다.

3. 천을 펼쳐 보면 가루모양의 드라이아이스가 붙어 있다. 그러나 곧 승화하여 사라진다.

4. 빈 통도 냉각되고 때로는 서리까지 붙어 있는 경우가 있다.

## □ 발전

단열팽창 현상을 보고 있는 셈인데, 구름의 발생, 냉장고의 원리 등에 사용된다.

현상을 관찰하는 것만으로도 의의가 있으나 가능하면 분자운동의 입장에서 왜 온도가 저하하는지 생각해 보자.

## □ 해설

승화라고 하면 파라디클로로벤젠, 드라이아이스 등의 '고체→기체'의 승화가 대부분 반대의 경우를 보기가 곤란했었다.

이산화탄소 소화기가 있으면 가장 적합한데, 값이 비싸고 재충전에도 비용이 많이 든다.

소다 사이폰용 봄베는 1개 2000∼3000원 정도이고 내용물도 그리 많지 않으므로 위험성도 덜하다.

삼태변화 교재는 분자배열과 분자운동에 대한 인식을 제고하기 위해

불가결한 교재이다.

이 승화현상에서 $CO_2$의 기체분자가 급격히 분출하여 주변의 공기분자를 밀어내고 나아가서 분자간 거리가 확산된다. 이 때문에 $CO_2$의 포텐셜에너지가 사용되므로 분자운동의 쇠퇴, 즉 온도가 저하하는 것이라 생각하기 바란다.

분자운동을 생생하게 인식시켜 주기 위해서도 삼태 변화를 물에만 한정하지 말고, 가급적 많은 물질과 현상을 제시하였으면 한다.

물질의 기초개념을 키우는데 있어 필수적인 교재가 삼태변화라고 생각된다.

# 붉은 포도주의 증류

학생 실험 **ㅣ** 소요시간 : 30분

## □ 실험 개요

붉은 와인을 증류하면 거의 무색 투명한 액체가 된다. 어느 온도 범위 내에서 얻은 액을 증발접시에 담아 불을 붙이면 무색에 가까운 불꽃을 내며 탄다.

## □ 준비물

붉은 와인(도수를 확인, 이산화탄소를 함유하는 것[스파링 와인[1)]으로 도수가 낮은 것이 있다. 그것으로도 알코올을 얻을 수 있지만 피하는 것이 무난하다), 가지 달린 플라스크, 비등석, 온도계, 고무마개, 스탠드, 세라믹스가 달린 금망, 가스버너, 시험관, 시험관 꽂이, 비커, 리비히 냉각기, 증발 접시, 성냥

## □ 실험 방법

1. 가지 달린 플라스크에 붉은 와인을 4분의 1 정도 넣는다. 넣을 때 가지 쪽을 위로하지 않으면 붉은 와인이 가지로 흘러 들어간다. 비등석을 1~2개 넣는다.
2. 구멍을 뚫은 고무마개에 온도계를 꽂고, 플라스크 입구에 온도계를 꽂은 고무마개를 막는다. 온도계의 구는 가지의 뿌리부분에 오게 한다.
3. 스탠드의 링에 금속망을 놓고 그 위에 와인이 들어 있는 가지 달린 플

---

1) 샴페인 같은 이산화탄소가 나오는 포도주

라스크를 설치한다.

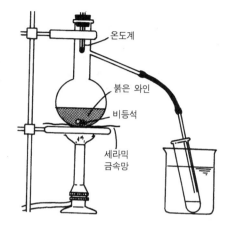

4. 가지 달린 플라스크의 가지에
   고무관과 유리관을 연결하고,
   물을 넣은 비커 속에 유리관
   을 넣는다.

5. 플라스크를 가열한다.

6. 증류물은 85℃ 부근까지의
   것, 그 이상의 것으로 나누
   어 시험관에 취한다.

7. 시험관에 취한 증류물은 증
   발접시에 넣고 성냥불을 가
   까이 하여 타는지 여부를 확인한다. 최초의 증류물은 탄다. 붉은 와
   인 및 플라스크에 남은 액과 85℃ 이상의 증류물은 타지 않는다 (불
   꽃은 무색이어서 잘 보이지 않으므로 손으로 가리거나 종이를 대어
   본다. 에탄올의 비율이 낮으면 좀처럼 타지 않는다. 그러한 경우에
   는 액면에 성냥불을 잠시동안 대고 있으면 에탄올이 증발하여 불이
   붙기 쉽다).

□ **해설**

와인은 주로 물과 에탄올의 혼합물이다. 증류실험에는 에탄올과 물
의 혼합물에서 에탄올, 식염수에서 물, 소주에서 에탄올 등을 생각할
수 있다. 붉은 와인의 증류에서 에탄올이 원래의 색깔과 전혀 다르다
는 점에서, 인상에 남는 실험이 될 수 있다.

붉은 와인을 실험에 사용하면 생활 지도상 문제가 있다하여 꺼리거
나 공금으로 구입하기에 문제점이 있다는 지적이 있지만, 이 실험의
깊은 인상으로 말한다면 그러한 문제점은 보상하고도 남는다고 본다.

또한 에탄올 비율이 많은 최초의 증류물은 브랜디라 할 수 있다 (필
자는 생활지도상 문제가 있을지 모르나 원래의 붉은 와인과 증류물인
브랜디를 극히 소량 손가락으로 찍어 맛을 보게 하고 있다).

## 기체의 단열압축과 단열팽창
### 음료수병과 자전거용 펌프를 사용하여

학생 실습 ┃ 소요시간 : 10~15분

### □ 실험 개요

연기를 사용하지 않고도 단열압축과 팽창효과를 눈과 피부로 분명하게 알 수 있는 간단한 실험법

### □ 준비물

무색 원주형의 1.5 L 음료수 병, 병 입구에 맞는 고무마개, 주사바늘, 자전거용 공기펌프

### □ 실험 방법

1. 최소 반지름의 콜크볼러 또는 송곳으로 고무마개에 가는 구멍을 뚫고, 주사 바늘을 통하게 한다. 바늘이 고무마개보다 긴 경우에는 바늘 끝이 고무마개보다 밖으로 나오지 않도록 바늘 끝을 잘라낸다. 잘린 부분이 찌그러들어 있으므로 플라이어 같은 것으로 절단부를 잘 다듬어 구멍을 열어 놓는다.
2. 병속에 소량의 물을 넣고 흔든 다음에 물을 버린다. 병의 내벽에 물방울이 붙어 있는 것을 확인한다.
3. 고무마개를 끼우고, 공기펌프를 주사바늘에 접속하여 한 사람이 공기펌프의 끝과 고무마개를 단단히 누르고 다른 한 사람은 공기펌프로 병 속에 주입한다.
4. 충분히 공기를 주입하고, 그 이상 주입할 수 없는 상태가 되었을

양손으로 누른다.

뚜껑을 열면 안개로
하얗게 되고 차가워진다.

안개

고무마개에 구멍
을 뚫는다.

병

자전거용 펌프

주사바늘을 통하
게 한다.
(길면)자른다.

습하게 한 다음에 공기펌프로 공기
를 주입한다 물방울은 사라지고 뜨
거워진다.

때 병의 내벽의 물방울이 어떻게 되었는지, 병의 온도는 어떤지 병
에 손을 대어 확인한다. 이 때 얼굴이 마개 위에 오지 않도록 주의
한다.

5. 모두 병에서 떨어진 다음에 병마개를 눌렀던 사람은 손을 놓는다.
마개와 펌프 끝이 튀어나오므로 누르고 있던 사람은 맞지 않도록
주의한다.

6. 새하얀 안개가 병 속에 가득 차고 입구에서 넘쳐 나온다. 이때 다
시 병에 손을 대어 온도를 알아본다.

7. 안개가 가득 차 있는 병에 고무마개를 막고 다시 한 번 공기를 주
입한다. 이때 안개는 어떻게 되는가, 온도는 어느 정도인가를 알아
본다.

**주의 사항**

병 위에 얼굴을 가져가지 않도록 하고, 병에 막은 고무마개와 공기펌프 끝은 단단히 누르고 있어야 한다. 느슨하게 누르면 고무마개가 공기펌프의 끝과 함께 튀어나와 얼굴에 맞을 우려가 있으므로 조심해야 한다.

## □ 해설

공기는 열을 전도하기 어렵다. 그러므로 급속히 압축 또는 팽창하면 외부와 열을 주고받는 시간적 여유가 없어 단열적으로 이루어진다. 즉 압축으로 인하여 기체의 분자간 위치에너지가 감소하면 그 에너지는 기체분자의 운동에너지로 변환되어 온도가 상승한다. 온도 상승으로 인하여 포화증기압은 그림과 같이 급속히 증가하므로 물방울은 증발하여 수증기가 된다. 이 때에 갑자기 마개를 제거하면 단열적으로 팽창한다. 즉, 기체분자간의 위치에너지의 증

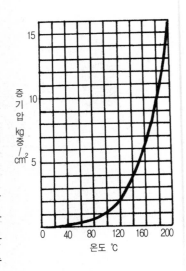

가는 운동에너지에 의해 보급되고 기체의 온도는 저하한다. 그러므로 포화증기압은 감소하고, 수증기는 응축하여 안개(물방울)가 된다.

## □ 응용

[산의 정상은 왜 추운가?]

태양의 복사에너지가 지면에 흡수되면 지면의 온도가 상승한다. 지면에 접한 공기는 데워져 팽창하고 부력으로 상승하기 시작한다. 지구를 둘러 싼 공기의 밀도는 상공으로 갈수록 작기 때문에 상승한 공기 덩어리의 압력이 주위의 기압보다 커진다. 그러므로 공기 덩어리는 단

열 팽창하여 온도가 저하한다.

[구름이 생긴다.]

단열 팽창하면서 상공에 이른 공기 덩어리에 함유되어 있는 수증기의 압력이 그 온도의 포화증기압보다 클 경우 과잉 수증기는 응축하여 물방울이 된다. 이것이 구름이다.

[푄 현상]

수증기를 함유한 공기가 산의 경사면을 따라 상승하면 단열팽창으로 온도가 저하하고 수증기가 응축하여 비를 내리게 한다. 이 공기가 산을 넘어 반대쪽 경사면을 따라 하강하게 되면, 단열 압축으로 온도가 상승하면서 평지에 이른다. 온도가 상승하면 포화증기압이 커지므로

$$습도 = (증기압 / 포화증기압) \times 100$$

습도는 작아지고 온도가 높은 건조한 공기가 된다.

[전기 냉장고와 쿨러]

프레온 등의 액체를 가는 노즐에서 분사시키면 액체의 기화열과 기화한 증기의 단열팽창으로 온도가 저하한다. 이 분출을 냉장고 안의 파이프 안에서 하여 순환시키면 냉장고 안의 열을 빼앗을 수 있다. 이 프레온 증기를 압축하여 액체로 하고, 냉장고의 하부 또는 뒷부분의 검은 파이프를 통과시켜 응고열을 외부로 방출시킨다. 전기에너지는 압축과 순환을 위해 사용된다. 쿨러도 냉장고의 원리와 마찬가지 원리로 만들어진 냉각된 공기를 실내에 방출한다.

### 역류를 체험

실험 중에 무심결에 하고 마는 것이 '역류'이다. 가열하고 있는 것이 물이면 상관 없으나, 고체의 가열 등 가열 부분이 고온으로 되어 있을 때에는 위험이 따른다. 그러므로 물로 '역류'를 체험하게 함으로써 실험할 때에 조심하게 하는 교훈도 될 수 있다.

필자는 한 사람 한 사람에게 시험관으로 체험하게 하고 있다. 상태변화의 항에서 다루기로 하자.

시험관에 4분의 1 정도의 물과 1~2개의 비등석을 넣고 고무마개＋유도관을 끼운다. 유도관 끝은 물 속에 넣는다. 손수건(물에 적셔 두면 좋다)으로 입구 부근을 감싸 잡고 가열한다(시험관 집게로 잡는 것보다 직접 감촉이 전달된다).

처음에는 시험관 안에 있던 공기가 유도관 끝에서 빠져 나오지만 끓기 시작하면 찍찍 소리만 날뿐. 기체가 배출되지 않게 된다. 이렇게 되면 시험관 안에는 공기가 없어지고 기체는 수증기뿐이다. 시험관을 불에서 멀찍이 떼어놓고 잠시 있으면 물이 역류하기 시작한다. 손에 진동이 전해진다.

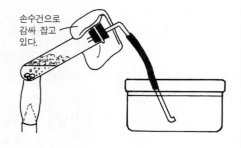

손수건으로
감싸 잡고
있다.

교대시키고 시간이 남으면 모두를 집합시켜 500 mL의 둥근 바닥 플라스크로 해 본다.

결국은 용기가 크면 오랜 시간 역류가 일어날 뿐이다. 시험관으로 하는 것이 진동이 전달되기 쉬우므로 감촉을 잘 느낄 수 있다.

매우 안전하다.

# ③ 기 체

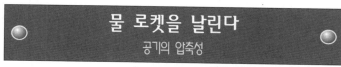

## 물 로켓을 날린다
### 공기의 압축성

학생 실험 | 소요시간 : 30분

## □ 실험 개요

플라스틱 병에 물을 붓고 거기에 공기를 밀어 넣으면 어느 순간 펑하고 물을 내뿜으면서 날아간다.

압축공기로 물을 밑으로 분출하는 반작용으로 플라스틱 병은 위로 상승한다. 공기의 압축성을 학습하는 의미에서 권하고 싶은 실험이다.

## □ 준비물

플라스틱 병(1.5 L 탄산 음료용, 형태는 불문), 발사대

## □ 실험 방법

1. 고무마개의 중심에 송곳으로 구멍을 뚫는다. 이 구멍에 공기를 주입할 수 있는 바늘을 꽂는다. 바늘 끝에 있는 출구가 고무마개 밖으로 나와 있는 것을 확인한다.
2. 물을 1/5~1/4 정도 넣는다(물의 양은 너무 많거나 너무 적어도 잘 날지 않는다).

공기바늘

고무마개

3. 발사대에 로켓 본체를 놓고 철사 고리에 나무나 대 막대를 끼워 지면에 꽂아 둔다. 이것은 로켓이 날면 방향을 컨트롤하기 위한 가이드이다.
4. 공기바늘이 달린 고무마개를 발사대의 창으로부터 넣어 로켓 본체의 입구에 단단히 끼워 넣는다(마개를 단단히 닫을수록 높이 난다).
5. 공기 주입관을 통하여 공기를 계속 넣는다. 잠시 계속하면 로켓이 물을 분출하면서 날아간다.

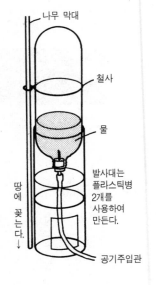

나무 막대

철사

물

발사대는
플라스틱병
2개를
사용하여
만든다.

땅에 꽂는다.↓

공기주입관

□ **해설**

　물로켓을 실험하기 전에 플라스틱제 주사기 끝에 송곳으로 구멍을 뚫어 고무마개로 막은 것에 물을 넣은 경우와 공기를 넣은 경우 그 압축성의 차이를 확인해 두는 것이 좋다. 물로켓은 2단식도 시도되고 있지만 만들기가 쉽지 않으므로 여기서는 가장 간단하다고 여겨지는 것을 소개하였다.

---

**석회수에 이산화탄소를 계속 주입하면 백탁은 사라진다**

　석회수(수산화칼슘 수용액)에 이산화탄소를 주입하면 수산화칼슘과 반응하여 물에 녹지 않는 흰 색깔의 탄산칼슘 $CaCO_3$가 생기므로 뿌옇게 된다.

　거기에 다시 이산화탄소를 계속 주입하면 흐림은 사라진다. 이것은 수용성의 탄산수소칼슘 $Ca(HCO_3)_2$이 생기기 때문이다.

$$Ca(OH)_2 + CO_2 \rightarrow CaCO_3 + H_2O$$
$$CaCO_3 + H_2O + CO_2 \leftrightharpoons Ca(HCO_3)_2$$

이것을 나타내려면 다음과 같이 하면 된다.

1. 시험관에 약 5 mL의 석회수를 넣고 여기에 물을 약 5 mL 가한다.
2. 여기에 이산화탄소 소량을 가해 흔들면 뿌옇게 된다.
3. 계속해서 이산화탄소를 가하면 무색 투명한 액이 된다.

필자는 이산화탄소는 교재용 가스봄베를 사용하고 있다.

1에서 두 배로 희석한 석회수를 사용하는 이유는, 포화상태인 석회수로는 3에서 백탁이 좀처럼 사라지지 않기 때문이다.

## 공기의 무게 · 밀도
### 플라스틱 병을 사용하여

교사 · 학생 실험 ▌ 소요시간 : 10분

### □ 실험 개요

플라스틱 병의 뚜껑에 자동차용 타이어의 밸브마개를 부착하고 공기를 넣으면 플라스틱병은 딱딱해져 공기가 들어 있는 상태를 느낄 수 있다. 또 질량도 약 10 g 늘어나므로 정밀한 저울이 아니라도 측정할 수 있다. 부피는 비닐 봉투 주머니를 부풀려서 측정하고, 무게는 감소분을 조사하여 밀도를 구한다.

### □ 실험에서 알 수 있는 내용

① 공기에도 무게가 있다는 것
② 공기의 밀도

### □ 준비물

플라스틱 병(탄산음료용), 자동차 알루미늄 휠용 밸브, 구멍을 뚫기 위한 드릴 또는 펀치(7~8 mm 의 구멍을 뚫는다), 비닐 봉지, 탱크가 있는 공기펌프 (압력계가 붙어 있는 것이 편리하다), 저울 (천칭)

### □ 실험 방법

1. 처음에 질량을 잰다.
2. 공기펌프로 공기를 넣는다 (최대 7기압).
3. 늘어난 질량을 잰다.

[기구를 만드는 법]

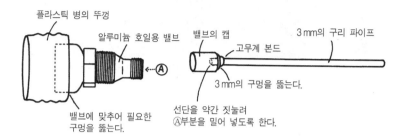

4. 파이프가 달린 캡으로 비닐봉투 주머니에 공기를 배출한다.
5. 일정량(10 L)를 배출하고, 감소한 질량을 잰다.
6. 비닐봉투 주머니의 부피를 측정한다.
7. 공기의 밀도를 구한다.

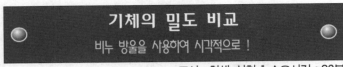

# 기체의 밀도 비교
### 비누 방울을 사용하여 시각적으로 !

교사·학생 실험 ▌소요시간 : 20분

## ☐ 실험 개요

측정할 기체를 봉입한 비누 방울을 만들고, 그 비누 방울의 상승 또는 하강으로 측정 기체와 공기 밀도의 대소를 시각적으로 제시한다.

## ☐ 준비물

비닐 주머니(20 cm×30 cm 정도의 것이 사용하기 편리하다), 스트로, 셀로판 테이프, 중성 세제, 가스 봄베 또는 측정 기체를 발생시키는 약품·기구

## ☐ 실험 방법

[실험장치를 만든다.]

그림과 같이 비닐 주머니의 한쪽을 손톱깎이 등으로 자른 다음 그곳에 스트로를 밀어 넣고 셀로판 테이프로 고정한다. 이때, 스트로는 끝에 자국을 내어 바깥쪽으로 펴 두면 큰 비누방울을 만들기 쉽다.

[비누방울 액을 만든다.]

비누방울 액으로서 중성세제에 물을 가하고 설탕이나 풀을 첨가하면, 막이 두껍고 튼튼한 비누방울을 만들 수 있다. 그러나

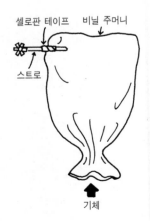

셀로판 테이프    비닐 주머니

스트로

기체

이 실험은 기체의 미소한 밀도를 다루기 때문에 비누방울은 막이 엷은, 즉 질량을 무시할 수 있을 만큼 가벼운 것이 좋다 (막의 강도는 약해지지만).

이 실험에 사용하는 막이 엷은 비누방울을 만들기 위해서는 중성세제를 원액 그대로 사용한다. 또한 세제는 계면활성제 농도가 높은 것을 쓴다.

[실험]

비닐 주머니에 측정할 기체를 채우고, 스트로 끝에 원액의 중성 세제를 묻힌다. 비닐 주머니를 가볍게 누르면 측정기체가 봉입된 비누방울이 만들어진다. 그 비누방울의 상승 또는 하강으로 측정 기체와 공기밀도를 비교할 수 있다 (그림). 지름 3 cm 정도의 비누방울이 보기 쉽고 차이도 뚜렷하여 좋다.

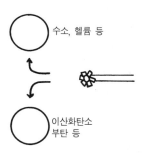

수소, 헬륨 등

이산화탄소
부탄 등

[측정하는 기체]

수업에서 사용하는 기체는 수소, 이산화탄소의 2종류가 있으면 충분하다. 수소는 염산과 주석에서 발생시킨 것을 사용하고, 이산화탄소는 통의 것을 사용한다.

또한 이산화탄소보다 밀도가 큰 기체로는 부탄을 사용해도 좋다. 비누방울이 스트로에서 떨어지는 순간부터 힘차게 낙하한다. 부탄은 라이터용 봄베의 것을 사용한다. 또 최근에는 헬륨도 보이스첸저 등의 상품명으로 판매되고 있다.

## □ 발전

이 실험이 끝난 후, 기체의 밀도 차이를 이용하는 예로, 프로판 가스와 도시 가스의 가스경보기 설치장소의 차이를 설명하면 효과적이다.

# 공기 중의 산소량을 알아본다

## □ 실험 개요

파이로갈롤(Pyrogallol)의 알칼리 수용액은 우수한 산소 흡수제이다. 이것을 사용하여 공기 중의 산소량을 알아본다.

## □ 준비물

시험관, 고무마개, 수조, 자, 파이로갈롤, 수산화나트륨, 물

### 주의 사항

- 파이로갈롤 $C_6H_3(OH)_3$는 백색 판상 또는 무색 판상이며 극약이다. 알칼리 수용액은 산소를 흡수하여 흑갈색이 된다 (이산화탄소도 흡수하지만 공기 중에는 미소하므로 무시할 수 있다). 5% 파이로갈롤 알칼리 수용액으로 $1\,cm^3$당 약 $7\sim10\,cm^3$의 산소를 흡수한다. 실험에는 안전을 위하여 그 $2\sim3$배를 사용한다.
- 파이로갈롤 수용액은 그대로 방치해 두면 산소를 흡수하여 사용할 수 없게 되므로 파이로갈롤 수용액 $100\,cm^3$당 염산을 $2\sim3$ 방울 떨어뜨려 약간 산성으로 만든 후 갈색 병에 넣고 고무마개를 닫아 둔다. 흡수력은 나빠지나 며칠간은 보존할 수 있다.
- 손에 닿지 않도록 한다. 손에 묻으면 바로 물에 씻어야 한다.
- 파이로갈롤 수용액을 수조 속에 버리지 말 것. 모아서 산의 수용액으로 중화한 다음에 버린다.

## □ 실험 방법

1. 시험관에 5% 파이로갈롤 수용액 약 2 cm³를 넣은 다음, 수산화나트
   륨 3알을 고무마개에 놓고 재빨리 마개를 밀폐하고 a를 측정한다.
   시험관을 심하게 상하로 흔들어 수산화나트륨을 완전히 녹인다. 액
   이 점차 흑갈색으로 변한다.

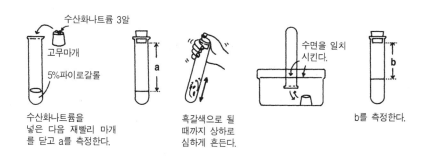

수산화나트륨 3알

고무마개

5%파이로갈롤

수산화나트륨을
넣은 다음 재빨리 마개
를 닫고 a를 측정한다.

흑갈색으로 될
때까지 상하로
심하게 흔든다.

수면을 일치
시킨다.

b를 측정한다.

2. 고무 마개를 한 채로 수중에 거꾸로 세운
   다음 고무마개를 열어 수면과 일치하도록
   하고 다시 고무마개를 한다.
   • 고무마개를 열 때 천천히 열지 않으면 파
     이로갈롤의 흑갈색 액이 수조 내에 역분
     사하게 된다. 그림과 같이 왼손으로 시험

   관을 거꾸로 잡고 오른손 엄지와 인지를 사용하여 천천히 마개를
   제거한다.
3. b를 측정한다 (a−b) / b를 계산한다. 결과는 약 5분의 1이 된다.

## □ 참고

기타 황간이란 산소 흡수제를 만들어, 그것을 흡수시키는 방법, 일
회용 포켓난로를 사용하는 방법 등이 있다.

한 때는 인을 사용한 방법이 있었다. 바닥을 자른 병 혹은 집기병을 거꾸로 하여, 그 속에서 인을 소각시켜 사용된 산소량을 물의 상승으로 알아보는 방법인데, 적린을 사용하면 정밀도가 나쁘고 (6~7%의 산소가 남는다), 황인을 사용하면 안전상에 문제가 있다. 또한 인의 점화 직후에 팽창한 공기가 밖으로 나가 버리므로 권장할 수 없다.

[황간을 사용하는 방법]

황간은 중세의 화학사에 자주 등장하는 산소 흡수제로, 탄산칼륨 0.7 g 과 황 0.3 g을 유발에서 혼합한 것을 경질 시험관에 넣어 약 2분 간 가열하여 만든다. 처음에 황백색 혼합물이었으나 가열에 따라 간장 같은 갈색으로 변화하면서 용융하여 표면이 적갈색의 밝은 불꽃을 내면서 거품이 생긴다.

1. 황간 약 1 g을 물 10 cm$^3$에 녹여 시험관에 넣고, 코르크 마개로 밀폐, a를 측정한다.
2. 약 5분 정도 시험관을 흔들어 산소를 녹인다.
3. 수조 내에서 코르크 마개를 빼면 시험관 속으로 물이 들어간다. b를 측정하여 (a−b) / a를 계산한다.

**산소의 신제조법**

산소 발생의 촉매로서 이산화망간 대신 김코 (논스멜)를 사용하면 온화한 반응을 기대할 수 있다.

옥시풀 50 mL 로 500 mL의 산소를 포집할 수 있다.

철사
옥시풀 50 mL
김코 5 g
고무관

발생이 온화하여 실험실 이외에서의 실험에 적합하다.

## 이산화탄소 속에서도 타는 것이 있다
### 이산화탄소는 불을 끄는 기체인데?

교사 실험 | 소요시간 : 10분

### □ 실험 개요

중조(탄산수소나트륨)와 식초의 혼합만으로 일순간에 이산화탄소가 생성되므로 이산화탄소의 실험을 손쉽게 할 수 있다.

### □ 준비물

- 이산화탄소의 발생에 필요한 준비물 : 500 mL의 집기병, 중조 약 2.5 g, 식초 35 mL
- 이산화탄소의 확인에 필요한 준비물 : 양초, 연소숟가락, 성냥
- 이산화탄소 중에서의 연소 확인에 필요한 준비물 : 마그네슘 리본 약 15 cm, 도가니 집게, 샌드 페이퍼, 가스 버너

### □ 실험 방법

1. 마그네슘 리본을 샌드 페이퍼로 갈고, 3개로 나누어 세 가닥으로 엮는다.
2. 집기병에 중조와 식초를 넣는다. 바로 기체가 발생하며 거품이 생긴다. 거품이 멎으면 유리판으로 뚜껑을 한다.
3. 연소 숟가락에 놓는 양초에 불을 붙여 집기병 속에 넣고, 불이 꺼지는 것으로 이산화탄소임을 확인한다.
4. 마그네슘을 그림과 같이 도가니 집게로 잡고, 버너로 불을 붙여 집기병 속에 넣는다. 마그네슘은 강렬하게 연소하여 마그네슘의 백색

재가 남는다. 재 속의 검을 알갱이에 주목하라.

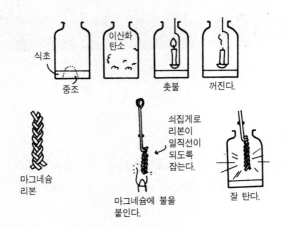

### 주의 사항

- 이산화탄소는 공기보다 무겁기 때문에 집기병의 뚜껑이 없다면 뚜껑을 덮지 않아도 좋다.
- 마그네슘의 표면이 공기로 산화되어 검게 되어 있는 경우는, 불이 잘 붙게 하기 위해 샌드 페이퍼로 갈아 제거한다.
- 마그네슘 리본과 도가니 집게가 직각이 되도록 잡으면 집기병의 입구에서 연소하게 되므로 병이 파손될 염려가 있다. 또 마그네슘이 이산화탄소와 반응하였는지 공기와 반응하였는지를 판단하기 어렵다. 마그네슘 리본과 도가니 집게는 일직선이 되도록 잡고, 집기명의 중앙에서 연소시킨다.

### ☐ 해설

1. 이산화탄소의 발생 : 중조는 탄산수소나트륨 ($NaHCO_3$)의 속칭으로, 베이킹 파우더나 위산 (胃散)의 주성분이다.

식초는 아세트산($CH_3COOH$)의 약 5% 수용액이다. 일반적으로 탄산염은 탄산보다 강한 산에 의해 치환되며, 이산화탄소를 발생한다.

$$NaHCO_3 + CH_3COOH \rightarrow CH_3COONa + H_2O + CO_2 \uparrow$$

베이킹 파우더는 중조에 타르타르산을 가한 것으로, 물과 열을 가하면 동일한 치환 반응이 일어나 이산화탄소가 발생한다. 이 방법으로 이산화탄소를 발생시키면 집기병 속에 식초의 수분이 있으므로 마그네슘이 연소하여 떨어져도 병 바닥이 깨질 염려는 없다. 또 화학은 일상생활과 동떨어진 곳에 있다고 생각하는 학생들에게 화학은 생활 가까이에 있다는 것을 인식시키는데 이바지한다.

2. 이산화탄소 속에서 마그네슘이 연소하는 것 : 마그네슘은 이산화탄소와 격렬하게 반응하여 이산화탄소에서 산소를 빼앗아 다량의 열과 빛을 발생한다.

$$2Mg + CO_2 \rightarrow 2MgO + C$$

집기병 속의 흰 재는 산화 마그네슘이고, 그 속의 검은 물질은 이산화탄소가 환원되어 생긴 탄소이다.

## 암모니아 분수

교사·학생 실습 **|** 소요시간 : 20분

### □ 실험 개요

바닥이 둥근 플라스크 내에 분수가 솟는다. 원래 무색의 액체가 플라스크 내에서 적색이 된다. 암모니아가 물에 매우 녹기 쉽다는 사실, 물에 녹으면 알칼리성이 된다는 사실을 보여줄 수 있다.

### □ 준비물

바닥이 둥근 플라스크, 고무마개, 끝을 가늘게 한 유리관, 비커, 물, 페놀프탈레인 용액

### □ 실험 방법

[암모니아의 포집]

우선 물기가 없고 바닥이 둥근 플라스크에
암모니아를 포집할 필요가 있다.

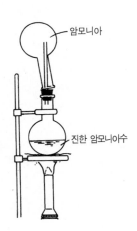

암모니아

진한 암모니아수

• 진한 암모니아수에서

암모니아의 포집에서 가장 간단한 방법은 진한 암모니아수를 가열하는 방법이다. 진한 암모니아수에는 물 10 mL 당 2.55 g의 암모니아가 용해되어 있으므로, 만약 이 암모니아를 완전히 추출할 수 있다면 3 L 이상의 암모니아를 얻을 수 있다.

플라스크 (250 mL)에 진한 암모니아수를 약

50~60 mL 넣고, 금속망 위에서 서서히 가열한다. 암모니아는 물에 녹기 쉽고, 공기에 대한 비중은 약 0.5이므로 상방 치환으로 포집한다.

- 염화암모늄과 수산화칼슘에서

  염화암모늄 약 10 g과 수산화칼슘 약 10 g을 종이 위에서 잘 혼합하여 시험관에 넣고, 유도관이 달린 고무마개를 꽂아 시험관 입구를 약간 낮춘다. 서서히 가열하면 암모니아가 발생한다.

  유리관은 암모니아를 모으는 플라스크 바닥 가까이에 닿도록 한다.

  암모니아가 모였는지의 여부는

  (1) 적색 리트머스지를 물에 담갔다 입구에 접근시키면 청색으로 변하는 것과,

  (2) 유리 막대 끝에 진한 염산을 묻혀 입구에 접근시키면 백색 연기를 발생하는 것으로 알 수 있다.

[암모니아에 의한 분수]

1. 선단을 가늘게 한 유리관을 끼운 고무마개를 준비한다.

2. 바닥이 둥근 플라스크에 암모니아를 포집해 둔다.

3. 비커에 물을 담고, 페놀 프탈레인 용액을 몇 방울 가해 둔다(청색 리트머스액을 가해도 무방하다).

4. 유리관 끝을 비커의 물 속에 넣고, 유리관에 물을 포함시키고 거의 수평하게 잡아 바닥을 둥근 플라스크에 꽂는 동시에, 플라스크를 거꾸로 세워 유리관 끝을 비커의 물 속에 넣는다.

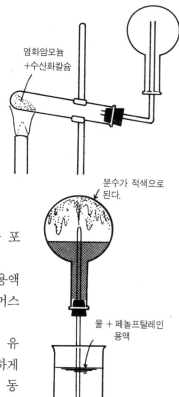

염화암모늄
+수산화칼슘

분수가 적색으로
된다.

물 + 페놀프탈레인
용액

물은 유리관으로 상승하고 이어서 플라스크 내에 분수가 솟는다. 분출한 물은 적색으로 된다(물이 플라스크에 들어가지 않고 분수도 솟지 않으면 유리관 선단을 손가락으로 누르고, 이쪽을 위로 하여 이 부분의 물을 플라스크 내에 옮겨서 유리관을 수중에 세운 다음 누른 손가락을 떼면 분수가 솟는다.)

## □ 해설

암모니아의 물에 대한 용해도는 다음 표와 같다.

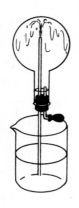

20℃에서 1그릇의 물에 약 700그릇이 용해한다. 이처럼 물에 대한 용해도가 크므로 플라스크 내의 암모니아는 물에 녹아 압력이 작아지고(진공 가까이 된다). 비커 내의 물이 대기압에 눌리어 플라스크 내에 분사한다.

수중의 암모니아 일부는 암모늄 이온과 수산화 이온으로 이온화하기 때문에 암모니아가 물에 녹으면 알칼리성을 나타낸다.

$$NH_3 + H_2O \leftrightarrows NH_4 + OH^-$$

또한 이 암모니아의 분수실험은 염화수소 같은 물에 녹기 쉬운 기체에 대해서도 마찬가지로 실험 할 수 있다.

염화수소는 다음과 같이 발생시킨다.

1. 플라스크에 소금 20 g 을 넣고, 여기에 깔때기로 황산(물 10 mL에 대하여 진한 황산 20 mL)을 가하여 가열한다.
2. 염화암모늄의 결정을 플라스크에 담고, 진한 황산을 조금씩 적하한다(가열할 필요는 없다).
3. 플라스크에 20 mL 의 진한 염산을 넣고 진한 황산을 조금씩 적하한다(가열할 필요는 없다).

염화수소는 하방 치환으로 포집한다.

| 온도 | 1용기의 물에 녹는 암모니아 용적 |
|---|---|
| 0℃ | 1299 |
| 5 | 1019 |
| 10 | 910 |
| 15 | 802 |
| 20 | 710 |
| 25 | 635 |

### 수소가 들어 있는 풍선 만들기

고무 풍선에 수소를 채우면 잘 뜨는 풍선이 된다.

그러나 고무 풍선을 부풀게 하려면 상당한 압력의 수소가 필요하다. 몇 가지 방법을 소개하고자 한다.

1. 사이다 병이나 어느 정도 두꺼운 유리병에 아연을 넣고, 여기에 묽은 황산을 넣은 다음 다시 소량의 황산구리 수용액을 혼합하여 수소를 발생시켜서 병 속에 공기가 혼합되지 않게 되었을 때, 풍선에 수소를 채운다. 풍선이 상당한 크기로 되었을 때 조심스럽게 유리병에서 떼어내어 가는 실로 입구를 묶고, 올려 보아 가볍게 뜰 수 있으면 된다.

2. 고무풍선은 사전에 입으로 불어 부드럽게 해 둔다. 목이 가는 약병에 묽은 황산을 1/3정도 넣고, 아연 알갱이를 넣어 용기 속의 공기가 추출되었을 때쯤에 고무풍선을 장착한다. 풍선 입구는 실로 묶어 둔다. 풍선이 곧게 선 후에도 계속 수소를 채우고 병에서 떼어 끈으로 묶어 날린다.

양자의 묽은 황산은 부피로 진한 황산 1에 대해 물 5의 비율(물을 휘저으면서 조금씩 진한 황산을 혼합한다)이다. 황산구리수용액을 가하는 편이 수소 발생이 더 잘 된다.

## 대기압으로 캔 찌그러뜨리기

교사·학생 실험 | 소요시간 : 30분

### □ 실험 개요

캔에 물을 넣고 비등시켜 캔 속이 수증기로 가득 차게 한 다음 밀폐하여 냉각하면 캔은 대기압에 의해 찌그러진다. 대규모로는 드럼통도 찌그러뜨릴 수 있지만 준비가 복잡하다. 학생 실험으로 할 수 있는 알루미늄 캔 찌그러뜨리기, 교사실험으로 하는 등유캔(왁스통) 찌그러뜨리기를 소개한다.

### □ 준비물

• 등유캔 찌그러뜨리기 : 등유캔(왁스통), 삼각, 가스버너, 물, 고무마개 (캔의 뚜껑이 나사식이면 고무마개는 불필요, 뚜껑이 나사식이 아닌 경우는 캔의 구멍을 고무마개로 막는다. 필자는 수성 왁스통을 사용하였는데 구멍의 지름이 3.3 cm 였고, 알맞은 크기의 고무마개가 없었으므로 14호의 고무마개를 칼로 깎아 구멍에 맞추었다), 면장갑
• 알루미늄 캔 찌그러뜨리기 : 청량음료용 알루미늄 캔, 가스버너, 수조, 물, 면장갑

### □ 실험 방법

[등유캔 찌그러뜨리기]
1. 삼발이 위에 캔을 놓는다. 캔 속에 400 mL 정도의 물을 넣고, 가스버너로 가열한다.
2. 곧 비등이 시작된다. 캔을 잡으면 뜨겁다. 구멍을 통하여 김이 힘차

게 뿜어 나온다. 5분 정도 지나면 가열을 멈춘다.
3. 면장갑을 낀 손으로 구멍에 고무마개를 비트는 듯이 밀어 넣어 밀
폐한다.
4. 그대로 방치하여 두면 캔은 냉각되어 소리를 내면서 찌그러든다(이
것으로 끝내도 좋지만, 찌그러진 캔을 수증기의 압력으로 팽창시켜
원래의 형태가 되게 하여 보자. 찌그러진 캔을 가열한다. 거의 원래
의 크기로 복원되면 불을 끈다. 밀폐된 그대로 두면 다시 찌그러지
게 된다).

[알루미늄 캔 찌그러뜨리기]
1. 알루미늄 캔에 소량의 물을 넣고 가열하여 끓게 한다.
2. 2~3분 지나면 캔 속에 수증기가 가득 차므로 캔 입구를 밑으로 하
여 물 속에 넣으면 캔은 찌그러진다.

---

### 세제액을 사용한 안전한 수소폭발법

[세제액의 기포에 의한 수소폭발]

증발접시에 세제액(주방세제를 물에 2~3배로 희석한다)을 8분의 1 정도 넣
고, 수소의 유도관을 이 속에 꽂으면 수소가 들어 있는 기포가 부풀어오른
다.

기포가 부풀어오르면 유도관을 액에서 내어 액에서 멀리 한다.

바늘이나 철사에 양초를 달아 기포에 점화한다.

기포 속이 거의 수소뿐이면 인화할 때 낮은 소리를 내지만(액 위에서
완만하게 연소한다), 공기가 혼합되어 있으면 일시에 폭발한다.

처음에 수소의 기포를 부풀게 해 놓고, 다음에 교재용의 산소 봄베에서
기포 속에 부피비로 수소 2에 대해 산소 1의 비율이 되도록 산소를 불어
넣는다. 이것에 점화하면 폭발한다.

[수소가 들어 있는 비누방울에 점화한다]

  마찬가지로 세제액으로 수소가 들어 있는 비누방울을 만든다. 위로 둥둥 떠오르는 비누방울에다 바늘이나 철사에 양초를 꽂아 따라가면서 점화한다. 공중에서 퍽 하면서 연소한다.

  수소로 커진 기포에 교재용 산소 봄베로 산소를 넣어주면 폭명기가 들어 있는 비누방울이 된다. 점화하면 공중에서 폭발한다.

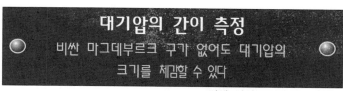

## 대기압의 간이 측정
비싼 마그데부르크 구가 없어도 대기압의
크기를 체감할 수 있다

학생 실험 ▌ 소요시간 : 10분

## □ 실험 개요

대기압의 크기에 새삼 놀라고, 한편 감동하면서 압력은 단위 면적당
의 힘이란 사실을 인식한다.

## □ 준비물

지름 약 4 cm의 플라스틱 흡반(손잡이가 있는 것) 2개, 20 kg짜리
스프링 저울 1개

## □ 실험 방법

1. 한쪽 흡반 중앙과 가장자리 중
   간에 송곳 끝을 달구어 구멍을
   1개 뚫는다.

2. 구멍을 뚫지 않은 흡반을 편평
   한 테이블 위에 붙여 놓고, 그
   손잡이에 스프링 저울의 고리
   를 걸어 당겨, 흡반이 테이블에
   서 떨어질 때의 스프링 저울 눈금을 읽는다.

3. 구멍을 뚫은 흡반을 테이블 위에 붙이고, 구
   멍을 손가락으로 가볍게 누르면서 다른 쪽

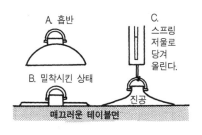

A. 흡반
B. 밀착시킨 상태
C. 스프링 저울로 당겨 올린다.
진공
매끄러운 테이블면

손으로 손잡이를 당긴다. 다음에 구멍에서 손을 떼고 손잡이를 당긴다.

## 주의 사항

- 스프링 저울로 흡반을 당길 때, 당기는 역할을 맡은 사람은 눈금을 자신이 보려고 하지 말 것. 갑자기 흡반이 떨어져 얼굴에 맞는 일이 없도록 얼굴을 숙여 당긴다. 옆의 사람이 흡반이 떨어지는 순간 눈금을 읽는다.
- 스프링 저울을 천천히 당긴다. 너무 빨리 당기면 눈금을 읽을 수 없다.
- 전원이 교대로 당겨, 그 힘의 크기를 체감한다.

## □ 해설

1. 대기압은 날씨와 고도에 따라 다르나 1기압 전후이다.

$$1기압 = 1.03 \ kgw / cm^2 ≒ 1 \ kgw / cm^2$$

2. 흡반을 테이블 위에 누르면 공기는 흡반에서 배출되어 거의 남아있지 않은 상태가 된다. 이 흡반을 떼어내려고 위로 당기면 흡반의 가장자리는 안쪽으로 쏠려 흡반은 한라산 모양이 되고, 그 내부의 부피가 증가하므로 공기밀도는 극단적으로 희박한 상태, 즉 진공상태가 된다. 밖에서는 그 상태에서 가장자리가 그리는 원의 면적에 대기의 힘이 작용하지만 안쪽은 진공이므로 반발하는 힘은 거의 없다. 그러므로 대기가 밑으로 누르는 힘보다 큰 힘을 가하지 않으면 흡반을 떼어 낼 수 없다. 원래의 흡반의 반지름이 2 cm이면 실제로 떼어낼 때의 가장자리가 그리는 원의 반지름은 1.8 cm정도이다.

$$이 \ 흡반에 \ 작용하는 \ 대기의 \ 힘 = 1 \ kgw / cm^2 \times (1.8^2 \times 3.14)cm^2$$
$$= 10.2 \ kgw$$

3. 흡반에 구멍이 뚫려 있으면 그 구멍에서 내부로 대기압의 공기가 들어가 내외의 공기 압력차가 없어진다. 그러므로 흡반의 무게에

해당하는 힘만으로 들어올릴 수 있다. 흡반을 구입하였을 때의 설명서에 '우틀두틀한 벽면이나 목제면에는 붙이지 마시오.', '때를 닦아내고 붙이시오.'라고 적혀있는 이유는 공기가 들어가기 쉽기 때문이다. 또한 흡반에 물을 묻히면 물이 틈새를 메꾸므로 공기가 들어가기 어렵고 흡착면에 수직으로 흡반을 붙이면 잘 떨어지지 않지만, 면에 평행으로는 움직이기 쉽게 된다.

교사 실험 ▌ 소요시간 : 제작 10분/실험 6분

## ☐ 실험 개요

활성탄을 저온으로 하면 기체를 거의 완전하게 흡수한다. 밀폐하면 간단하게 진공이 얻어지는 셈이다. 유리관의 한쪽 끝을 수은 속에 넣고 활성탄을 저온으로 하면 수은이 76 cm 상승한다.

## ☐ 준비물

활성탄(냉장고의 탈취제에서 꺼내어 사용), 수은, 액체질소 또는 알코올 드라이아이스 한제, 약 1m의 유리관(안지름 약 1 cm), 고무마개, 시험관, 유리관, 철사

### 주의 사항

유리관은 상승한 수은이 달라붙지 않도록 내벽을 씻어둔다.

## ☐ 실험 방법

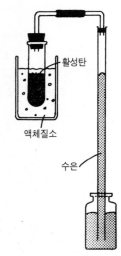

활성탄

액체질소

수은

1. 길이 85 cm~1 m의 유리관(안지름 약 1 cm) 한쪽 끝에 L자형 유리관을 꽂은 고무마개를 끼운다.
2. 시험관에 활성탄을 넣고, L자형 유리관을 꽂은

고무마개를 끼운다.

3. L자형 유리관끼리 고무관으로 연결하고, 기밀을 유지하기 위해 고무관을 철사로 묶는다 (L자형 유리관끼리는 될 수 있는 한 틈이 없도록 밀착시킨다. 사이가 고무관 뿐인 경우는 진공이 되었을 때 고무관이 터지기 때문이다).

4. 길이 85 cm ~ 1 m 의 유리관 (안지름 약 1 cm)의 다른 한쪽 끝을 용기 속의 수은에 담근다.

5. 활성탄이 들어 있는 시험관을 액체 질소 혹은 알코올 드라이아이스 한제에 넣어 냉각시킨다.

6. 수은이 상승하여 약 76 cm 높이에서 정지한다.

## □ 해설

활성탄은 저온으로 할수록 기체를 흡수하는 능력이 증가한다. 액체 질소 혹은 알코올 드라이아이스 한제에 의한 저온에서는 헬륨, 네온 및 수소를 제외한 다른 모든 기체는 거의 완전하게 활성탄에 흡수되고, 네온과 수소는 그 소량이 흡수된다.

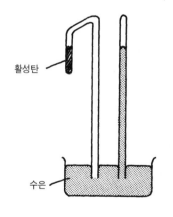

필자는 액체 질소로 냉각하고 있지만 알코올 드라이아이스 한제로 냉각하여도 동일한 결과가 된 것을 본 적이 있다.

토리첼리의 실험은, 수은을 유리관에 채워 수은 안에 세워야 하므로 실제 실험이 어렵지만, 이 실험은 저온으로 할 수만 있다면 간단하다 (필자는 한쪽 끝을 막은 유리관에 수은을 채우고, 그것을 거꾸로 수은 안에 세워 실험해 보았으나 수은이 흐를까 몹시 불안하였다).

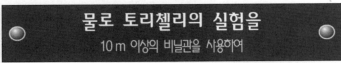

## 물로 토리첼리의 실험을
### 10 m 이상의 비닐관을 사용하여

교사 실험 ┃ 소요시간 : 15분

## □ 실험 개요

　12～15 m의 비닐관을 사용하여, 물은 10 m 까지밖에 상승하지 않는 것을 확인한다. 수은기압계의 계산으로는 실감할 수 없는 것을 눈으로 볼 수 있다. 파스칼처럼 유복하지 않더라도 실험할 수 있다.

## □ 준비물

　안지름 3～4 mm 이하의 비닐관 1개(1 m마다 표시해 둔다), 수조, 끓여 식힌 착색한 물, 호프만형 핀치코크(나사로 조인다)

### 주의 사항

　물을 한 번 끓여서 녹아 있는 공기를 가능한 방출하지 않으면 수면에 가까운 상부에서는 거품이 생겨 물은 조각조각 토막이 난다.

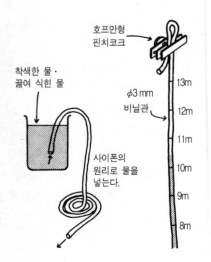

호프만형
핀치코크

착색한 물·
끓여 식힌 물

$\phi 3$ mm
비닐관

13m
12m
11m
10m
9m
8m

사이폰의
원리로 물을
넣는다.

## □ 실험 방법

　그림과 같이 사이폰의 원리로 비닐관에 물을 채운다. 관의 한 쪽 끝을 핀치코크로 단단히 조여 막는다. 관을 한 번 접어서 조이면 더욱 확실하다. 관 전부에 물이 가득 차고, 막혀 있지 않은 한 쪽 끝은 수조의 물 속에 있는 것을 모두 함께 확인한다. 막은 쪽을 들어 올려 10 m 이상으로 한다. 5층의 창에서 끈을 드리워 관을 들어올리는 것이 간단하지만 계단을 이용할 수 있다면 그것이 낫다. 비닐관의 끝을 잡고 수면을 확인하면서 계단을 오르면 10 m를 넘으면 수면은 더 이상 상승하지 않는다.

---

### 산소계 표백제를 사용한 산소의 발생법

산소의 발생법으로 대표적인 것은 옥시돌 (약 3%의 과산화수소수)에 이산화망간을 가하는 것이 있다. 그 밖에도 산소계 표백제로 만들 수 있다.

산소계 표백제는 염소계 표백제보다 표백력은 떨어지지만 천을 상하지 않게 하기 때문에 염소계 표백제 대신 많이 쓰이게 되었다. 주성분은 과탄산나트륨이다. 과탄산나트륨의 구조는 확실치 않지만, 여기서는 탄산나트륨과 과산화수소의 부가물 $Na_2CO_3 \cdot H_2O_2$로 간주하여도 무방할 것 같다.

산소계 표백제를 사용하여 산소를 발생시키는 방법에는 몇 가지가 있다.

1. 산소계 표백제＋물＋이산화망간을 가한다.

   집기병에 약 8 g의 산소계 표백제를 넣고 약 60 mL의 물을 넣어 가볍게 흔들어 녹인다(완전하게 녹지 않아도 무방하다). 다음에 약 3 g(2 g 이상)의 이산화망간을 넣으면 활발하게 거품이 생기고, 산소가 발생한다. 발생 상태가 좋지 않을 경우 산소계 표백제를 조금씩 가하면 다시 발생하게 된다.

2. 산소계 표백제를 직접 가열한다.

   시험관에 약 4분의 1 정도 산소계 표백제를 넣고, 고무관이 달린 고무마개로 막아 고무관을 수조의 물 속에 넣는다. 시험관을 가열하면 산소가 발생한다. 물과 치환하여 집기병에 산소를 포집한다.

## 새로운 마그데부르크 반구

교사 실험 ▌ 소요시간 : 5분

### □ 실험 개요

스테인레스의 샐러드 볼에 메탄올을 약간 넣어 점화한다. 물에 담근 두꺼운 종이 패킹을 놓고, 또 하나의 샐러드 볼을 덮어 식히면 2개의 샐러드 볼은 강하게 밀착하여 떨어지지 않는다.

### □ 준비물

메탄올, 두꺼운 종이제 패킹, 샐러드 볼 (2개)

### □ 실험 방법

1. 패킹용으로 두꺼운 종이를 1~2 cm 폭으로 자른다.
2. 볼에 메탄올을 약간 넣어 점화한다. 패킹을 물에 적셨다 내어 볼 가장자리에 놓고, 또 다른 볼을 덮는다.

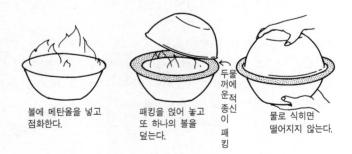

볼에 메탄올을 넣고 점화한다.

패킹을 얹어 놓고 또 하나의 볼을 덮는다.

물에 적신 두꺼운 종이 패킹

물로 식히면 떨어지지 않는다.

3. 위에서 물을 뿌려 식힌다. 물은 극소량으로 충분하다. 이것으로 떨
   어지지 않는다 (떨어지게 하려면 볼을 약간 가열하면 된다).

## □ 해설

스테인레스로 만든 볼은 튼튼해서 안심할 수 있고 어디에서나 구할
수 있지만 속이 보이게 하려면 폴리카보네이트나 AS수지의 볼을 사용
해야 한다.

## 보일의 법칙

교사·학생 실험 ┃ 소요시간 20분

## □ 실험 개요

기체의 압력과 부피의 관계를 주사기와 저울을 사용하여 시각적으로 파악한다.

## □ 준비물

주사기(20 mL), 자동 접시저울 (용량 8 kg), 자, 고무마개

## □ 실험 방법

1. 주사기의 20 mL 눈금 간격의 길이를 자로 재고, 그 길이로 20 mL 의 값을 나누어 단면적을 구한다.
2. 고무마개에 주사기 끝이 알맞게 들어갈 정도의 구멍을 뚫고, 그것을 선단에 씌운다.
3. 주사기의 피스톤을 우선 20 mL 의 위치에 맞추고, 고무마개를 씌워 그것을 손가락 끝으로 누르면서 접시저울 위에 놓는다.
4. 고무마개를 누르면서 피스톤을 17.5 mL 의 눈금까지 압축하여, 그때의 저울 눈금을 읽는다.
5. 다시 압축하여 피스톤을 15 mL, 12.5 mL, 10 mL, 7.5 mL 까지 각각 압축하여 그때의 저울 눈금을 읽는다.
6. 주사기 안의 각 부피에 대한 공기압력의 크기는 각각 기록한 저울 눈금과 그 피스톤의 단면적에 $1 cm^2$ 당 $1 kg$의 무게 값을 곱한 것을 더하여 구한다.

7. 세로 축에 부피, 가로 축에 압력을 취해 그래프를 그린다. 또 부피
   와 압력의 크기의 곱을 구하고, 그 값이 일정하게 되는 것을 확인
   한다.

## □ 해설

압력을 측정할 때 지침이 흔들려 눈금을 읽기 어려운 경우에는 대
체적인 평균값을 읽는다. 측정은 몇 번 반복하여 평균값을 취하면 된
다.

공기 압력의 크기를 구할 때, 피스톤의 단면적에 작용하는 대기압을
고려하기 위해 피스톤의 단면적에 1 kg무게 / $cm^2$를 곱한 값을 저울 눈
금에 더한다.

[측정 예]

주사기 0~20 mL 의 길이 = 4.8 cm

주사기 피스톤의 단면적 20 mL ÷ 4.8 cm = 4.2 $cm^2$

| 부피 V ($cm^3$) | 저울의 눈금 kg | 압력 P kg무게/$cm^2$ | PV |
|---|---|---|---|
| 20.0 | 0 | 4.2 | 84 |
| 17.5 | | | |
| 15.0 | | | |
| 12.5 | | | |
| 10.0 | | | |
| 7.5 | | | |

---

### 활성탄으로 캔 찌그러뜨리기

빈 맥주캔에 냉장고 탈취제에서 꺼낸 한 활성탄을 넣고, 고무 테이프로
봉하여 알코올 드라이아이스 한제에 담그면 흡착에 의한 감압으로 캔이
찌그러진다.

또 냉각한 이 활성탄을 시험관에 넣고 고무마개를 하여 물에 담그면 급
격한 공기의 방출로 고무마개가 튕겨 나온다.

# 감압형 보일의 법칙

## □ 실험 개요

주사기를 장치한 1 L 짜리 바닥이 둥근 플라스크에 테니스볼용 펌프로 공기를 주입하면 주사기가 압축된다. 충분하게 압축되었을 때에 메스실린더에 압입공기를 방출하면 공기의 방출량과 주사기의 팽창이 비례한다.

## □ 준비물

바닥이 둥근 플라스크(1 L), 주사기(10 mL), 테니스볼용 공기펌프, 수조, 메스실린더, 고무관

### 주의 사항

고무 찌꺼기가 주사기에 들어가면 피스톤이 움직이지 않게 되므로 주의한다 (주사기를 고무마개에 장치할 때). 플라스크의 마개는 철사로 묶는다. 1.5~2기압 정도로는 플라스크가 파손되지 않지만 마개가 빠지는 ·경우가 있다.

## □ 실험 방법

1. 플라스크의 고무마개를 그림과 같이 가공한다.
2. 고무마개에 주사기(10 mL)를 장치하고, 플라스크에 마개를 한다. 마개가 빠지지 않도록 철사로 묶는다.

3. 고무마개에 펌프 끝을 끼워 넣고, 공기를
   주입한다. 그러면 주사기의 피스톤이 자동
   적으로 밀려 들어간다.

   처음 10 mL 까지 공기를 넣은 상태에서
   장치한다. 이것이 8 mL 정도까지 내려가
   면 주입을 멈춘다.

4. 펌프의 마개를 빼고 고무관을 연결한 바
   늘을 장치한다. 그림과 같이 하여 핀치콕
   을 열고, 플라스크에 압입되어 있던 공기
   를 메스실린더에 방출한다. 주사기의 눈금
   0.2 mL 마다 메스실린더에 방출된 공기의
   부피를 체크한다.

5. 주사기의 눈금과 방출된 공기의 부피 관계
   를 그래프로 그린다.

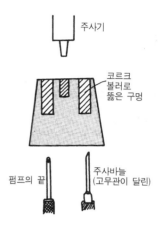

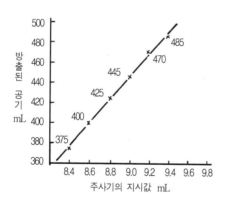

## □ 해설

　방출된 공기의 양에 비례하여 플라스크 내의 압력이 낮아지므로 이
실험에서 '일정 양의 기체 부피는 압력에 반비례 한다'는 보일의 법칙
을 확인하게 된다.

수은주로 봉한, 공기가 들어있는 유리관을 기울여 부피의 변화를 보는 방법이 이용되는데 그것보다는 이 방법이 학생들이 이해하기 쉬우리라 믿는다. 다만 보일의 법칙이든, 샤를의 법칙이든 실험에 의해 귀납적으로 법칙을 유도하는 교육이 적당한지 여부는 논의 대상이 될 것이다.

나로서는 오히려 법칙은 법칙대로 가르치고, 그 토대 위에서 실험은 검증적으로 다루는 것이 효과적일 것이라고 믿고 있다. 이 실험도 그러한 검증실험으로 이용할 수 있을 것이다.

## 절대 영도에 대한 도전
### 샤를르의 법칙

교사 실험 ▌ 소요시간 : 20분

## □ 실험 개요

한쪽 끝을 막은 석영 유리의 모세관에 수은으로 마개를 하여 공기를 밀폐한다. 이것을 가열하면서 온도와 공기 기둥의 길이 관계를 조사하면 절대 영도의 값을 매우 정확하게 구할 수 있다.

## □ 준비물

수은(1 mL), 석영유리 모세관(안지름 1.5 mm, 길이 1000 mm의 것을 4등분하여, 한쪽 끝을 녹여 막은 것), 피아노선(지름 0.55 mm, 25 cm), 주사기(5 mL), 스트로(석영유리 모세관이 알맞게 끼워지는 것), 클립, 비커(1 L, 3), 수은온도계(최소눈금 0.1℃의 것), 스틸러 3(그 중 2대는 가열 기능이 있는 것), 회전자(3), 스탠드(3), 클램프(3), 자(플라스틱 제의 투명한 것, 그림에서 보는 바와 같이 눈금 0인 곳에 가이드로서 작은 플라스틱 판을 접착해 둔다.), 오버헤드 프로젝터, 컴퓨터(직선회귀 계산의 소프트웨어가 있는 것)

## 주의 사항

소량이기는 하나 수은을 사용하므로 흘리지 않도록 다룰 때 조심할 것.

## □ 실험 방법

1. 비커 3개에 보통 물, 약 40℃의 미지근한 물, 약 60℃의 뜨거운 물을 1L 씩 넣는다. 더운 물은 핫 스틸러로 가열하여 교반해 두고, 소정의 온도로 유지한다.

2. 온도계를 스탠드로 지지하고, 구부가 비커의 중앙에 오도록 한다.

3. 석영유리 모세관에 바닥에서 약 8 cm의 곳까지 피아노선을 넣는다. 주사기에 수은을 흡취하여 피아노선을 따라 5 mm정도 넣은 다음 공기를 밀폐한다. 수은을 주입한 후 피아노선을 살짝 뽑아낸다(이러한 조작은 만일 수은이 흘러도 비산하지 않도록 플라스틱제 버킷 내에서 하는 것이 좋다).

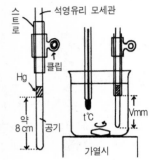

가이드(작은 플라스틱 판을 자에 접착시켜 둔다. 석영유리 모세관의 하단이 항상 자의 0눈금에 오도록 하기 위한 것)

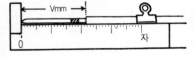

4. 납작하게 누른 스트로를 모세관에 씌워 클립으로 집고, 쉽게 움직이지 않도록 한다.

5. 모세관을 1~2분간 비커의 물 속에 넣어 수직으로 유지하고, 수은이 수면보다 밑에 있는(공기가 완전히 수중에 잠겨 있다) 상태에서 수은면의 하단에 스트로의 하단을 맞춘다.

6. 수온 (t℃)을 0.1℃의 자리까지 측정한다.

7. 모세관을 물에서 꺼내어 측정용 자와 합쳐서 오버헤드 프로젝터 위에 눕힌다. 스크린 상에서 스트로의 하단까지의 길이를 0.1 mm 자리까지 측정하여 공기의 부피(Vmm)로 한다.

8. 약 40℃, 약 60℃의 경우에 대해서도 마찬가지로 측정한다(모세관

안의 공기 중의 수증기가 응축할 가능성이 있으므로 저온쪽은 측정
에 적합하지 않다).

9. 직선회귀 계산으로 t와 V의 관계를 나타내는 방정식을 구하고, 계
   산상 V＝0이 되는 온도 t의 값을 구한다(모세관의 안지름이 일정
   하지 않으면 좋은 결과를 얻지 못한다. 몇 개의 모세관에 대해 사
   전에 시험해 보는 것이 좋다).

## □ 뒤처리

모세관의 수은이 있는 곳까지 다시 피아노선을 꽂아 넣고 관 입구
를 밑으로 기울게 하면 수은을 잡아낼 수 있다.

주사기, 모세관, 피아노선에는 수은이 부착되어 남아 있을 가능성이
있으므로 플라스틱제 밀폐용기 속에 넣어 보존할 것.

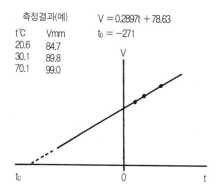

측정결과(예)　　　$V = 0.2897t + 78.63$

| t℃ | Vmm |
|------|------|
| 20.6 | 84.7 |
| 30.1 | 89.8 |
| 70.1 | 99.0 |

$t_0 = -271$

## 🔵 쓰레기 봉투로 만든 미니 열기구 🔵

학생 실험 ▌ 소요시간 : 15분

### □ 실험 개요

쓰레기 봉투에 연결된 에나멜선에 달린 솜에 점화하여 잠시 있으면 쓰레기 봉투가 가볍게 떠오른다. 기체는 데워지면 팽창한다는 사실, 즉 샤를의 법칙을 확인할 수 있다.

### □ 준비물

쓰레기를 담는 비닐 봉투(열에 강하고, 가벼운 폴리에틸렌제로 두께 0.015 mm 이하, 크기는 최저 45×50 cm의 것. 쓰레기 봉투는 고밀도 폴리에틸렌제와 저밀도 폴리에틸렌제가 있으므로 표시를 잘 살펴 볼 것. 고밀도 폴리에틸렌제는 만지면 바삭바삭한 느낌이 든다), 가는 철사(혹은 지름 0.4 mm의 에나멜선), 셀로판 테이프, 탈지면, 알코올(메탄올 혹은 에탄올), 가위, 성냥, 실, 걸레(적셔 둔다)

### 주의 사항

- 실험은 실내에서 할 수 있다. 이 경우 반드시 젖은 걸레나 물을 담은 양동이를 준비해 둔다. 창문을 열지 말고, 또 화재경보기 가까이서 하지 않도록 한다.
- 실외에서 실험하는 경우에는 무풍이나 미풍일 때에만 한다. 바람이 있으면 실로 지탱할 수 없으므로 불이 붙은 채로 어디론가 날아갈 가능성이 있다.
- 실이 끊어져 멀리 날아갈 경우가 있으므로 연료인 알코올은 많은 양을 사용하지 않도록 한다. 바람이 있으면 잘 상승하지 않는다.

실내에서 할 때는 천청의 화재경보기에 주의하고, 또 알코올이 묻은 탈지면이 연소 중에 떨어질 수 있으므로 바로 밑에 있지 말 것.

## □ 실험 방법

1. 쓰레기 봉투 입구 쪽에 대체로 3등분이 되도록 셀로판 테이프를 붙이고 거기에 가는 철사 (지름 0.3~4 mm)를 통하여 묶는다 (굵은 철사를 사용하면 무거워서 상승하지 않는 경우가 있다).

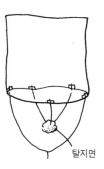

탈지면

2. 3가닥의 철사를 쓰레기 봉투가 팽창하였을 때 중심에 오게 하여 탈지면을 감는다. 탈지면의 위치는 봉투 입구에서 약 15 cm 이내로 한다.

3. 쓰레기 봉투 입구 쪽 두 곳에 셀로판 테이프를 붙이고, 거기에 구멍을 뚫어 실을 통과시켜 탈지면에서 멀리 떨어진 곳에서 묶는다.

4. 탈지면을 봉투로 덮을 듯이, 두 사람이 봉투를 펴고, 탈지면에 알코올 5 mL 정도 (이 이상은 사용하지 않는다) 흡수시킨 다음 점화한다.

5. 봉투가 팽창하여 떠오를 것 같은 느낌이 들 때 손을 떼면 가볍게 상승한다.

6. 알코올의 화력이 약해지면 떨어진다. 떨어지면 젖은 걸레로 들어올려 불을 감싸면서 끈다.

## 주사기로 분자량을

학생 실험 **|** 소요시간 : 30분

### □ 실험 개요

주사기의 실린지 끝을 밀폐하고 피스톤을 당기면 진공 부분을 형성할 수 있다. 이때 그 부분의 공기의 부력(공기의 질량과 같은 수치)을 측정하여 공기의 평균 분자량을 구할 수 있다.

### □ 준비물

폴리에틸렌제 실린지, 스톱퍼, 이산화탄소, 부탄, 암모니아, 자동 접시 저울

### □ 실험 방법

1. 폴리에틸렌으로 만든 실린지(60 mL)에 스톱퍼를 달고, 다음에 사용할 고무마개와 함께 전량을 계량한다.

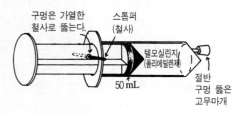

구멍은 가열한 철사로 뚫는다.　　스톱퍼 (철사)

텔모실린지 (폴리에틸렌제)

50 mL

절반 구멍 뚫은 고무마개

2. 실린지 입구를 고무마개로 봉하고, 피스톤을 힘껏 당겨 스톱퍼로 멈추게 한다 (바로 50 mL가 되도록 되어 있다). 계량하여 보면 50 mL의 공기분량만큼 가볍다. 이 값으로 공기의 평균 분자량을 알 수 있다.

매우 기초적인 것이므로 처음 공기의 질량이 0.01 g 틀리면 결과에 큰 차이가 생긴다.

실린지의 질량                            40.520 g

피스톤을 당겼을 때의 중량         40.460 g

$\overline{\phantom{xxxxxxxxxxxxxxxxxxxxxxxxxxxxxxxxxxxxxxxxxxxxxx}}$

0.060 g = 공기의 부력

$$0.060 \text{ g} \times \frac{24000 \text{ mL/mol}}{50 \text{ mL}} = 28.88 \text{ g/mol} \quad \text{(상온 상압에서는 기체는 대략 24L/mol)}$$

(공기의 평균분자량)

## □ 해설

간단한 방법치고는 납득할 만한 값이 나온다.

이렇게 구한 공기의 평균 분자량을 사용하여 기체의 비중으로부터 여러 가지 기체의 분자량을 유도할 수 있다.

<여러 가지 기체의 분자량>

| 기체 | A | B | 계 산*<br>분자량 | 기체의 발생법 |
|---|---|---|---|---|
| 이산화탄소 | 40.555 g | 0.095 g | 45.6(44) | NaHCO＋염산 |
| 부 탄 | 40.580 | 0.120 | 57.6(58) | 핸드버너 봄베 |
| 암모니아 | 40.495 | 0.035 | 16.8(17) | 암모니아수 가열 |
| 산 소 | 40.530 | 0.070 | 33.6(32) | 산소봄베에서 |

(* 기체만의 질량 / 0.060 γ <공기의 질량> × 28.8 = 기체의 분자량)

A＝실린지＋기체 50 mL 의 질량, B＝기체 50 mL 의 질량

시료 기체는 일단 비닐 봉투에 포집하여 실린지로 흡수한다.

## 1회용 라이터도 사용 후 버릴 것이 못된다

### 간단한 기체의 분자량 측정

교사 실험 **|** 소요시간 : 30분

### □ 실험 개요

이 실험의 장점은 가열에 의한 액체 시료의 기화조작이 전혀 없고 1회용 라이터(부탄)와 스프레이식 가스봄베를 준비하면 각종 기체의 분자량 측정을 쉽게 할 수 있다는 점이다.

### □ 준비물

1회용 가스라이터 또는 라이터 보충용 가스 통, 500 mL 메스실린더, 수조, 전자저 울(0.01 g까지 측정할 수 있는 것), 온도계, 기압계, 여과지, 헤어드라이어

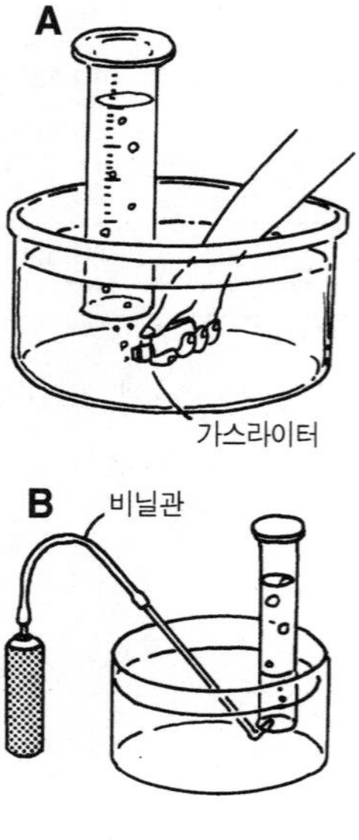

### 주의사항

환기에 조심하고, 실험 도중에 라이터에 점화하지 않도록 한다.

A

가스라이터

B  비닐관

### □ 실험 방법

기체 분자량의 간이 측정 실험에는 오른쪽 그림과 같은 세 가지 유 형이 있다.

그림 A는 1회용 라이터를 물 속에 넣고 직접 수상 포집하는 약간 와일드한 방법.

그림 B는 가스통을 밖에 설치하고 비닐관으로 수상 포집하는 방법.

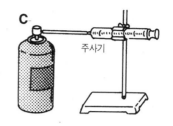

그림 C는 가스통을 주사기에 연결하여 직접 포집하는 방법이다.

가스통으로서는 라이터 보충용 외에 질소·산소·이산화탄소·수소 등이 있으나 여기서는 구하기 쉽고 값이 싼 그림 A의 1회용 라이터에 의한 분자량 측정방법을 소개한다.

1. 수조에 물을 넣고, 메스실린더를 세워둔다.
2. 수온을 측정하기 위해 온도계를 수소에 넣어 둔다.
3. 1회용 라이터의 질량($w_1$)을 전자 저울로 정확하게 단다.
4. 그림 A와 같이 라이터를 잡은 손을 물 속에 넣고, 가스가 서서히 부글부글 상승할 정도로 방출하여 250 mL 를 포집한다($v$ = 250 mL).
5. 라이터를 물 속에서 내어, 물방울을 완전히 닦는다. 특히 발화부는 여과지를 잘게 잘라 세심하게 물방울을 닦아 낸다. 드라이어의 찬 바람으로 건조시키는 것도 좋다.
6. 그 다음에 라이터의 질량($w_2$)을 전자저울로 정확하게 단다(학생들에게 $w_2$를 측정하기 전에 가스를 방출시키지 않도록 주의시킨다).
7. 기체의 온도 t는 수온으로 하고, 기체의 압력 P mmHg 는 대기압 $P_1$ mmHg 에서 수증기압 $P_2$ mmHg 를 뺀 값으로 한다.

수증기압

(단위는 mmHg)

| 온도(℃) | 0 | 1 | 2 | 3 | 4 | 5 | 6 | 7 | 8 | 9 |
|---|---|---|---|---|---|---|---|---|---|---|
| 0 | 4.6 | 4.9 | 5.3 | 5.7 | 6.1 | 6.5 | 7.0 | 7.5 | 8.4 | 8.6 |
| 10 | 9.2 | 9.8 | 10.5 | 11.2 | 12.0 | 12.8 | 13.6 | 14.5 | 15.5 | 16.5 |

8. 기체의 상태 방정식을 사용하여 분자량 M을 구한다.

$$M = \frac{(w_1 + w_2) \times R \times T}{\dfrac{(P_1 - P_2)}{760} \times \dfrac{V}{1000}} \qquad \begin{array}{l} T = 273 + t\,(\text{절대온도}) \\ R = 0.082\ L \cdot atm/K \cdot mol \end{array}$$

## □ 해설

1회용 라이터의 가스는 부탄$(C_4H_{10} = 58)$이 주성분이지만 프로판$(C_3H_8 = 44)$이 소량 혼합되어 있는 것 같다. 그러므로 평균 분자량은 58보다 약간 작은 값이 되는 경우가 많다는 것에 유의하자.

또, 측정 기체로서 이산화탄소를 사용하는 경우 물에 대한 용해도가 부탄·탄소·수소 등에 비해 크므로 실험은 수온과 용해도를 고려할 필요가 있다.

# 1몰량의 질량과 부피를 실감한다
## 이산화탄소의 간단한 분자량 측정

학생 실험 ▌소요시간 : 20분

## □ 실험 개요

드라이아이스(고체 이산화탄소) 44 g을 폴리에틸렌 봉투 속에 기화시켜, 기체 1몰 상당의 부피를 실감한다. 공기의 평균 분자량도 안다.

## □ 준비물

드라이아이스(그룹 실험을 하려면 1 kg 정도 필요), 철제 유발(지름 15 cm 정도인 약간 큰 유발이라도 무방하다), 100 mL 비커, 큰 폴리에틸렌 봉투, 전자 접시저울(감도가 0.1 g 정도인 것), 50 cm 이상의 자, 사방이 50 cm인 가벼운 소재의 얇은 판(골판지라도 무방하다.)

## □ 실험 방법

1. 드라이아이스를 철제 유발에 넣어 분말상으로 잘게 부수고, 전자 접시저울의 100 mL 비커에 재빨리 45 g 정도를 넣는다.

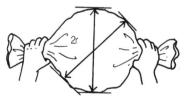

2. 드라이아이스가 기화하여 44.2 g이 되면 신속하게 폴리에틸렌 봉투에 옮겨 입구를 고무줄로 묶는다. 빈 100 mL 비커의 질량을 측정하여 실제로 폴리에틸렌 봉투에 넣은 드라이아이스의 양을 구한다.

3. 잠시 동안 실온에 방치하여 폴리에틸렌 봉투 속의 드라이아이스가

전부 기화하는 것을 기다린다. 약 5~10분 소요되므로 그동안 기화한 기체 부피를 구하는 방법을 논의한다.

4. 드라이아이스가 전부 기화하면 폴리에틸렌 봉투의 양단을 묶어 그림과 같이 큼직한 공 모양으로 만든다.

5. 덩어리의 지름(2r)을 긴 자로 측정한다(2, 3곳 측정하여 평균값을 취한다).

6. 얻어진 지름에서 덩어리의 부피를 $4\pi r^3/3$의 식으로 구한다. 기체 1몰에 상당한 대략 23~24 L 전후의 값이 얻어질 것이다. 실온을 고려하면 기체 1몰의 부피로서는 타당한 값이 될 것이다.

### 주의사항

철제 유발에서 드라이아이스를 분말상으로 분쇄할 것. 큰 덩어리가 있으면 폴리에틸렌 봉투 속에서 완전히 기화하는데 시간이 걸린다. 드라이아이스의 계량에 시간이 걸리면 공기 중의 습기가 드라이아이스와 비커에 흡착되므로 조작을 신속하게 할 필요가 있다.
지름을 읽을 때는 그림과 같이 눈의 위치에 조심할 것.

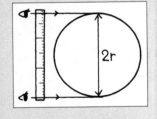

### □ 발전

폴리에틸렌 봉투 속의 드라이아이스 44 g이 완전히 기화하였을 때, 이 속의 이산화탄소의 무게는 어느 정도인가를 물어보는 것도 흥미롭다. 대부분의 사람은 44 g이라 답한다. 실제로 전자 접시거울로 측정해 보기 바란다. 저울에 사방 50 cm의 얇은 판을 놓고, 그 위에 팽창한 폴리에틸렌 봉투의 무게를 측정한다. 다음에 봉투 속의 이산화탄소를 빼고 접은 폴리에틸렌 봉투의 무게를 단다. 공기의 부력으로 내부 기체의 무게는 15 g 전후가 된다. 반대로 부피 23~24 L의 기체가 받는 부력이 같은 부피의 공기의 무게라고 한다면 44−15＝29(g)이 23~24 L의 공기의 무게인 것을 알 수 있다. 이것은 공기 1몰의 평균 분자량에 해당한다. 이 항을 처음부터 계획하여 실험을 전개해 보는 것도 좋다.

## □ 해설

드라이아이스가 없는 경우에는 대형 이산화탄소 발생장치를 만들어, 그 장치 전체의 질량을 계측하고, 기체 발생 전후의 질량 감소에서 실험을 구상할 수 있다. 탄산염 중의 $CO_2$는 드라이아이스(고체 이산화탄소)와 동등하게 생각할 수 있다.

## 녹로 목으로 만든 재미있는 분수
### 압축 분수와 감압 비등

학생 실험 ┃ 소요시간 : 20분

### □ 실험 개요

바닥이 둥근 플라스크로 물을 가열하여 충분히 끓인 다음, 비닐관이
달린 고무마개로 봉한다. 플라스크를 식혀서 비닐관의 아래 마개를 뽑
으면 심하게 분수한다. 비닐관을 어느 정도 길게 할 수 있는가를 예상
하여 실험하는 것도 흥미롭다.

### □ 준비물

바닥이 둥근 1L 의 플라스크, 비닐관, 고무마개,
버너

### □ 실험 방법

1. 실험 방법은 그림과 같다. 비닐관이 길 때는 사
   전에 비닐관 속에 물을 채워두면 된다.
2. 바닥이 둥근 플라스크 2개로 1과 마찬가지로
   소량의 물을 넣어 끓이고, 충분히 공기를 제거
   하였으면 비닐관을 연결한 고무마개로 막는다.
   한쪽 플라스크를 냉수를 부어 식
   히면 다른 쪽 플라스크가 끓는다.
   하나 때보다 훨씬 보기 쉽다.

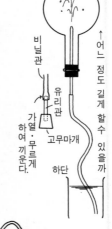

## 요드화납의 침전량 예상
### 몰의 실험

## □ 실험 개요

폴리에틸렌 봉투에 백색 소금 2종류를 넣고 잘 비비면 황색의 가루가 된다. 이것을 물에 넣어 여과한다. 여과액이 황색으로 탁하면 다시 한 번 여과하면 된다. 여과지를 깔때기에서 떼어내어 4접으로 접은 채로 가볍게 물에 씻은 다음, 신문지에 끼워 흡습하고, 다음 날 잘 건조한 다음 달아본다. 여과지의 질량(사전에 계측하여 둔다)을 빼고 식으로 계산한 예상 양과 비교한다.

## □ 준비물

요드화 칼륨, 질산납, 여과지, 깔때기, 비커, 저울

## □ 실험 방법

요드화칼륨 (1.0 g)과 질산납 (1.0 g)을 따로 계측하여 각 반에 배부한다. 각 반에서는 이것을 폴리에틸렌 봉투 (No.3)에 넣어 손가락으로 비벼서 변화를 본다 (약간 발열도 한다). 물을 가하여 충분히 반응시켜 여과하면 여과지의 눈보다 침전이 미세하여 여과액에 혼합되나 재차 여과하면 제거된다. 여과에는 약간 시간이 걸린다. 여과지를 씻는 이유는 남아 있는 요드화 칼륨을 제거하기 위해서이며, 그대로 건조하면 흰 소금이 묻어 있어 질량에 오차가 생긴다. 신문지에 끼워 대부분의 수분을 제거한 연후에 방치하면 깨끗하게 건조한다. 여과지의 질량은 거의 일정하므로 여러 장의 평균을 취해 흑판에 기록하여 둔다.

□ **해설**

$$2KI + Pb(NO_3)_2 \rightarrow PbI_2(황색\ 침전) + 2KNO_3$$

| | | | |
|---|---|---|---|
| 2 mol | 1 mol | 1 mol | 2 mol |
| (1.0 g) | (1.0 g) | (예상 1.4 g) | KI  166 g / mol |
| | | (실험 1.36 g) | $Pb(NO_3)_2$  331 g / mol |

화학반응의 예상량과 예상한 반응식에서 예상한 양이 거의 같은 양임을 실험으로 확인할 수 있는 것도 학생들에게 큰 감명을 줄 것이다.

# 몰 BOX (몰의 실험)
## 분필 한 자루로 할 수 있는 CO₂량의 예상

학생 실험 ▌ 소요시간 : 20분

## □ 실험 개요

분말로 한 분필(한 자루분)을 폴리에틸렌 봉투 속에서 묽은 염산 (6 mol / L)과 반응시키면 $CO_2$로 폴리에틸렌 봉투가 팽창한다. 이것을 0.1 mol(상온용 2.4 L)의 상자에 넣으면 거의 수용되어, 반응식에서 예상한대로의 $CO_2$ 가 발생한 것을 알 수 있다.

## □ 준비물

분필(또는 $CaCO_3$), 유발, 폴리에틸렌 봉투, 묽은 염산(6 mol / L, 100 mL), 고무줄, 0.1 mol BOX (한 변 이 13.6 cm인 골판지 상자, 사전에 각 반에서 만들어 둔 다.)

## □ 실험 방법

1. 분필 한 자루분 (10 g의 $CaCO_3$으로서 0.1 mol)을 분 말로 하여 폴리에틸렌 봉 투에 넣는다.
2. 그림과 같이 폴리에틸렌 봉투를 묶고 염산을 넣어

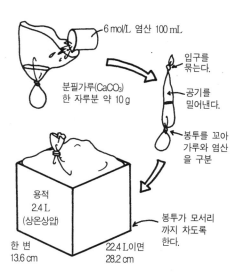

6 mol/L 염산 100 mL

분필가루($CaCO_3$) 한 자루분 약 10 g

입구를 묶는다.

공기를 밀어낸다.

봉투를 꼬아 가루와 염산 을 구분

용적 2.4 L (상온상압)

한 변 13.6 cm

22.4 L이면 28.2 cm

봉투가 모서리 까지 차도록 한다.

공기를 배출한 다음 입구를 고무줄로 묶는다(가급적 위를 묶어 봉투에 여유가 있게 한다).

3. 꼬였던 주머니를 원상으로 하여 가루와 염산을 반응시키면 $CO_2$로 폴리에틸렌 봉투가 팽창한다.

4. 사전에 준비한 0.1 mol BOX에 밀착하도록 봉투를 넣으면 거의 가득 차게 된다.

## □ 해설

$CaCO_3 + 2HCl \rightarrow CO_2 + H_2O + CaCl_2$의 식으로 $CaCO_3$ 1 mol에 $CO_2$ 1 mol이 나오는 것을 알 수 있다. 분필 한 자루는 0.1 mol 또는 기체 0.1 mol 는 상온 상압에서 약 2.4 L, 실험을 통해 물질량의 유효성을 학생들에게 납득시킬 수 있는 실험이다.

# 300 mL의 수소를 만든다
## 몰의 실험

학생 실험 **▮** 소요시간 : 60분

## □ 실험 개요

마그네슘과 묽은 염산의 반응식을 제시하고, 이 식을 사용하여 수소 300 mL를 얻는데 소요되는 마그네슘의 양을 계산하게 한다. 집기병의 300 mL의 곳에 고무밴드를 끼우고 예상한 후, 측정한 마그네슘과 염산에서 발생하는 수소가 바로 고무밴드가 감겨 있는 곳에서 멈추는 것을 본다.

## □ 준비물

마그네슘 리본, 묽은 염산 (3 mol / L), Y자 시험관, 기체유도관, 메스실린더, 수조, 저울

## □ 실험 방법

1. $Mg + 2HCl \rightarrow MgCl_2 + H_2$ 의 식을 사용하여 상온 상압의 수소 300 mL를 획득하는데 소요되는 Mg의 질량을 계산하게 한다. 이 경우, 상온 상압의 기체는 24.0 L / mol로 한다 (포화 수증기는 무시한다).

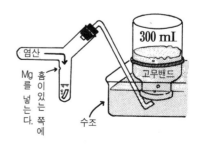

[예상]  300 mL ÷ 2400 mL / mol = 0.0125 mol

24 g / mol × 0.0125 mol = 0.3g

2. 메스실린더로 집기병에 300 mL의 물을 넣고 고무밴드로 표지한다.
3. 집기병에 물을 채우고, 수조에 거꾸로 세운다.
4. 그림과 같이 하여 수소를 발생시켜 집기병에 채운다.

□ **해설**

매우 격렬하게 수소가 발생하지만 고무밴드가 감겨 있는 곳에서 딱 멈추므로 학생들은 놀란다. 식의 양을 예상할 수 있다.

# 4 용해·용액

## 용해를 실루엣으로 보자
점광원으로 그림자 그림을

교사 실험 ┃ 소요시간 : 20분

## □ 실험 개요

점광원을 사용하여 그림자 그림으로 보는 실루엣. 고체가 액체로 용해되는 모습을 확대하여 볼 수 있다. 분자가 충돌하며 용해되는 모습을. 짧은 니크롬선을 물 속에 넣고 가열하면 대류현상도 관찰할 수 있다.

## □ 준비물

얼음사탕, 파라 다이클로로벤젠(둥근 방충제), 박형 수조 (손수 만든 것도 무방), 투명한 유리의 전구 (필라멘트가 가급적 직선으로 된 것), 스크린, 수조를 손수 만들기 위해 필요한 것들 (두께 2 mm의 아크릴 판, 접착제, 플라스틱 접기, 유리판, 수도용이나 가스용 고무관, 지름 4~6 mm 고무관, 클립)

## □ 실험 방법

[박형 수조의 제작법]

그림자를 뚜렷하게 하기 위해 두께가 별로 두껍지 않은 수조가 필요하다. 수직현상 투영용 (OHP를 사용한다)의 수조가 있다면 그것을 사용한다. 박형으로 대소 여러 가지 크기의 것이 있어 편리하나 갖고 있지 않는 학교도 많으리라 믿는다.

- U자형으로 굽힌 수도용·가스용 고무관을 2장의 유리판 사이에 끼운다. 좌우를 클립으로 집으면 완성(그림 참조). 새는 경우에는 그리스를 발라 새는 것을 방지한다. 클립을 적절하게 사용하면 수조를 세우는 다리가 될 수도 있다 이것은 자유로운 크기와 두께의 것을 만들 수 있어 편리하다. 학생들 앞에서 만들어 보이면 인기를 끈다.

- 아크릴 판을 사용하여 만들면 항구적인 것이 된다. ㄷ자 형으로 굽힌 폭 1 cm 정도의 아크릴 판을 끼워 접착하면 완성. 아크릴 판은 상처가 나기 쉬우므로 앞 뒤의 판을 유리로 하고, 에폭시 수지로 접착하여도 좋다.

[점광원을 만드는 법]

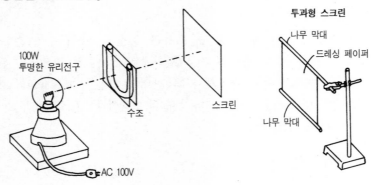

그림자 그림을 만들려면 병행 광선이나 점광원에서 나오는 광원이 필요하다. 후자를 사용하면 쉽게 확대할 수 있다(그림 참조).

가능한 필라멘트가 직선상인 백열전구를 사용한다. 60∼100 W의 투명 전구가 판매되고 있다. 메이커에 따라서는 필라멘트를 늘어지게 한 것도 있는데, 그런 것은 피해야 한다. 그림과 같이 직선방향으로 나오는 광선을 점광원으로 사용하므로 필라멘트가 늘어지면 선광원이 되어 (점광원이 아니고) 그림자 그림의 윤곽이 흐려진다.

전구 소켓을 나무 받침에 고정하고 투명유리 전구를 낀다. 전구를 비치게 하여 가급적 선명한 상이 스크린에 잡히도록 나무받침을 돌리면서 조사한다. 주위에 비치는 광선은 눈이 부시므로 그것을 방지하기 위해 안쪽을 검게 칠한 상자를 덮는다. 스프레이로 된 흑색의 내열도료가 편리하다.

스크린은 일반 영사용이나 백색 용지로 충분하다. 반사형이 아니라 투사형 스크린이면 상이 선명하여 좋다. 스크린은 반투명의 재료가 필요하다. 비교적 구하기 쉬운 것은 제도용의 황산지이다. 나무틀을 만들어 정확하게 바르면 가장 좋지만, 상하로 1 cm 정도의 가는 나무막대를 셀로판 테이프로 고정하고, 철제 스탠드를 사용하여 늘어뜨려도 매우 실용적이다.

[용해의 실루엣]
- 앞 페이지의 그림과 같이 전구, 박형 수조, 스크린을 일직선상으로 배열하고, 적당한 크기가 되도록 수조를 앞 뒤로 조절한다.

[물과 설탕의 용해]
수조에 물을 넣고 에나멜선으로 묶은 얼음설탕을 살짝 수조에 넣고 관찰한다. 표면에서 설탕이 녹아 물 속으로 계속 떨어지는 것을 그림자 그림을 통하여 볼 수 있다.

그림자 그림으로 볼 수 있는 이유는, 밀도의 차이에 따라 물질의 굴절율이 다르기 때문이며, 밀도가 다른 두 물질의 경계에서 빛이 굴절하여 명암이 생긴 것이다.

잠시 지나면 설탕이 작아진다. 보고 있으면 마치 물분자가 설탕에 충돌하여 녹이고 있는 것처럼 생각된다. 분자운동의 학습이 끝나면 눈에 보이지 않는 분자의 세계를 상상할 수 있고, 분자운동의 이미지를 강조할 수 있다. 용해가 분자운동이란 사실을 이해하게 되면 온도가 상승하면(분자운동이 활발하게 되면) 빨리 녹는다는 것도 당연한 것으로 받아들이게 된다.

여기서 얼음설탕을 사용하는 이유는, 딱딱한 결정의 표면에 분자가 충돌하여 녹이고 있다는 이미지를 심어주기 위해서이다. 교과서 등에 가루설탕을 거즈에 싸 물 속에 드리워 관찰하게 하고 있는 것도 있는데, 그것은 원래 분말이므로 가루가 되어 녹는 것은 당연한 것으로 생각할 것이므로 딱딱한 설탕의 결정인 얼음설탕을 사용하는 것이 좋다.

[한국항공우주연구소 클로로벤젠정과 백등유의 용해]

설탕과 물의 배합 뿐만 아니라 서로 다른 물질의 배합으로도 용해를 실험해 보자.

여기서는 물과 기름이란 말의 뉘앙스를 살려 파라 다이클로로벤젠과 백등유의 조합으로 용해를 실험하여 본다.

[물과 파라 다이클로로벤젠]

모처럼 물과 기름을 준비하였으니 용해에 관한 또 하나의 중요한 원칙을 상기시켜 두고자 한다. 이 조합에서는 실루엣을 보아도 용해하고 있는 상태는 볼 수 없다. 분자운동은 하고 있을 것이므로 충돌하여 분자는 떼어내려고 하고 있을 터이지만 용해되지 않는 것은 무슨 까닭일까.

분자가 떨어지지 않으므로 분자간의 힘이 문제가 된다. 물과 파라 다이클로로벤젠간의 끌어당기는 힘보다는 파라 디클로로벤젠의 분자간 힘이 크기 때문일 것이다.

[백등유와 설탕]

이 조합도 역시 용해되지 않는다. 용해는 분자운동만으로 결정되는 것이 아니라 분자간의 힘도 큰 요소로 작용하고 있다. 파라 다이클로로벤젠은 벤젠핵을 가지고 있는 유성 물질이고, 등유도 유성이므로 유사한 물질끼리만 용해한다. 이것이 용해의 제2 원칙이다.

[대류를 본다.]

그림과 같이 짧은 니크롬선을 전등선용 코드에 압착단자로 연결한 것을 바닥까지 넣어 가열한다. 데워진 물이 위로 오르는 것을 실루엣으로 확실하게 볼 수 있다. 온도에 따라 물의 밀도가 다르기 때문이다.

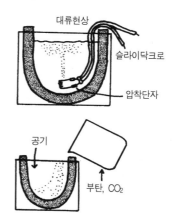

[밀도가 다른 기체]

$CO_2$나 부탄을 비커에 넣어 수조에 흘려 넣어 본다. 수조에 흘러들어 공기와 대체되는 것이 보인다.

# 황산구리＋황의 혼합물을 여과로 분리한다

학생 실험 ┃ 소요시간 : 35분

## □ 실험 개요

황산구리＋황의 혼합물은 녹색이고 일견 순물질로 보이지만 물에 넣어 혼합하면 황산구리는 녹고, 황은 녹지 않으므로 여과로 분리할 수 있다.

## □ 준비물

황산구리(Ⅱ), 황, 유발, 유봉, 시험관, 유리봉, 여과지, 깔때기, 깔때기 받침, 비커, 세척병, 증발 접시, 가스버너, 삼발이, 금망

### 주의 사항

- 증발 접시로 용액을 가열할 때는 수분이 적어진 시점에 불을 끄고 마지막에는 여열로 가열한다. 고형분이 비산하지 않도록 하기 위해서이다. 지나치게 가열하면 무수 황산구리 또는 염기성 염이 되므로 물이 약간 남아 있을 때 불을 끈다.
- 여과지와 황은 회수하되 황은 다시 이용한다. 태우면 유해한 이산화황이 된다. 버리는 경우에는 땅에 묻는다.
- 황산구리 수용액 및 증발 접시 위에 황산구리도 회수하여 다시 이용한다. 버리는 경우에는 쓰다 남은 스틸울을 넣어 금속 구리로 해서 버린다.

## □ 실험 방법

1. 시험관에 5분의 1정도의 물을 넣고, 거기에 소량의 혼합물을 넣어 잘 흔든다. 황은 녹지 않고 떠오른다.

   황산구리는 녹아 청색의 수용액이 된다(시험관에 넣는 물의 양이 많으면 흔들기 어렵고, 황산구리 수용액도 묽어진다).

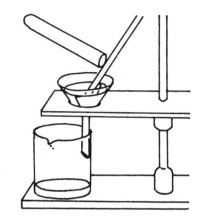

2. 여과지는 접어 깔때기에 넣고, 깔때기 받침에 설치한다. 깔때기 밑에는 비커를 놓는다.

   여과지에 소량의 물을 붓고 여과지를 깔때기에 밀착시킨다. 시험관 속의 내용물을 유리봉에 전하여 여과지 위에 부어 여과한다.
3. 여과액을 증발접시에 담아, '삼발이 + 금망' 위에 놓고 가스버너로 가열하여 물을 증발시킨다.

   물이 약간 남아 있을 때 불을 끈다. 만약 백색의 무수 황산구리가 되었을 경우에는 유리봉으로 물을 약간 가하면 청색이 된다(지나치게 가열하면 청색이 되지 않는다).

## □ 해설

여과로 어떤 혼합물을 구분하면 좋을까. 물에 녹는 것으로는 소금, 설탕, 황산구리(Ⅱ) …, 물에 녹지 않는 것으로는 녹말, 황, 나프탈렌, 벤갈라 등을 생각할 수 있다.

'녹말+소금'도 모두 쉽게 구할 수 있어 좋지만 재미가 없다. 그런 뜻에서 필자는 '황산구리+황'의 혼합물을 수업에서 다루고 있다.

결점은, 황산구리는 유해한 물질이고, 황산구리를 과열하면 무수 황산구리 등으로 변화하는 점이다.

또 이 실험의 전제로는 '황산구리는 물에 녹는다', '황은 물에 녹지 않는다'라는 고정관념이 있으므로 사전에 '물에 녹는다는 것은?'이라는 전제 아래 다룰 필요가 있다.

필자는 '수용액' 수업의 첫째 시간에 '물에 녹는다는 것은?'을 설명한다. 그때 '소금, 질산칼륨, 황산구리, 산화철(II), 황, 탄산칼슘' 등의 6종류 물질을 다루고 있다.

## 수형(水型)? 아니면, 유형(油型)?

학생 실험 ▌소요시간 : 60분

### □ 실험 개요

용질에 따라 용매를 선정하는 것을 확인하고, 그것을 근거로 하여 파슬리의 엽록소 추출을 시도하여 아름다운 녹색 용액을 얻는다.

### □ 준비물

등유, 에탄올, 요오드, 과망간산칼륨, 샐러드유, 메탄올, 파슬리, 소금, 시험관

### □ 실험 방법

1. 물, 등유, 에탄올에 소금, 메탄올, 샐러드유를 가하여 녹는지 알아 본다.
2. 물, 메탄올, 에탄올, 등유에 파슬리를 잘게 썬 것을 넣어 녹는 모습을 관찰한다.

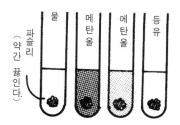

### □ 해설

실험방법 1의 결과로서 용매에는 수형과 유형이 있다는 것을 알았다. 메탄올이나 에탄올은 중간형이다. 용질에 따라 용매를 선정하는 것이 중요하다.

2의 결과에 의해 파슬리의 엽록소는 중간형이나 물에 가까운 용매에 잘 녹는다는 것을 알 수 있다.

| 용질＼용매 | 물 | 에탄올 | 등유 |
|---|---|---|---|
| 소　금 | ○ | × | × |
| 에 탄 올 | ○ | ○ | × |
| 샐러드유 | × | ○ | ○ |

　용해에는 '비슷한 것끼리 녹는다'라는 원칙이 있다.

　수형의 용매에 용해하는 것은 이온성 물질이나 OH⁻기가 있는 분자(극성), 유형에 녹는 것은 무극성의 분자성 물질이다.

　마스모토씨는 이것을 그림과 같은 인상적인 '삼단염색'의 용해로 나타내고 있다. 용해는 물질분리의 수단으로서 화학에서는 특히 중요하다.

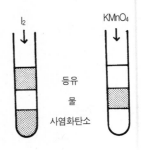

등유
물
사염화탄소

---

### 끈끈한 이상한 물체—슬라임—을 만들자

　판매하는 슬라임은 식품첨가물의 구아고무에서 만들어져 있는데 동일한 것을 세탁풀과 붕사로서 만들 수 있다.

　이것은 폴리비닐알코올의 분자간에 붕산염이 가교결합으로 이어져 겔화한 것이다.

① 폴리비닐알코올(PVA)이 들어 있는 세탁풀을 용기에 담아, 풀보다 약간 많을 정도의 물로 희석시킨다(거의 같은 양의 물도 좋다).

· 착색할 경우는 식용색소나 수채 물감 등을 세탁풀의 희석액에 섞어 잘 교반한다.

· 세탁풀 1 : 물 0.5의 비율로 만들면 약간 굳은 상태의 슬라임이 된다. 물의 비율을 여러 가지로 바꾸어 보자.

② 별도의 용기에 30℃~40℃(체온 정도)로 가온한 물에 붕사(사붕산나트륨)를 넣어 잘 혼합 용해하여 붕사수용액을 만든다(물 100 cm³에 붕사 6g

의 비율, 포화용액으로 하는 것이 요점).
③ ①의 세탁풀을 희석한 액에 ②의 붕사수용액을 약 5분의1 넣고, 바로 강하게 교반한다.

그러면 곧 액체는 끈끈해지고 교반한 막대에 들러붙게 된다. 잠시 동안 계속 교반하면 전체가 끈끈해진다.
④ 건조한 손에 잡아 둥글게 한다. 도중에 몇 번 타올로 손을 닦는다. 처음에는 끈끈하나 도중에 끈끈함이 없어지고 슬라임이 완성된다.

## 질산 칼륨의 용해도 곡선을 작성한다

학생실험 ┃ 소요시간 : 50분

### □ 실험 개요

시험관에 일정량의 물을 넣고 질산칼륨을 넣은 다음 온도를 높여 전부 녹인 후 냉각하여 결정이 형성될 때 온도를 측정한다. 이처럼 반별로 질산칼륨의 양을 다르게 분담하여 질산칼륨의 용해도 자료를 수집한다.

침상의 결정이 생겨나는 것을 보는 것도 즐겁다.

### □ 준비물

질산 칼륨, 천평, 약포장지, 시험관, 물, 메스실린더(10 mL), 스포이드, 가스버너, 온도계

### 주의 사항

- 질산 칼륨의 용해도는 다음과 같다.[g/물 100g]

(0℃)

| 0 | 10 | 20 | 30 | 40 | 50 | 60 | 70 | 80 | 90 |
|------|------|------|------|------|------|------|------|------|------|
| 13.3 | 20.9 | 31.6 | 45.8 | 63.9 | 85.5 | 110 | 138 | 169 | 202 |

- 완전히 용해되었을 때의 온도를 측정하기 어렵기 때문에(완전 용해된 시점을 파악하기 어렵다) 냉각하여 결정 석출의 온도를 측정한다.

## □ 실험 방법

1. 시험관에 5 mL(=5 g)의 물을 넣고 질산칼륨 ○g를 넣는다(○은 2, 4, 6, 8이나, 2, 3, 4, 5, 6, 7, 8 등).

2. 잘 흔들고 가열하여 녹인다. 가열하면서 시험관을 좌우로 조금씩 흔든다. 시험관 내의 결정이 적어지면 불꽃에서 내어 흔들어 녹인다(온도를 과도하게 올리면 결정 석출시간이 길어지므로 이 점에 유의할 것).

3. 녹으면 시험관에 온도계를 넣어 공기 중에서 방냉하면서 결정이 생기는 온도를 측정한다.

4. 다시 저온으로 가열하여 형성된 결정을 용해하고 재차 공냉하여 결정이 형성되는 온도를 측정한다(질산칼륨은 회수하여 재이용한다).

5. 각 반의 자료를 물 100 g당으로 하여 가로축에 온도, 세로축에 용해도(g/물 100g)의 그래프를 그리게 하여 용해도 곡선을 작성한다.

## □ 발전

재결정의 실험으로서 질산칼륨에 소량의 황산구리를 가한 혼합물에서 질산칼륨을 추출하는 실험이 있다.

질산칼륨의 재결정 실험으로 이 혼합물을 분리할 수 있다.

질산칼륨 4.9 g, 황산구리 0.1 g의 혼합물을 유발·유봉으로 미세하게 한 것을 사용한다. 이것을 시험관에 물을 5분의 1 넣은 것에 녹여 흔들면서 가열하여 용해하고 공냉 혹은 수냉하면 결정이 형성되므로 여과하여 결정을 추출한다. 최초의 혼합물과 비교하여 본다.

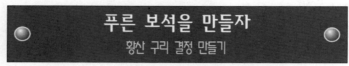

## 푸른 보석을 만들자
### 황산 구리 결정 만들기

학생 실험 ▌소요시간 : 1주야

## □ 실험 개요

황산 구리의 과포화 용액이 들어 있는 샬레 속에 알맹이 결정을 몇 개 넣으면 하루 밤 사이에 평행 사변형의 모양을 한 푸르고 미려한 결정이 다수 생긴다. 소량의 용액으로 다수의 결정이 생기므로 실험에 적합하다.

## □ 준비물

황산 구리, 샬레(지름 9~12 cm 정도), 여과지, 비커, 폴리에틸렌 배트(바닥이 얇은 것)

### 주의 사항

결정 만들기의 요점은 온도, 석출법(냉각법, 증발법, 밀도 기울기법 등) 등에 따라 조금씩 다르지만 공통적으로 주의할 점은, 적정한 용액의 농도, 과포화와 미포화의 판단, 깨끗한 알맹이 결정 만들기와 그 투입의 타이밍일 것이다. 특히 황산동의 경우에는 결정의 대칭성이 좋지 않으므로 용기를 움직이거나 하여 용액이 흔들리면 혹이 생기기 쉬우므로 용기를 함부로 움직이지 않아야 하고 깨끗한 알맹이 결정을 고르는 것이 중요하다.

## □ 실험 방법

[알맹이 결정 만들기]

시간적으로 여유가 있으면 알맹이 결정 만들기도 학생실험으로서 하면 좋으나, 한정된 시간이라면 사전에 교사 측에서 준비해 두는 것이 효율적이다. 다음과 같이 하여 언제나 수백 개 정도는 준비해 두면 좋다.

1. 물 100 mL 에 대해 결정 50 g 정도를 가열 용해한 용액을 샬레나 폴리에틸렌 배트 같은 바닥이 얇은 용기에 수심 7~8 mm 정도로 넣는다. 알맹이가 많이 만들어지므로 여과하지 않아도 좋다. 평소에 결정만들기용으로 포화용액이 준비되어 있으면 포화용액 100 mL 에 대해 추가 결정량 15 g을 녹이면 좋다.

2. 뚜껑을 하지 않고 방치해 두면 바닥에 작은 결정이 석출된다. 결정이 서로 붙지 않는 동안에 크기 4~5 mm 정도의 모양이 좋은 알맹이 결정을 젓가락으로 집어 낸다. 금속성 핀셋은 사용하지 말 것. 알맹이 결정은 필름 케이스에 보관해 두면 좋다.

[결정의 성장 (냉각법과 증발법의 병용)]

1. 포화용액 100 mL 에 추가 결정량 7 g을 가열 용해한다 (포화용액을 기준으로 생각하면 용해도의 자료를 알지 못해도 석출 결정량을 추측할 수 있다. 또한 계절에 관계없이 적용할 수 있다).

2. 지름 9 cm 정도의 샬레에 용액을 수심 10~15 mm가 되도록 넣고 수세한 알맹이 결정을 3개 정도 서로 분리시켜 넣는다. 먼지가 들어가지 않도록 큼직한 여과지로 덮어 둔다.

여과지

황산구리의 알맹이 결정

3. 하룻밤을 방치해 두면 1변이 3~4 cm의 평행 사변체의 평평한 결정

이 생긴다 (여기까지는 냉각법).

4. 샬레 속에 다른 결정이 생겨나 있지 않으면 그대로 방치하여 자연 증발로 크게 한다. 결정이 크게 석출하였으면 모양이 바른 결정만을 집어내어, 그것을 다른 샬레의 포화용액을 넣은 곳에 재차 표면을 씻어서 넣고, 자연증발을 기다린다. 모두 먼지가 들어가지 않도록 여과지로 덮어 둔다.

5. 결정끼리 부딪칠 것 같으면 수를 줄이고, 용액이 적어지면 포화용액을 보급해 준다. 도시락통 모양의 용기에 옮겨 장시간에 걸쳐 방치하면 상당한 크기의 것이 생겨난다 (증발법).

이 방법은 용액량이 적어도 큰 결정이 다수 생기므로 여러 사람이 함께 하기에 적합하다. 실에 매다는 방법은 대량의 용액이 필요하며 냉각법이 중심이 되므로 연속적으로 크게 하기에는 어렵다.

## 부엌에서 볼 수 있는 보석
### 소금 결정 만들기

학생 실험 ┃ 소요시간 : 수주간

### □ 실험 개요

샬레와 같은 넓고 얇은 용기에 넣은 식염수를 서서히 자연 증발시켜 네모꼴의 결정을 성장시킨다.

### □ 준비물

소금, 샬레 또는 바닥이 평평한 폴리에틸렌 용기, 비커, 여과지, 깔때기, 핀셋

### □ 실험 방법

1. 포화 식염수를 샬레나 배트 같은 넓고 얇은 용기에 수심 15 mm 정도가 되게 넣는다. 용액은 약간 가온 (5℃ 전후)하여 여과하는 것이 결정핵이 되는 요소 등을 제거할 수 있다. 용기에는 먼지가 들어가지 않도록 큰 종이로 덮어야 하지만 액은 증발해야 하므로 유리판 같은 기밀한 뚜껑은 하지 않는다.

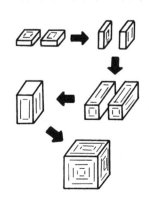

덮개가 없으면 증발속도가 지나치게 빨라, 표면에 결정이 석출하게 된다. 수일 정도 지연되어도 무방하다면 약간 불포화의 용액에서 시작하여도 좋다.

2. 수일 지나면 작은 정방형의 결정이 바닥에 석출한다.

　1주일 정도 지나 결정끼리 붙을 정도가 되면, 깨끗한 정방형의 결정만을 집어낸다. 용액 500 mL에서 4×4×2 mm 정도의 결정이 100개 정도 생긴다.

3. 다음에 용기에 새로운 포화용액을 넣고, 집어낸 정방형의 결정을 표면을 어느 정도 수세한 후에 가로 방향으로 키가 높아지도록 용기 바닥에 다수 배열한다.

4. 용기에 종이로 뚜껑을 하고, 10일 전후 놓아 둔다. 도중에 미결정이 생겨나면 포화용액을 교체하고 결정을 다시 배열한다.

5. 결정이 어느 정도 커지면, 용기 바닥에서의 성장 속도가 상하는 작고 좌우로 커지는 것을 고려하여 결정의 놓는 방법을 전체적으로 입방형이 되도록 배치한다.

　다시 새로운 포화용액으로 10일 전후 놓아 두면 1변이 약 10 mm 정도의 입방체 결정이 다수 생긴다.

**주의 사항**

소금(염화나트륨)은 물에 대한 용해도의 온도변화가 작기 때문에 냉각법이 아니라 증발법이 적합하다. 과포화상태에서 안정영역이 좁고, 약간의 쇼크에 의해서도 결정화가 시작되므로 무리하게 알맹이 결정을 이동하거나, 용액을 흔들거나, 용기를 움직이거나 하지 않도록 한다. 증발도 너무 빠르지 않는 것이 좋다.
석출속도가 어느 임계속도($20×10^{-3}$ mm · sec$^{-1}$) 이상이 되면 결정이 불투명하게 된다.

## □ 발전

　용액에 특정한 물질이 녹아 있으면 석출되는 결정의 투명도가 좋게 되거나 결정형상에 영향을 미치게 되는 것 등이 잘 알려져 있다. 일반적으로 매정작용이라 불리며, 식염수에서는 $Mn^{2+}$, $Pb^{2+}$, $Cd^{2+}$ 등의 금속이온이 알려져 있다. 또한 용액이 산성인 경우가 좋다. 한 예로, 소금에 대해 $Mn^{2+}$를 몰비로 환산하여 $1/50 \sim 1/20$ 정도 녹여 0.1 M 정도의 산성 용액으로 한 포화용액에서 결정 만들기를 하면 투명한 결정을 실패 없이 만들 수 있다. $Pb^{2+}$의 경우는 더욱 미량(대몰비 $10^{-3}$ 이하)이라도 효과가 있다. 그러나 결정면에서 근소하게(1, 1, 1)면이 나타나는 경우가 있다.

## 설탕 결정
성장과정을 계속적으로 볼 수 있는 설탕의 대결정

교사·학생 실험 **┃** 소요시간 : 1주일

## □ 실험 개요

유리 용기 속에서 얼음설탕이 천천히 성장하는 모습을 책상 위에서 관찰할 수 있다. 농도 대류에 의한 근모양의 관찰도 항상 할 수 있으므로 결정의 성장을 이해하기 쉽다.

## □ 준비물

설탕, 얼음설탕(알맹이 결정), 각종 유리용기, 냄비, 낚시줄(가능하면 착색)

## □ 실험 방법

1. 모양이 반듯한 작은 얼음설탕을 낚시줄에 파라핀으로 잘 연결하여 알맹이 결정으로 한다.

2. 100 mL의 물에 대해 300~350 g의 설탕을 냄비에 넣어 가열한다. 10초 정도 끓게 하고 불을 끄는데, 유리막대 등으로 저어주지 않으면 넘친다. 뜨거운 설탕물을 즉시 유리병에 넣어 재빨리 물에 씻은 얼음설탕의 알맹이 결정을 매달고 바로 뚜껑을 닫는다(내열성이 없는 용기를

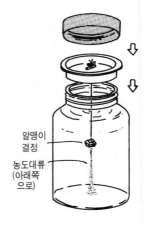

알맹이
결정

농도대류
(아래쪽
으로)

사용할 경우는 사전에 가온하여 파손방지를 한다). 얼음설탕은 온도차로 인하여 금이 가지만 문제가 되지 않는다. 70~80℃ 정도까지 식은 후에 매달면 금이 줄지만 그 온도가 될 때까지 뚜껑을 닫는 것을 잊지 말아야 한다.

농도대류
(아래쪽
으로)

3. 책상 위에 놓고 1주일~1개월 정도에 걸쳐 바라보면 얼음설탕이 서서히 크게 성장하는 모습을 언제나 직접 관찰할 수 있다. 알맹이 결정의 상처는 회복되고, 반짝이며 빛나는 큰 결정면과 예리한 각을 볼 수 있게 된다.

4. 설탕액의 농도차로 인한 대류를 관찰할 수 있고, 결정의 성장 이유를 이해할 수 있게 된다.

## □ 해설

얼음설탕은 시중에서 판매되고 있는 먹을 수 있는 유일한 큰 결정이므로 결정의 교재로서는 가장 적합하다고 생각되지만 실천 예는 별로 볼 수 없다. 이것은 설탕의 포화수용액 점도가 극히 높고, 알맹이 결정을 용액 안에 가라앉게 하는 것이 어려울 뿐만 아니라, 매우 느린 대류로 결정 성장에 지나치게 시간이 걸리기 때문이다. 또한 액면과 바닥에서 점차로 작은 결정이 석출될 뿐만 아니라 알맹이 결정에도 작은 결정이 부착하여 모양이 흐트러지는 경우가 많다.

그러므로 설탕액이 식기 전에 세척한 알맹이 결정을 매달고 뚜껑을 덮는 것을 고안하였다. 그렇게 하면 상부 공간은 물방울로 덮이고, 그것에서의 결정석출은 없어 진다. 또 점도의 크기에 따라 다소의 온도 변화나 진동이 있을지라도 새로운 결정이 석출되지 않는다. 이처럼 보온을 위한 피복 없이도 결정성장의 관찰이 가능하다.

## 온도가 내려가도 굳어지지 않는다
### 아세트산나트륨의 과냉각

학생 실험 ▌소요시간 : 5분

□ **실험 개요**

용해한 아세트산나트륨을 충분히 냉각한 후, 결정의 한 알을 넣으면 용액이 결정화한다. 온도를 변화시킴으로써 결정이 되는 속도를 조절할 수 있다.

**주의 사항**

- 사용하는 비커는 세척제를 사용하여 깨끗하게 세척한다.
- 여러 번 사용하면 불안정하게 되므로 새로운 것으로 바꾼다.

□ **준비물**

아세트산나트륨 3수화물, 비커(50 mL, 100 mL), 시계접시, 약숟가락, 온도계

□ **실험 방법**

1. 100 mL 비커에 아세트산나트륨 100 g 에 증류수를 소량 가하고 시계접시로 뚜껑을 한 후, 항온조에 넣어 약 60℃에서 용해시킨다(가스버너의 약한 불로 가열하면서

유리막대 등으로 교반하여 주어도 좋다. 또한 물이 증발하여 흰 결정<무수아세트산나트륨>이 생성되었을 때에는 소량의 증류수를 가하여 잠시 놓아두면 완전하게 녹는다).

2. 아세트산나트륨이 다 녹았을 때 항온조에서 비커를 집어내어 50 mL 비커에 나누어 학생들의 책상 위에 놓는다.

3. 어느 정도 냉각되면 시계접시에 취하여 약숟가락으로 아세트산 나트륨 결정을 한 알 취하여 비커에 살짝 떨어뜨린다.

4. 결정을 떨어뜨렸을 때의 아세트산나트륨 용액의 상태와 온도를 관찰하면, 결정을 떨어뜨린 장소로부터 방사상으로 응고하고 온도도 처음과 비교하면 높아졌다는 사실을 확인할 수 있다.

## □ 해설

아세트산나트륨의 녹는점은 58℃이다. 이 물질을 천천히 냉각시키면 응고점보다 낮아도 응고되지 않고 용

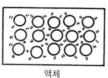
액체

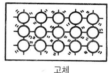
고체

온도가 내려가도 굳지 않는다.

액으로 존재할 수 있다. 용액으로 존재하고는 있지만 매우 불안정한 상태에 있으므로 약간의 충격에 의해 일순간에 결정화하고 만다. 이 과냉각 실험에서는 물질의 3태로서 분자운동을 상상해 보는 것도 매우 흥미롭다.

## □ 발전

이 아세트산나트륨 (100 g)에 물을 10~15 mL 정도 가하여 용해하고 냉각시킨다. 냉각시켰을 때 아세트산나트륨의 결정을 한 알 넣으면 상층이 남은 상태에서 결정이 생긴다. 이 상층은 포화아세트산나트륨 수용액으로 되어 있다. 아세트산나트륨을 용해하고 냉각한 상태를 과포화용액이라 한다. 이 실험도 과냉각과 마찬가지로 간단하게 실험할 수 있다.

## 불타오르는 젤리를 만든다
### 겔화에 의한 고체연료 만들기

## ☐ 실험 개요

겔화를 즐기는 실험으로서는 두부 만들기와 슬라임 만들기 등을 들수 있지만 캠프나 콘도의 식사 때에 사용하는 고체연료도 겔화를 이용한 것이다.

고형연료는 쉽게 만들 수 있다. 또한 알칼리염 등을 함께 가하면 불꽃반응도 즐길 수 있는 일석 이조의 실험이다.

## ☐ 준비물

아세트산칼슘, 무수에탄올, 유리막대, 100 mL 비커(또는 빈 캔), 시험관, 약숟가락, 전자거울, 성냥, 증발접시

### 주의 사항

완성된 고체연료의 불꽃은 거의 무색 불꽃이므로 조심하지 않으면 화상을 입을 염려가 있다.

## ☐ 실험 방법

1. 포화아세트산 칼슘 수용액을 만든다.

   [방법 1] 증류수 약 50 mL 에 아세트산칼슘의 분말을 약 50 g 녹인다.

[방법 2] 온수 100 mL 에 아세트산칼슘의 분말을 약 35 g 녹인다.

㊀ 물에 대한 아세트산칼슘의 용해도는 매우 크기 때문에 물을 지나치게 가하지 않도록 한다. 또한 온수에 녹이면 냉각하고 나서 불포화 수용액이 되므로 주의할 것.

2. 무수에탄올을 100 mL 비커(또는 빈 캔)에 약 50 mL 넣고, 1에서 만든 포화아세트산칼슘 수용액을 가한다.

포화아세트산칼슘 수용액을 가하면 에탄올은 곧 겔화하여 젤리상태로 굳어진다.

㊀ 에탄올에 물이 포함되어 있으면 일부는 겔화하지 않고 질척질척하게 되는 경우가 있으므로 무수에탄올이 바람직하다.

아세트산칼슘과 에탄올의 비율을 변화하면 젤리상태도 변화하므로 여러 가지 비율로 시도해 보는 것도 좋다.

3. 젤리상태로 된 것이 고체 연료이다.

소량을 증발접시에 집어내어 불을 붙여 보자.

㊀ 무색 불꽃에 가깝기 때문에 관찰하기 어렵다. 따라서 교실을 어둡게 하면 잘 보인다. 불꽃이 잘 보이게 하기 위해 리튬염(적색 불꽃)이나 붕사(사붕산나트륨─녹색 불꽃) 등을 가하는 것도 좋다.

## □ 해설

고체연료 만들기에는 위에 든 방법 외에 스테아린산, 메탄올, 수산화나트륨간의 비누화 반응에 의한 것과 스테아린산과 메탄올만으로 되는 것이 있다.

# 간이 삼투압

학생 실험 ▌소요시간 : 10분

## □ 실험 개요

그림과 같이 필름 케이스에 각설탕 2개를 넣고 셀로판막을 바른 셀을 만든 다음, 이것에 안지름 2 mm의 유리관을 세워 물 속에 세워 놓으면 유리관의 속을 물기둥이 올라 삼투압에 의해 지지되어 있는 것을 알 수 있다.

## □ 실험 개요

각설탕 (2개), 셀로판지, 필름 케이스, 고무마개, 유리관 (안지름 2 mm)

## □ 실험 방법

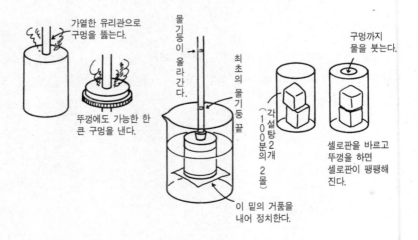

필름 케이스에 가열한 유리관으로 No.1 의 고무마개가 들어가는 구멍을 뚫는다. 또 케이스 뚜껑을 가장자리만 남기고 잘라낸다. 필름케이스에 각설탕 2개를 넣었으면 바닥에 셀로판을 대어 뚜껑을 하고, 케이스 가득히 물을 채운 다음에 지름 2 mm 의 유리관이 달린 고무마개를 바닥의 구멍에 꽂고 이것을 비커의 물속에 세운다.

## ☐  해설

삼투압의 실험장치는 판매되고 있으나 셀이 지나치게 큰 것이 많다. 이 방법에서 제시한 정도의 셀이 적당하다.

## 염수와 진수

### □ 실험 개요

1 L 비커에 들어있는 수돗물과 포화식염수를 제시한다면, 겉으로 보기에는 구별되지 않는다. 맛을 봐서는 안 된다는 조건 아래, 가능한 한 많은 구별방법을 생각하게 하며 실험을 하게 한다.

특이한 방법을 찾아낸 팀은 점수를 더 주기로 하자.

### □ 준비물

포화식염수, 떡잎, 감자, 소금, 황산구리 용액, 에탄올, 비눗물, 과망간산칼륨, 진한 염산, 질산은 용액, 폴리에틸렌제 작은 접시, 천칭, 온도계, 냉동기, 야무진 폴리에틸렌 작은 병, 통전 셋트, 기타

### □ 실험 방법

S : 끓여본다. 소금물은 소금이 남는다.

T : 보이지는 않지만 용질은 보존된다. 이것을 용질보존이라 하는 거야. 그러나 끓이는 양은 극소량으로 하자. 시간이 걸리니까 말이다.

S : 양쪽에 조금씩 소금을 넣어 본다. 소금물에는 바로 녹지 않는군.

T : 용해도의 이용이군. 소금은 교탁에 있어.

S : 같은 부피를 측정하여 무게를 비교하자.

T : 밀도를 이용해서 말이지, 좋아.

S : 계란을 띄워본다.

T : 계란은 크기 때문에 시험관에 들어가지 않아. 감자라면 잘게 썰

수 있으니, 시험관을 사용할 수 있겠
군. 이것도 밀도를 이용하는 거지.

S : 달팽이는 없나?

T : 달팽이가 어디 있어. 대신에 자 떡잎, 소
금물에는 시들꺼야. 이것은 삼투압이지.

S : 얼려보자.

T : 폴리에틸렌제의 작은 접시에 담아 준
비실의 냉장고 냉동실에 넣자. '어는점
내림'

S : 수돗물을 넣어 보자.

T : 왜?

S : 염수라면 연기 같은 것이 난다. 수돗물
에서는 아무것도 발생하지 않으니까.

T : 그것을 실루엣현상이라 하지.

S : 물감을 넣어 보자.

T : 좋아! 밀도와 확산의 이용이군.

S : 황산구리 용액을 넣어 보자.

T : 그래, Cl⁻가 있으면 구리이온의 색깔
이 푸르게 변한다. 착이온이 형성되는
거지.

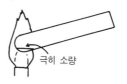

극히 소량

5 mL씩
넣는다.

야채절임접시
(폴리에틸렌제)

색수로서는
KMnO₄의
묽은 용액이
좋다.

기타 양쪽을 동일하게 하여 폴리에틸렌제 작은 병에 넣어 띄어보는
것도 있다. 진수에서는 가라앉고 염수에서는 뜬다. 비눗물을 넣으면 염
수에서는 겨우겨우 뜬다. 이른바 비누의 염석이 일어난다. 전류를 통하
게 하여 전도성을 비교하거나 질산은 용액을 가하는 등의 고전적인 방
법도 잊지 않도록.

또한 진한 염산을 가하는 (공통 이온의 첨가에 의한 평형이동) 방법

도 있다. $Na^+$를 불꽃반응으로 구별하는 것도 좋다. 천에 스며들게 하여 증발시켜 보거나, 스틸울에 묻혀 녹스는 방법을 보는 것도 있다. 끓는점 오름은 계측하기 어려우므로 제외한다.

## □ 해설

학생들에게 실험의 독창성을 생각하게 하는 좋은 과제라 생각된다. 상세하게 수집하면 20종류에 이른다. 용액의 성질을 학습하는 도입단계에서 다룬다.

보아서 알 수 없는 것을 성질의 차이로 판별하는 것이 화학의 기본적인 수법이다. 또한 순물질과 혼합물의 성질 차이를 알게 하여, 화학에서의 순물질의 중요성을 가르친다.

교사 실험 ▌ 소요시간 : 20분

## □ 실험 개요

오렌지색깔의 고체를 가열하면 그 고체는 없어지고 산소와 수은이 생긴다. 처음에 있었던 물질과 생긴 물질의 확인이 명확하여 분해의 도입실험에 적합하다.

## □ 준비물

적색 산화수은, 시험관 (파이렉스제), 고무마개, 기체 유도관 (유리관은 지름 6 mm 정도), 핀치콕, 스탠드, 수조, 시험관 대, 가스버너, 선향, 성냥

### 주의 사항

- 산화수은(II) HgO에는 적색과 황색의 2종이 있다. 화학적으로는 동일하며, 알맹이의 크기에 따라 색깔의 차이가 난다. 독작용은 황색이 훨씬 격렬하다. 따라서 적색인 것을 사용한다.
- 적색 산화수은도 시험관 내에 생기는 수은증기가 유독하므로 반드시 교사 실습으로 한다.
- 반응이 끝난 후 실온으로 내려갈 때까지 시험관의 고무마개를 벗기지 않는다.
- 수은은 시험관에 고무마개를 닫아 보존한다(하나의 시험관에 모아둔다).

## □ 실험 방법

1. 시험관 (파이렉스제)에 적색 산화수은 약 2 g를 넣고 기체유도관을
   설치하여 스탠드에 수평으로 고정한다. 고무마개 가까이의 유리관에
   핀치콕을 달아둔다. 가스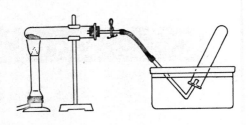
   버너를 설치한다(약 3 cm
   로 한 가스버너의 불꽃
   이 산화수은을 가열하는
   위치에 닿도록 시험관을
   고정한다). 유도관의 끝
   은 수조 속의 물에 넣는다. 수조 안에 시험관 1개를 세워, 그 입구
   를 유도관 끝에 댄다. 물을 가득 담은 시험관 3개와 고무마개 4개
   를 물 속에 넣어 둔다.
2. 가스버너의 불꽃을 시험관 바닥의 굽은 면 가까이에 대어 가열한다.
   가열하면 그을린 것처럼 적갈색으로 변색한다(이것은 그을린 것이
   아니다. 필자는 일부 생성한 수은과 원래의 산화수은의 혼합물의
   색깔이라고 믿고 있다).
   점차 양이 감소한다. 가열하는 부분의 산화수은이 없어지면 가열하는
   부분을 돌려가며 전부 없어지도록 한다(후에 극소량의 흰 재 같은 것
   이 남는데 이것은 무엇인가 불순물일 것이다).
   시험관 입구 부근에 처음에는 흐린 것 같은 느낌을 주는 무엇인가 붙
   기 시작하고 점차 뚜렷한 은색이 된다. 손가락으로 튀기면 뭉쳐져 물
   방울 모양으로 된다. 이 단계에서 '수은이다.'라고 소리치는 학생들도
   있다.
3. 시험관에 기체가 모인다. 차례로 마개를 닫아 시험관 세우기에 꽂
   아 놓는다.
4. 반응이 끝난 후 고무관 부분에 핀치콕을 옮겨 고무관을 막고, 이어
   서 유리관을 수조에서 꺼내고 가스버너를 끈다 (역류를 막기 위해).

5. 기체를 모은 시험관에 순서대로 불이 붙은 선향을 넣는다.

   최초의 시험관은 보통의 공기와 같은 방법으로 연소하지만, 2번째 것부터는 격렬하게 연소하므로 산소란 것을 확인할 수 있다(최초의 시험관 안의 기체는 처음 시험관 안에 있었던 공기가 밀려나온 것).

6. 유도관을 장착한 그대로 수은이 들어 있는 시험관을 스탠드에서 제거하여 시험관을 심하게 흔들면 수은이 구상으로 되어 바닥에 대굴대굴 구른다.

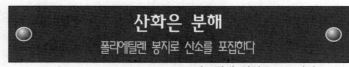

# 산화은 분해
폴리에틸렌 봉지로 산소를 포집한다

교사·학생 실험 | 소요시간 : 10분

## □ 실험 개요

산화은을 넣은 시험관에 폴리에틸렌 주머니가 달린 고무마개를 끼운 후 가열한다. 산화은이 열분해하여 은과 산소로 갈라진다. 은은 시험관에 남고 발생한 산소의 대부분은 폴리에틸렌 주머니에 고인다.

발생한 산소를 선향에 불어 강렬하게 연소하는 모습을 관찰한다. 시험관에 남은 은은 쇠망치로 부셔, 은의 광택을 내어 확인한다.

## □ 실험에서 알 수 있는 사실

산화은이 분해되어 산과 은으로 갈라지는 것.

은의 질량은 산화은의 질량보다 작다 (전후의 질량을 측정한다).

## □ 준비물

산화은 (산화수은이라도 무방하다), 시험관, 고무마개, 가스버너, 유리관 (5~10 cm 정도), 스탠드 (또는 시험관 집게), 폴리에틸렌 주머니, 천칭 또는 정밀 저울

## □ 실험 방법

1. 산화은을 시험관에 넣고 폴리에틸렌 주머니가 달린 고무마개를 끼운다.
2. 가스 버너로 가열한다.

3. 분해가 끝나면 은, 산소를 확인한다.

## □ 기구를 만드는 방법

폴리에틸렌 주머니가 너무 작으면 내부 압력이 상승하여 시험관이 파손될 위험이 있다.

---

### 스틸울의 연소에서 철의 자연발화

철의 경우, 못 같은 쇠뭉치가 공기 중에서 연소하는 일은 없지만, 산소 가스 중에는 연소하기 쉽다. 외국에서는 철 파이프를 산소를 통하여 수송하고 있는 공장에서 철 화재가 일어난 적도 있다. 즉 철관의 화재였다.

또 폐타이어 집적장에서 타이어가 불탄 일이 있다. 이것은 타이어에 포함되어 있는 강철선이 자연 발화한 것으로 믿어지고 있다.

[스틸울의 연소]

스틸울의 한 뭉치에서 3분의 1 내지 4분의 1을 떼어내어 가능한 한 스틸울을 풀어헤친다. 즉 펼 수 있는 한 빈틈이 많게 한다.

금속제 배트 등을 깔고 그 위에 풀어놓은 스틸울을 놓고 불을 붙인다. 크리스마스 트리처럼 반짝반짝 타면서 퍼진다.

[철의 자연발화]

매우 미세한 철분을 만들면 그 철분은 공기 중에서는 자연발화 한다.

1. 시험관에 옥살산철(II)을 약 1g 넣고 유리막대로 교반하면서 버너로 수분간 가열한다. 시료는 서서히 흑색의 미분말로 된다.
   유리막대는 최후까지 공기 중에 내지 않는다.
2. 가열을 멈추는 즉시 고무마개를 하여 공기와 접촉하지 못하도록 한다.
   처음에는 느슨하게 마개를 하고 냉각하면 견고하게 마개를 한다.

3. 고무마개를 제거하고 시험관 속의 시료를 공기 중에 떨어뜨리면 자연발화 한다. 밑에 금속제의 배트나 나무판을 놓아둔다. 어둡게 하면 발화가 잘 보인다.

이 시료의 성분은 $Fe$, $FeO$, $Fe_3O_4$, $Fe_2O_3$의 초미분말이다. 이 중에서 $Fe_2O_3$ 이외는 자연발화한다.

다음과 같은 지도가 가능하다. '보통 철선은 공기 중에서는 연소하지 않는다 → 산소 안에서라면 연소한다 → 스틸울 같은 섬유상으로 하면 공기 중에서도 연소한다 → 매우 미세한 분말로 하면 공기 중에서 자연발화한다.'

## 중조 (탄산수소나트륨)의 이용
### 중조로 핫케이크를 만든다

교사·학생 실험 ┃ 소요시간 : 20분

### □ 실험 개요

중조를 넣은 소맥분을 물로 반죽하여 구우면 부풀어올라 핫케이크가 된다.

### □ 준비물

소맥분, 중조(탄산수소나트륨), 핫플레이트, 설탕

### □ 실험 방법

1. 설탕을 넣은 소맥분에 물 또는 우유를 넣어 잘 반죽한 다음 둘로 나눈다. 한쪽에만 중조를 넣고, 어느 쪽에 넣었는지 알 수 없도록 표나지 않게 뒤섞어 가열한 핫플레이트에 넣고 뚜껑을 닫는다 (계란이나 건포도를 넣으면 더욱 맛있는 것이 된다).
2. 뚜껑을 열면 중조를 넣은 쪽이 먹음직스럽게 부풀어 있다. 이것을 보고 중조가 부풀어오르는 것을 막았다고 착각하는 학생이 많아 놀랐다.

### □ 해설

핫 케이크는 첨가되어 있는 팽창제의 열분해작용으로 부푼다는 사실을 모르는 학생이 많아, 뚜껑을 열면 놀라 함성이 터져 나온다. 어려운 기술이 필요한 카라멜로 구이보다 간단 확실하여 이해하기 쉽다.

또 만들어 진 것은 여러 사람이 시식할 수 있어 더욱 즐겁다.

중조의 열분해에 의한 탄산나트륨을 사용한 엽맥표본 만들기는 종래의 수산화나트륨법과 달리 비교적 안전하여 부드러운 잎은 가정에서도 깨끗하게 만들 수 있다. 엽맥이 규칙적이 아닌 은행이나 큰 팔손이나 무잎 등은 수중에서 핀셋을 사용하여 완성하고 두꺼운 종이에 얹어 들어올린다.

가시나무나 참가시은나무 등은 물관부(주로 물관)와 체관부(주로 체관)가 두 장으로 갈라지므로 생물 교재로서도 필요하다. 이러한 연구와 발견을 가정에서도 즐길 수 있다.

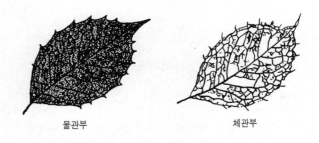

물관부                 체관부

## ● '푸우'하고 부푸는 카라멜로 구이 ●

학생 실험 ┃ 소요시간 : 1회 15분

### □ 실험 개요

끓인 설탕액에 흰 가루를 묻힌 막대를 넣어 휘저으면 '푸우'하고 부풀어오른다. 그때의 흰 가루가 탄산수소나트륨이며, 탄산수소나트륨이 분해할 때의 이산화탄소의 발생을 이용한 과자이다.

### □ 준비물

카라멜로 구이용 냄비, 설탕, 탄산수소나트륨, 계란 (계란의 흰자), 온도계(200℃), 소독저 2~3개, 철사 혹은 셀로판 테이프, 종이, 가스버너, 삼각, 세발 받침

### 주의사항

- 실험이 끝나서 보면 설탕이 기구 등에 끈끈하게 붙어 있기 쉽다. 그러므로 실험시에는 가스버너에 신문지를 위에서 찔러 넣는다.
- 계란에 설탕액을 절반 이상 넣지 않도록 한다(많으면 끓어 넘친다).
- 책상 위에 들러붙은 설탕은 물에 녹기 쉬우므로 설탕에 물을 뿌리거나 물에 충분히 적신 걸레를 덮어둔다. 시간이 경과하면 제거하기 쉽게 된다.
- 부풀리지 않고 설탕액이 엉겨붙은 계란은 물에 넣어 데우거나 휘저으면 설탕액이 쉽게 제거된다.
- 냄비와 온도계는 물을 담은 수조에 넣어 두면 깨끗해진다. 그러나 지나치게 가열하여 태우면 좀처럼 제거되지 않는다.

## □ 실험 방법

[온도계가 달린 휘젓기 막대를 만든다.]

온도계를 소독저에 끼우고 온도계의 구부를 약간 안쪽으로 밀어 넣고 철사 등으로 고정하면 완성된다.

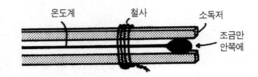

[탄산수소나트륨+계란 흰자+설탕을 반죽한 것을 만든다.]

계란의 흰자 약간에 탄산수소나트륨을 가하여 혼합하고 소프트 크림 정도로 굳으면 다시 설탕을 소량 가하여 반죽한다.

탄산수소나트륨만을 가해도 부풀어오르지만 계란의 흰자와 함께 반죽하면 미세하고 안정성이 있는 거품을 만들기 쉽다. 또한 설탕을 가하면 설탕액이 굳기 쉽다.

[설탕액을 만든다.]

냄비(혹은 비커)에 굵은 설탕을 넣고 물을 그 절반 정도 가한다. 흔들어서 물이 짜질짜질할 정도가 되게 한다. 설탕의 양은 계란의 절반 정도×인원수 정도.

불에 올려놓고 수시로 휘젓는다. 전부 녹으면 설탕액이 완성된다. 물의 양은 적당하면 되지만 너무 많으면 카라멜로 구이를 만드는데 시간이 걸린다.

[카라멜로 구이에 도전]

1. 설탕액을 카라멜로 구이 냄비에 절반 정도 넣고 온도를 측정하면서 가열한다. 105℃를 초과할 무렵부터 불을 멀리 하여 온도가 서서히 상승하게 한다. 125℃가 되면 바로 불을 끄고 냄비를 책상 위에 놓는다.

2. 마음 속으로 천천히 10 정도를 헤아리고 나서 밥알 정도의 탄산수
   소나트륨+계란 흰자+설탕 반죽한 것을 가
   하여 냄비 바닥에 소독저를 세게 짓누르는
   것처럼 전체를 심하게 혼합한다. 멈추는 타
   이밍은 점차 끈끈해 질 때쯤이다(전체적으
   로 허여멀건하다). 소독저를 가운데에서 뺀다.
3. 굳어지면 냄비의 바닥 전체를 약한 불로 가
   열하여 카라멜로 구이와 냄비가 붙어 있는
   부분을 녹인다.

□ **해설**

설탕물을 끓인 액은 그 온도에 따라 여러 가지 상태로 변화하며, 원
상태로는 되돌아가지 않는다. 과자에서는 시럽, 폰단, 파스, 카라멜로
(혹은 캐러멜) 등은 이 성질을 이용하고 있다.

탄산수소나트륨은 다음과 같은 반응으로 이산화탄소를 발생한다.

$$2NaHCO_3 \rightarrow Na_2CO_3 + H_2O + CO_2$$
탄산수소나트륨 → 탄산나트륨 +  물  + 이산화탄소

설탕액이 식은 후 단단하게 굳으면 탄산수소나트륨이 분해하여 발생
한 이산화탄소가 탈출할 수 없어 전체적으로 부풀게 된다. 카라멜로
구이가 약간 쓴맛이 나는 것은 탄산나트륨이 남아 있기 때문이다.

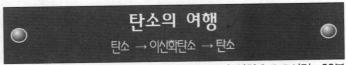

## 탄소의 여행
### 탄소 → 이산화탄소 → 탄소

교사 실험 ▌소요시간 : 30분

## □ 실험 개요

산소와 탄소(목탄)를 넣고 밀폐한 플라스크를 가열하면 목탄에 불이 붙고 결국에는 없어지고 만다. 그 속에서 마그네슘을 연소하면 다시 탄소가 생긴다.

## □ 준비물

목탄(데생용), 천평, 바닥이 둥근 플라스크(500 mL), 고무마개, 유리관, 고무 풍선, 교재용 산소봄베, 가스버너, 성냥, 마그네슘 리본, 철사, 선향

### 주의 사항

산소와 탄소의 반응에서는 일단 기체의 팽창으로 내압이 상승하므로 반드시 바닥이 둥근 플라스크를 사용한다. 고무마개를 하여도 바닥이 둥근 플라스크라면 견디지만, 상처가 있거나 하면 파손될 수도 있으므로 고무풍선을 달아 둔다.

## □ 실험 방법

[목탄을 산소 중에서 연소시킨다.]

1. 목탄 약 0.2 g을 플라스크에 넣는다. 유리관을 통하여 그 유리관 끝

에 고무풍선을 실로 든든하게 묶은 고무
풍선을 준비해 둔다.

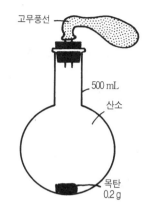

2. 목탄을 넣은 플라스크에 교재용 봄베로
산소를 채운다. 봄베에 부속된 비닐관을
될 수 있는 한 깊숙이 넣고 산소를 채운
다. 선향의 불을 플라스크 입구 가까이에
접근시켜서 격렬하게 연소하면 산소가 충
만된 것이다.

3. 가스버너의 불꽃으로 플라스크 전체를 가
온한 다음에 목탄이 있는 곳에 집중적으
로 불꽃을 대어 발화시킨다. 발화하면 플라스크에서 버너를 떼어
내고, 플라스크를 회전시키는 듯이 흔든다 (목탄이 플라스크의 벽을
따라 빙글빙글 돌도록 흔든다. 한곳에서 연소시키면 플라스크가 파
손될 가능성이 있기 때문이다. 이때 방을 어둡게 하면 아름답다).
목탄은 점차 작아지고 결국에는 없어진다 (재가 극히 소량 남는다).
여기서 '탄소가 없어진 사실'을 확인하고, 새롭게 '이산화탄소가 생긴
것'을 석회수로 백탁함으로써 확인해도 좋지만 다음으로 진행하여 '다
시 이 이산화탄소에서 탄소를 형성할 수 있는 사실'을 다루어도 좋다.

[이산화탄소 중에서 마그네슘을 연소시킨다.]

1. 마그네슘 리본 약 10 cm를 4절하여 꼬인 것을 철사에 동여 맨다.

2. 마그네슘 리본에 불을 당겨 앞의 플라스크의 고무마개를 빼고 신속
하게 플라스크 안에 넣는다. 약간씩 밑으로 내려보내면 좋다.

3. 격렬하게 반응한다. 반응 후 플라스크 안의 물질을 흰 종이 위에
놓는다. 백색의 산화마그네슘 표면에 흑색 물질이 붙어 있다. 이 흑
색 물질을 종이에 손가락으로 비비면 검은 줄이 그려진다 (내용물에
묽은 염산을 가하면 산화마그네슘은 녹아버리므로 흑색 물질을 확
인하기 쉽다).

## □ **해설**

산소와 탄소의 연소는 실온에서 기체 1몰은 24 L를 차지한다고 생각하여, C 1몰 (12 g)과 $O_2$ 1몰 (24 L)의 비율로 반응하므로 $O_2$ 0.5 L에 반응하는 C는 0.25 g이다. 따라서 목탄을 약 0.2 g 사용하고 있다. 이보다 많으면 미반응의 목탄이 남을 가능성이 있다.

마그네슘에 의한 이산화탄소의 환원에는, 이산화탄소를 포집한 집기병에 점화한 마그네슘 리본을 넣는 방법이 있다. 많은 실험서가 '병의 벽에 검은 물질이 붙는다. 이것이 탄소이다.'라고 하고 있으나 필자는 병의 벽에 붙은 것은 마그네슘의 미분말이 아닌가 생각한다. 그 까닭인즉, 이것은 묽은 염산에 녹아버리고 말기 때문이다. 화학반응의 기본에 비추어 보면 이산화탄소와 마그네슘의 접촉장소에서 반응해야 하기 때문이다. 그러므로 탄소는 산화마그네슘의 표면에 붙어 있는 것이다.

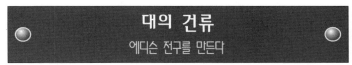

**대의 건류**
에디슨 전구를 만든다

교사·학생 실험 ┃ 소요시간 30분

## □ 실험의 개요

대나 나뭇가지를 건류하여 만든 목탄을 필라멘트로 한 전구를 만든
다. 실내를 어둡게 하여도 독서가 가능하다.

## □ 준비물

대오리, 이산화탄소, 또는 질소가스, 조리용 알루미늄 호일, 가스버
너, 가스형 플라스크, 고무마개, 스테인리스 막대(Ø=2 mm, 약 25 cm,
2개), 리드선, 전원장치, 가능하면 어둡게 할 수 있는 방

**주의 사항**

> 플라스크 안에 이산화탄소를 넣을 때에는 일산화탄소가 생기므로 환기에
> 주의한다. 플라스크 내의 기체가 팽창하여도 무방하도록 플라스크에는 기체
> 가 빠져나갈 구멍을 만들어 둔다.

## □ 실험 방법

[목탄을 만든다.]

1. 그림과 같이 대오리에 알루미늄 호일을 3회 정도 감고, 가스불로
   그 선단에서부터 조금씩 건류한다.
2. 나무가스가 별로 나오지 않게 되면 대오리의 넓은 범위에 걸쳐 가

스불을 대어 가열한다.

3. 1000℃ 이상의 불꽃으로 3분간 가량 가열하였으면 가열을 멈춘다.

4. 알루미늄 호일을 손으로 만질 수 있을 정도가 되면 목탄이 부러지지 않도록 주의하면서 꺼낸다.

알루미늄 호일

대오리의 건류

[불을 켠다.]

1. 그림과 같은 장치를 조립한다.

2. 만든 목탄을 적절한 길이로 잘라 그림의 필라멘트부에 세트한다.

3. 전원장치를 조금씩 신중하게 돌려 전압을 서서히 높인다. 목탄이 조금 빨갛게 되었으면 돌리는 것을 멈추고 상태를 본다. 변화가 없으면 약간 전압

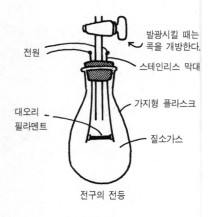

발광시킬 때는 콕을 개방한다.

전원

스테인리스 막대

대오리 필라멘트

가지형 플라스크

질소가스

전구의 전등

을 높인다. 암실에서 겨우 책을 읽을 수 있는 밝기가 될 때까지 전압을 높인다 (약 11V 이하).

주의 플라스크 가까이에는 얼굴을 대지 않는 것이 좋다. 이산화탄소를 사용하면 일산화탄소가 생기고, 질소에 산소가 함유되어 있으면 이산화탄소가 생긴다.

참고 ① 전압은 5~11V, 전류는 10A 정도이다.

② 필라멘트 : 각종 나뭇가지도 사용할 수 있다.

③ 플라스크에는 기체를 충만시키지 않고 진공으로 하여도 무방하다.

## □ 발전

통전장치를 사용하면 녹말이나 빵가루 등에도 탄소가 함유되어 있음을 나타낼 수 있는 실험을 할 수 있다.

## □ 해설

어느 정도의 도전성이 있는 것은 약 1000℃ 이상의 온도가 필요하다. 따라서 시험관에서 건조한 것의 대부분은 사용할 수 없다. 도가니에서 건류하는 경우에는 마풀을 사용할 필요가 있다. 또한 최근의 소독저는 사용할 수 없다.

## 모두 함께 느끼는 물의 합성
### 수소와 산소의 화합반응을 비닐튜브 속에서

교사 실험 | 소요시간 : 10분

### □ 실험 개요

비닐 튜브에 넣은 수소와 산소를 반응시키면 큰 폭발음과 함께 튜브 속이 흐려지고 물이 생긴 것을 확인할 수 있다. 또 이 때의 양상을 학생들은 가까이에서 그리고 안전하게 관찰할 수 있다.

### □ 준비물

수소와 산소의 혼합 기체, 비닐관 (안지름 6 mm, 길이 6 m 정도), 압전소자, 비닐제 스포이드 (비닐튜브에 낄수 있는 굵기의 것), 금속선(0.8 mm 정도), 고무줄, Y자형 튜브 코넥터

### □ 실험 방법

[전극을 만든다.]
비닐 스포이드에 그림과 같이 금속선을 부착한다.

[방법]
1. H자형 전기분해장치로 물을 분해하고 발생한 기체를 Y자형

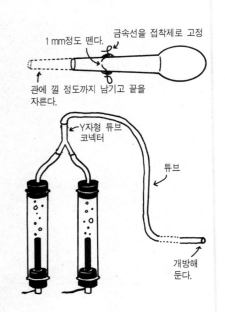

1 mm정도 뗀다.
금속선을 접착제로 고정
관에 낄 정도까지 남기고 끝을 자른다.
Y자형 튜브 코넥터
튜브
개방해 둔다.

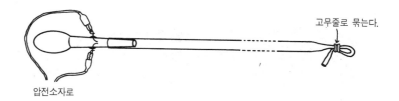

고무줄로 묶는다.

압전소자로

튜브 코넥터로 비닐 튜브에 유도한다. 튜브의 다른 한쪽은 개방하여 둔다. 튜브 속에 기체가 충만할 때까지 30분 정도 걸린다.

2. 비닐 튜브에 스포이드 전극을 세게 밀어 넣는다. 다른 한쪽은 고무 줄로 폐쇄한다.

3. 압전소자를 전극에 연결하여 점화한다. 이때 튜브를 손에 들고 있어도 위험하지는 않다.

4. 격렬한 반응이 일어나며 튜브 속이 흐려지고 물이 생겼다는 것을 확인할 수 있다. 또한 기체가 액체로 되고, 부피가 감소하므로 튜브가 찌부러진다.

5. 다시 실험을 할 때는 헤어드라이어로 튜브 속을 건조시킨 다음에 한다.

□ **발전**

튜브를 10 m 까지 길게 하여도 실험이 가능하다.

□ **해설**

종래의 유디오미터는 물 속에 아크릴관을 거꾸로 세워 그 속에서 물을 합성하므로 반응에 의해 생긴 물을 확인할 수 없다. 그러므로 학생들 중에는 폭발에 의해 기체가 소멸되었다는 인상을 갖는 경우도 있었다.

유디오미터로 수소와 산소가 화합하는 부피비를 알아보기 전에 이 실험을 하는 것이 좋을 듯 하다.

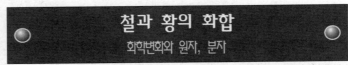

## 철과 황의 화합
화학변화와 원자, 분자

학생 실험 ┃ 소요시간 : 20분

□ **실험 개요**

철분과 황분을 잘 혼합하여 서로 접촉시키면 화합하여 황화철이 된다.

□ **실험에서 알 수 있는 사실**

철분과 황분을 혼합하여 접촉시키면 화합하여 황화철이 생긴다. 반응은 자동적으로 진행된다. 가열하여 온도를 올리면 반응을 빠르게 할 수 있다. 화합반응은 가열 없이도 일어난다.

□ **준비물**

철분 (300메슈), 황분, 유발, 막자, 시험관, 시험관 집게, 자석, 묽은 염산, 가스버너 (또는 알코올 램프), 골판지 등

□ **실험방법과 요령**

철분은 매우 미세한 것(300메슈)을 사용한다. 그렇지 않으면 반응이 충분하게 진행되지 않는 경우가 있다. 철과 황의 양적 관계는 정확하게 지킬 것.

[방법]
1. 철분 14 g, 황분 8 g을 계량하여 유발에서 잘 혼합한다 (황분의 색깔이 분별하기 어렵게 될 때까지).

2. 혼합한 분말의 일부를 시험관(A)에 넣어둔다. 나머지 대부분을 다른 시험관 (B)에 넣어 둔다.

3. 시험관 B를 그림과 같이 기울게 철제 스탠드에 고정하고, 혼합한 분말의 상부를 가스버너로 가열한다.

4. 잠시 지나면(약 1분 정도), 가열부가 새빨갛게 된다. 가열부가 새빨갛게 되면 바로 가열을 중지하고 시험관을 곧게 세운다 (가열을 중지하여도 반응은 자동적으로 진행된다).

5. 냉각한 다음에 시험관 B에서 형성된 황화철을 골판지 위에 꺼낸다 (잘하면 깨끗하게 꺼낼 수 있다).

6. 반응 생성물 (황화철)과 혼합물의 색깔을 비교한다. 또 형성된 황화철의 조각과 시험관 A 속의 미반응 혼합물에 각각 자석을 접근시켜 본다. 혼합물 쪽은 철분이 자석에 붙지만, 황화철 조각은 자석에 붙지 않는 것을 알게 된다 (황

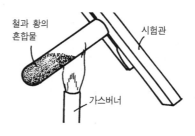

화철 조각에 자석을 접근시킬 것. 분말이 되면 미반응한 철이 자석에 붙는다.).

또 시험관 A와 황화철의 작은 조각을 시험관에 넣고 각각에 묽은 염산을 소량 가한다. 혼합물에서는 수소가 발생한다. 황화철에서는 계란 썩은 것 같은 냄새의 기체(황화수소)가 발생한다 (유독하므로 환기에 주의할 것).

[실험의 다른 방법]
가열하지 않아도 화학반응은 일어난다.

1. 먼저 방법과 같은 양으로 철분과 황분을 잘 혼합한다.

2. 1의 혼합물이 들어 있는 유발에 물 약 5cc 정도를 가하여 잘 혼합하고 반죽하여 철과 황의 '경단'을 만든다. 물이 부족할 때는 극히

소량을 더 가한다(너무 많으면 '죽'이 되어 반응하는데 매우 시간
이 걸린다).

3. 그대로 놓아둔다. 계절에 따라 반응시간이 다르나 10분 정도로 유
발 바닥이 뜨거워지고 열이 나면서 '경단'에 균열이 생겨 황화철이
형성된다(이 실험은 겨울에는 반응에 시간이 너무 걸리므로 하지
않는 것이 좋다).

## 일회용 포켓 난로

### ☐ 실험 개요

주머니 속에 넣기만 해도 따끈따끈한 손쉽고 간편한 일회용 포켓 난로의 정체는 무엇일까?

### ☐ 준비물

300 메슈의 철분, 버미큐라이트 (원예용 흙) 혹은 활성탄, 5% 소금물, 천(천 대신에 부직포의 가제 혹은 커피여과지, 폴리에틸렌 봉지에 잔 구멍을 많이 뚫은 것도 무방하다), 물, 비커, 온도계

※ 철분은 미세도 (300 메슈)를 지정하여 교재점에서 주문한다.

**주의 사항**

> 실험 종료 후 반응물을 쓰레기통에 버리지 않는다. 반응이 진행하여 발화하는 일이 있다. 땅에 묻는다.

### ☐ 실험 방법

1. 시중에서 판매하고 있는 일회용 포켓난로의 성분 표시를 본다. 또한 포대를 열어 내용물을 본다. 철분이 들어있다는 사실은 자석에 붙는 것으로 알 수 있다.

2. 비커에 활성탄 15 g 을 넣고 거기에 5% 소금물 약 8 mL 를 가하고 혼합하여 활성탄에 식염수가 스며들게 한다. 또 철분 약 30 g 을 가하여 혼합한다. 온도를 측정한다 (70 ℃ 정도가 된다. 비커가 뜨거워

지므로 주의).

3. 다음에 일회용 포켓난로를 만든다. 세로 12 cm, 가로 17 cm 의 천을 절반으로 접어 기워서 주머니를 만들고, 5% 소금물 약 8 mL 를 스며들게 한 활성탄을 주머니 속에 넣는다.
4. 다시 철분 약 30 g를 넣는다.
5. 주머니 입구를 막고 잘 흔들면 따뜻해진다.
6. 이 천 주머니를 폴리에틸렌 봉지에 넣고 밀폐하여 공기의 공급을 차단하면 따뜻해지지 않는다 (활성탄에 흡착한 공기가 반응하므로 약간은 따뜻하다).

## □ 해설

쇠 덩어리를 공기 중에 방치하면 연소는 하지 않지만 언젠가는 표면은 산소와 반응하여 화합물 (녹)이 된다. 이 때에도 발열하고 있지만 발열량이 적기 때문에 느끼지 못할 뿐이다. 철을 섬유상으로 하면(스틸울) 표면적이 커져 불을 붙이면 연소하게 된다. 나아가서 매우 미세한 철분으로 하면 자연 발화하게 된다.

철을 철 덩어리나 스틸울보다 미세하게, 자연발화할 정도로는 미세하지 않게 가루로 한 것은 연소하지 않을 정도로 서서히 산소와 결합하여 산화철이 된다. 이 때의 발열을 이용한 것이 일회용 포켓난로이다.

포켓난로에는 철분, 소금물을 스며들게 한 활성탄 등이 들어 있다.

소금물은 철과 산소가 화합하는 것을 촉진하는 작용 (촉매작용)이 있다 (해안 가까운 장소에서 자동차 등이 녹슬기 쉬운 이유는 해수의 물보라가 묻기 때문이다).

포켓난로를 열면 철분과 공기중의 산소가 화합하여 발열한다. 이 열로 따끈따끈해지는 것이다. 철분이 전부 화합하고 나면 더 이상은 발열하지 않으므로 수명이 끝나는 셈이다.

포켓난로의 제조업자들은 적당한 온도로 장시간 반응이 지속될 수 있도록 철분의 미세도와 양, 소금물 양 등을 조절하고 있다.

## 산소 중에서 철사의 연소

## □ 실험 개요

순수한 산소에서는 가는 철선(철사)도 계속 연소한다.

## □ 준비물

3% 과산화수소수, 이산화망간, 스틸울, 가는 철선($\phi$ =0.6 mm 이하, 약 20 mm), 투명한 집기병(300~500 mL 의 커피 빈병), 유리판, 가스버너

주의사항

- 진한 과산화수소수를 시약병에서 따를 때는 바로 손을 물에 씻어 악상을 예방한다. 티오황산나트륨이 있으면 그 묽은 수용액에 손을 담근 후 물로 씻으면 좋다.
- 뜨거운 철선으로 인하여 유리병에 균열이 생기므로 집기병은 대부분의 경우 1회밖에 사용할 수 없다.

## □ 실험 방법

1. 집기병에 3% 과산화수소수를 2 cm 정도의 깊이로 넣는다.
2. 약 1 g의 이산화망간을 평량해 둔다.
3. 소량의 스틸울을 가는 철선 끝에 감는다.
4. 과산화수소가 들어 있는 집기병을 가스버너 가까이에 대고, 2의 이산화망간을 집기병에 넣고 유리판으로 뚜껑을 한다.

5. 산소가 집기병에 모아진 때를 맞추어 스틸울에 가스버너로 불을 붙여, 재빨리 집기병 속에 넣는다. 신속하게 하지 않으면 불은 꺼진다. 또 산소가 발생하고 있는 상태일 때 실험하는 것이 중요하다.

6. 철선의 불꽃이 손 가까이에 접근하는 것에 따라서 불꽃을 과산화수소수의 액면 쪽으로 내려가게 한다. 산소의 보급이 충분하지 않을 때일수록 이것이 중요하다.

## □ 폐기물 처리

이산화망간은 중금속 화합물로 폐액처리하던가 건조시켜 다시 사용한다.

## □ 발전

1. 철선을 연소시킨 후에 반응액을 여과하여 이산화탄소가 형성되었는가를 석회수로 알아본다.
2. 철분이나 산화철($II$) 등의 미분말은 공기에 접하면 자연발화한다. 철분(산화철도 포함)은 옥살산철의 열분해로 형성된다.

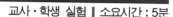

# 알코올의 폭발

교사 · 학생 실험 ┃ 소요시간 : 5분

## ☐ 실험 개요

종이컵을 덮은 캔에 성냥불을 가까이 하면 펑하고 폭발하여 종이컵이 튀어 오른다.

## ☐ 준비물

메탄올 (에탄올도 가능), 청량음료수 또는 커피의 빈 캔(250 mL 캔의 윗뚜껑을 잘라내고, 못으로 캔 하부의 곁에 지름 1 cm 정도의 구멍을 뚫은 것을 준비한다), 종이컵, 성냥, 도가니 집게

### 주의사항

알코올 다량으로 캔에 넣으면 폭발한 후에도 연소가 계속된다. 알코올 사용은 소량으로 하고, 주변에 화기가 있으면 위험하므로 모두 치운다. 또한 화상에 주의한다.

## ☐ 실험 방법

1. 캔 상부에 종이컵을 눌러 세운다.
2. 스포이드로 메탄올을 한 방울 떨어뜨리고 캔을 상하로 하여 메탄올을 확산시켜 증발하기 쉽게 한다.
3. 캔의 아래쪽 구멍에 성냥불을 집어 넣으

종이컵

빈깡통

구멍
(지름 1 cm
정도)

면 폭발소리가 나고 종이컵이 약간 날아오른다(구멍에 불꽃이 접근하기만 해도 폭발하는 경우도 있다. 폭발 후 남은 메탄올이 연소하여 캔이 가열되어 있으므로 도가니 집게로 집어 수돗물을 붓는다. 다시 할 때는 공냉 한다).

## □ 해설

일반적인 가스폭발은 이것이 대규모로 일어난 것들이다. 또한 자동차 엔진의 가솔린과 공기혼합물의 폭발도 기본적으로는 이것과 같다.

종이를 날리는 방법도 있다.

캔에 약봉지로 뚜껑을 하고 고무줄로 단단히 묶어 고정한다. 고무밴드로 묶는 방법이 느슨하면 큰 소리가 나지 않아 박력이 없다.

## □ 발전

알코올로 할 수 있다면 아세틸렌으로도 가능하지 않을까?

안지름 6 cm, 길이 30 cm 정도의 마디가 있는 대통에 마디에서 3 cm 정도의 곳에 지름 1 cm의 구멍을 뚫은 폭발통을 준비한다.

콩알 크기로 분쇄한 탄화칼슘 4~5개를 넣고 위에서 물 1cc를 적하하면서 즉시 아래 구멍에 성냥불을 집어넣으면 대폭발음을 내고 연소한다.

상기한 정도의 물이면 폭발과 동시에 대부분의 경우 불은 꺼지지만, 다량의 물을 추가로 가한 경우는 언제까지나 아세틸렌이 발생하고, 또한 죽통 안에서는 연소가 계속되어 처치가 곤란하다.

200 mL 의 캔에서 아래로부터 3 cm되는 곳에 구멍을 뚫고 종이컵을 씌워, 동일하게 해 보았다. 점화하자 앞서 알코올의 경우보다도 훨씬 격렬하게 폭발하였다.

구멍에서도 불꽃이 튀어나와 성냥을 잡은 손이 뜨거워진 경우도 있었다. 성냥을 철사에 묶어서 점화하면 안전하다.

## 알코올의 폭발로 로켓을 날려보자

교사 · 학생 실험 ┃ 소요시간 5분

□ **실험 개요**

플라스틱병 속에 알코올을 넣고 기화시킨 것에 점화하면 격렬한 연소가 일어나고 연소가스 분출의 반동으로 로켓이 상승한다.

□ **준비물**

- 연　료 : 알코올(메탄올 또는 에탄올)
- 로　켓 : 플라스틱 병(실내 1 L, 옥외 1.5 L), 드릴(6~8 mm), pp제 파일(꼬리날개용), 스포이드(3 mL 정도), 양면 테이프, 호치키스, 챠카맨
- 발사대 : 스트로, 셀로판테이프, 2 mm ∅ 놋쇠관, 스테(2), 대좌, 볼트, 납땜, 납땜인두

**주의 사항**

- 노즐은 가능한 한 깨끗하게 뚫는다. 못 등으로는 뚫지 않도록 한다.
- 노즐 밑에는 고온의 연소가스가 나오므로 손을 넣지 않는다.

□ **실험 방법**

[작성] 그림 참조

## 로켓의 작성

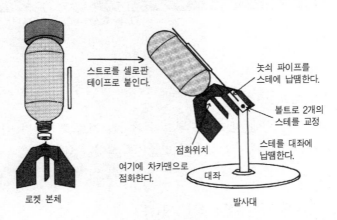

스트로를 셀로판
테이프로 붙인다.

놋쇠 파이프를
스테에 납땜한다.

볼트로 2개의
스테를 교정

점화위치

스테를 대좌에
납땜한다.

여기에 차카맨으로
점화한다.

대좌

로켓 본체

발사대

대좌와 스테는 과학 기자재점에서 구할 수 있다.
화학실험의 스탠드도 무방하나 로켓트대 같이
멋있게 만드는 것이 기분도 난다.

## 노즐 뚫는 법

마개에 6~8 mm의 구멍(노즐)을
드릴로 뚫는다.

주의

노즐은 가급적 깨끗
하게 뚫어야 한다.
매끈하지 못하면
연소가스가 분출하지
않거나, 상승고도가
높지 않다.

노즐의 구멍을 뚫을 때는
이 모양으로 병의 목을
자르고, 헌책 등에
뚜껑부분을 놓고
드릴로 뚫으면 편리하다.

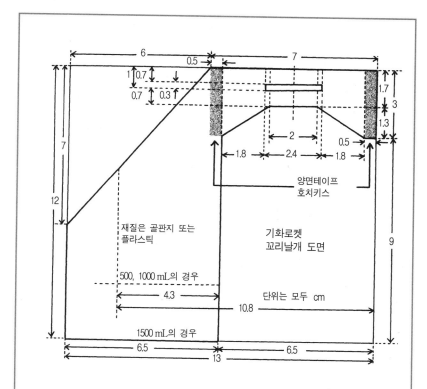

양면테이프
호치키스

기화로켓
꼬리날개 도면

재질은 골판지 또는
플라스틱

500, 1000 mL의 경우

단위는 모두 cm

1500 mL의 경우

## 꼬리 날개 만드는 법

위 그림의 꼬리날개형을 2개
만들어 양면테이프와
호치키스(대형)로
오른쪽 그림과 같이 조립한다.
꼬리날개의 집어넣는 부분을
플라스틱병의 뻗어나 잇는
부분에 걸치면 된다.

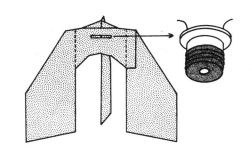

## 주의

꼬리날개의 재질은 골판지도
가능하나 1회 밖에 쓸 수
없다. 2회째 이후는 벗겨
지기 쉽다.

[방법]

1. 스포이드로 알코올 2~3 mL 를 노즐에서 넣는다.

2. 2~3분 알코올을 증발시킨다.

3. 노즐 바로 밑에 있는 차카맨을 넣어 점화하면 제트음과 함께 상승한다.

   - 발사대가 없는 경우에는 로켓을 수직으로 세우고 점화한다(옥외).

   - 발사대가 있는 경우에는 발사각도를 조정할 수 있으므로, 소형 로켓이면 실내에서도 발사할 수 있다.

   - 반복해서 발사할 때에는 안의 공기를 교체할 것.

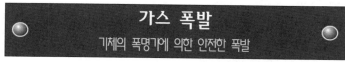

## 가스 폭발
### 기체의 폭명기에 의한 안전한 폭발

교사 실험 ▎ 소요시간 : 5분

## □ 실험 개요

아세틸렌은 폭명기에서 범위가 넓고 또한 연소하기 쉬우므로 손쉽게 가스폭발을 일으킬 수 있다. 2.0 L 공기와 혼합가스에 점화하면 담청색의 불꽃을 내며 일순간에 연소한다. 또 공기를 혼합하지 않고 연소시키면 다량의 매연이 발생하면서 연소한다.

## □ 준비물

칼슘카바이트 (탄산칼슘), 물, 플라스틱병(탄산음료용으로 가급적 입구의 크기가 큰 것이 실험하기 쉽다), 수조, 성냥, Y시험관, 유리관이 달린 고무마개, 고무관

### 주의사항

칼슘카바이트와 물을 반응시키면 발열하므로 반응시킬 때는 면장갑 등을 사용한다. 또한 반응 후의 수용액은 강한 염기성이 되므로 적절하게 처리한다. 페놀프탈레인을 물에 넣어두면 반응과 함께 붉게 되므로 염기가 형성되는 것을 알 수 있다.

폭명기를 폭발시켰을 때는 50 cm 정도 불꽃이 분사되므로 플라스틱병 입구를 사람에게 향하게 해서는 안 된다. 또한 분사력이 꽤 강하므로 점화할 때에 성냥을 꽉 잡고 있지 않으면 분사염에 의해 날려 버리게 된다.

공기를 넣지 않고 아세틸렌만을 연소시키면 교실 안에 매연이 크게 확산되어 학생들의 옷과 책상에 떨어지므로 절대로 손으로 털지 말고 불어 날리도록 지시해 둔다. 손으로 털면 옷 등이 더러워진다.

## □ 실험 방법

[아세틸렌 폭명기의 조제와 점화]

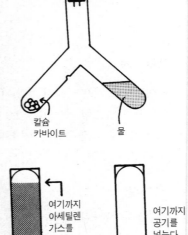

1. 그림과 같이 Y자 시험관에 우선 칼슘카바이트를 넣고 다음에 물을 넣은 후 고무관이 달린 고무마개를 한다.

2. 칼슘카바이트에 물을 조금 넣고 Y자 시험관 내의 공기를 배출한다(이 조작은 생략하여도 무방하다).

3. 수조에 물을 넣고 플라스틱병에 물을 채우고 거꾸로 세운다.

4. 1에서 준비한 Y자 시험관 내에서 물을 조금씩 칼슘 카바이트 쪽으로 옮기면서 반응시켜 발생한 기체를 수상 치환으로 플라스틱병 속에 모은다. 모으는 양은 그림에서와 같이 플라스틱병이 원주꼴이 되기까지 모은다.

5. Y자 시험관 내의 물을 되돌려 반응을 멈추게 한다.

6. 플라스틱병을 들어올려 조금씩 공기를 넣는다. 공기를 넣는 양은 그림과 같이 플라스틱병의 입구까지로 한다.

7. 뚜껑을 닫고 (물이 약간 들어간다) 잘 흔들어 공기와 아세틸렌 가스를 혼합한다.

8. 플라스틱 병을 책상 위에 세우고 실험실을 어둡게 하여 뚜껑을 여는 동시에 성냥으로 점화한다 (서두르지 않아도 좋다).

[아세틸렌만의 연소]

폭명기의 조제 1부터 3과 동일하게 준비한다. 아세틸렌 가스는 플라스틱 병의 절반만 넣어도 충분하다. 물이 절반 들어 있는 채로 뚜껑을 하고 책상 위에 세운다. 뚜껑은 열고 성냥으로 점화한다. 아세틸렌이 서서히 연소하고 플라스틱병 입구에서 붉은 불꽃과 다량의 매연이 발생한다. 아세틸렌이 연소함에 따라 불꽃이 플라스틱병 속으로 들어가 용기가 변형되지만 입구는 변형되지 않으므로 서두르지 말고 뚜껑을 닫으면 염소는 멈춘다.

## □ 참고

탄산음료의 플라스틱병은 상당한 압력까지 견딜 수 있으므로 안전하게 폭발시험을 할 수 있다. 또한 불꽃을 끌어 들여도 용기가 유연해지고 즉시 파손되지 않으며 뚜껑을 닫으면 바로 소화된다.

# 가루로 하면 설탕도 폭발한다
## 분진 폭발

교사 실험 ▌ 소요시간 : 15분

## □ 실험 개요

일반적으로 연소하지 않는다고 여겨지는 설탕이나 녹말 등도 잘 건조시켜 미분말로 하여 충분하게 공기와 혼합하면 폭발적인 연소를 일으킨다.

## □ 준비물

비닐 봉지(투명, 60 cm×80 cm 정도의 것), 철제 스탠드 4개(비닐 봉지를 열어 덮을 수 있으면 된다. 나무 막대나 철사로서 만들 수 있다), 탈지면, 깔때기, 비닐호스 (5 m 정도의 길이, 지름 1 cm 정도로 깔때기의 가는 입구에 맞는 것), 양초, 철사 (20 cm 정도), 분당 (설탕의 미분말), 녹말가루, 콘스타치 등 (완전히 건조시켜 미분말로 한 것), 알루미늄 분말, 벽돌 등 (깔때기를 고정할 수 있는 것)

### 주의 사항

불티가 날아오르므로 넓고 환기시키기 쉬운 장소에서 한다. 특히 알루미늄 분말을 사용하는 경우는 1 m 이상의 불기둥과 눈이 부실 정도의 선광이 수반되며, 알루미늄 분말의 비산도 심하므로 옥외에서 해야 한다.

## □ 실험 방법

[장치를 조립한다.]

1. 철제 스탠드 4개를 □자로 세운다.

2. 깔때기와 비닐 호스를 연결하고, 깔때기를 위로
   향하게 하여 4개 스탠드의 중앙에 세운다. 깔때
   기는 벽돌에 철사 등으로 고정하면 좋다.

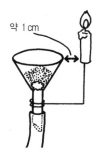

약 1 cm

3. 철사의 한쪽 끝을 깔때기 밑부분에 감아 고정하
   고, 거기서 L자형으로 위로 굽혀 초를 세운다.
   양초는 깔때기의 나팔모양 상단에서 1 cm 정도
   옆으로 떨어져 수직으로 세우는 것이 요령이다.

4. 깔때기에 뭉친 탈지면을 부드럽게 채우고, 그 위에 가루 설탕을 절
   반 정도 담는다.

5. 스탠드에 비닐 봉지를 덮는다. 이때 비닐 봉지와 스탠드 사이에 여
   유가 있게 한다.

[방법]

1. 양초에 점화하고 10~15초 기다
   린다. 이것은 비닐봉지 속의 온도
   가 높을수록 반응하기 쉽기 때문
   이다.

2. 2~3 m 떨어진 곳에서 호스를 입
   으로 불어 단숨에 공기를 보낸다.
   가루설탕이 비닐봉지 안에 비산
   하고 촛불이 인화하여 연속적인
   격한 연소가 일어나 비닐봉지는
   2~3 m 날아오른다. 가루설탕 대

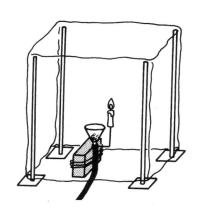

신에 알루미늄 분말을 사용했을 경우는 반응은 매우 격렬하여 눈이

부실 정도의 섬광을 수반한 불기둥이 1~2 m 솟아오르고 비닐봉지
도 공중에서 불탄다. 반지름 5 m 내에는 산화알루미늄과 미연소한
알루미늄 분말이 비산하여 그 자리에 있을 수 없는 상황이 된다.

## □ 해설

미분말이 되어 공기와의 접촉면적이 넓어지면 연소하기 어려운 물질
이라도 심하게 연소하게 된다. 탄광에서는 탄진에 의한, 통조림 공장에
서는 알루미늄이나 금속가루에 의한 분진 폭발사고가 일어나는 경우가
있다.

# 분진폭발로 로켓을 날리자

교사 · 학생 실험 ▌ 소요시간 : 5분

## □ 실험 개요

발사대와 비닐의 주머니로 만든 로켓 속에 가루설탕을 공기와 혼합한 것에 촛불로 점화하면 분진폭발이 일어나고 연소가스의 반동으로 로켓이 상승한다.

## □ 준비물

- 연　료 : 가루 설탕
- 로　켓 : 재료 (11개), 목공용 본드, 양면 테이프, 투명한 비닐시트 (가급적 얇은 것), 풀무 (자전거의 공기펌프), 양초
- 발사대 : 베니아판, 깔때기, 비닐관 (안 지름 5~8 mm×2 m)

### 주의 사항

가루 설탕은 잘 건조된 것을 사용하고, 양은 시행착오로 정한다.
다른 재료(탄, 소맥분)로도 하였으나 잘 되지 않는다. 카본블랙이면 잘 될 것 같지만 구하기 어렵다.

## □ 실험 방법

[작성]
다음 쪽의 그림 참조

[방법]

1. 깔때기 속에 탈지면을 약간 넣고 그 위에 가루설탕을 넣는다.
2. 양초에 점화하여 로켓을 설치한다.
3. 발로 풀무를 밟아 가루설탕이 분산하면 속에서 분진폭발이 일어
   나 상승한다.

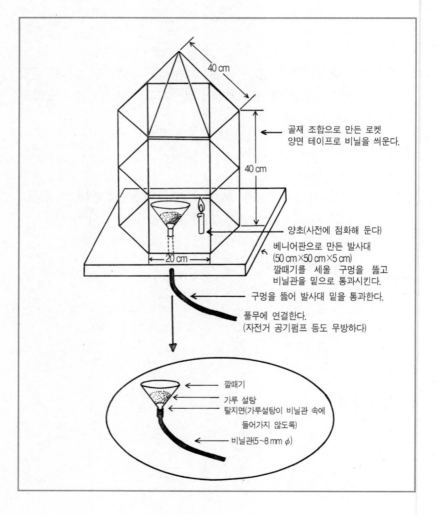

## 간단한 '딱총알' 만들기
### 산화 · 환원 · 반응(연소)속도

교사 실험 ┃ 소요시간 : 15분

## □ 실험 개요

폭발은 화학반응의 전형인 동시에 화학변화의 격렬성과 매력을 단적으로 나타내는 것으로서, 이 단원의 서론이나 보조 교재로 사용된다.

학생들로부터 좀 떨어진 곳에서 보여주면서 시약을 조합한다. 시약을 셀로판 테이프에 극소량 얹어 놓고, 위에서 살짝 셀로판 테이프로 덮는다. 모루에 셀로판 테이프를 부착하고 쇠망치로 내려친다. 격심한 소리와 함께 사라진다.

## □ 준비물

잘 건조한 적린, 과염소산칼륨, 모루, 쇠망치

## □ 실험 방법

깨끗한 유발에 과염소산칼륨을 1 g 정도 넣어 가볍게 비비어 결정을 잘게 한다. 적린도 같은 양을 다른 유발에 넣어 역시 가볍게 비벼둔다.

B5의 백상지에 과염소산칼륨과 적린을 약간 떨어진 곳에 약숟가락으로 떠내어 놓는다. 가늘고 길게 자른 도화지에 적린과 과염소산칼륨을 조금씩 접근시켜 살짝 남김없이 혼합한다. 이때, 그 실험에서 사용할 분량, 귀이개로 거의 가득 찰 정도로 혼합한다. 한꺼번에 혼합해 두지 않는 것이 매우 중요하다 (그림 1).

약포지 등에 떠내어 준비해 놓은 것을 셀로판 테이프 위에 놓고, 위에서 다른 셀로판 테이프로 누른 다음 모루 위에 셀로판 테이프로 붙이고 위에서 쇠망치로 내려치면 매우 큰 소리를 내며 폭발하고 아무런 흔적도 남지 않는다(그림 2).

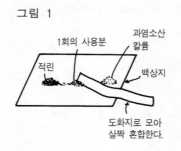

그림 1

1회의 사용분

과염소산칼륨

적린

백상지

도화지로 모아
살짝 혼합한다.

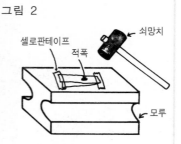

그림 2

셀로판테이프

적폭

쇠망치

모루

## □ 응용·발전

부드럽게 비빈 10 cm 정도의 정방형 종이에 이 적폭을 3 mm 정도의 자갈 몇 개에 묻힌 것을 싸서 실로 묶고, 빙빙 돌리다가 콘크리트벽 등에 던지면 역시 격한 소리를 내며 폭발한다. 이 실험에서는 벽 근처에 사람이 없는 것을 확인하고 하는 것이 중요하다(그림 3).

또한 이 적폭을 유봉의 문지르는 부분에 셀로판테이프로 붙이고 모루나 콘크리트 바닥

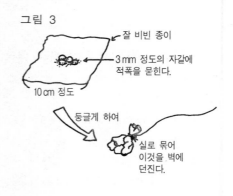

그림 3

잘 비빈 종이

3 mm 정도의 자갈에
적폭을 묻힌다.

10 cm 정도

둥글게 하여

실로 묶어
이것을 벽에
던진다.

에 떨어뜨리면 역시 결렬한 소리가 난다(그림 4). 크리스마스의 폭죽도 이 적폭을 원료로 하고 있다(그림 5).

그림 4

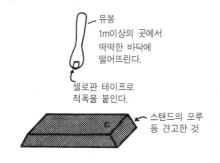

유봉
1m이상의 곳에서
딱딱한 바닥에
떨어뜨린다.

셀로판 테이프로
적폭을 붙인다.

스탠드의 모루
등 견고한 것

그림 5 딱총의 도해

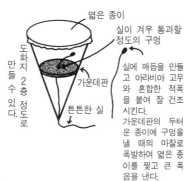

얇은 종이

실이 겨우 통과할
정도의 구멍

도화지 2층 정도로 만들 수 있다.

가운데판

튼튼한 실

실에 매듭을 만들
고 아라비아 고무
와 혼합한 적폭
을 붙여 잘 건조
시킨다.
가운데판의 두터
운 종이에 구멍을
낼 때의 마찰로
폭발하여 얇은 종
이를 찢고 큰 폭
음을 낸다.

## □ 해설

이 실험은 과염소산칼륨의 강한 산화력으로 적린을 산화시키는 것으로, 이 혼합물은 '적폭'이라 불리며, 운동회 등에서 사용하는 딱총알의 원료이다.

과염소산칼륨($KClO_4$)은 흑색화약의 주원료인 질석(질산칼륨 = $KNO_3$)보다도 산화제로서는 강하고 반응시 고온이 되므로 불꽃놀이의 작약에도 혼합되어 있다.

## 산화구리의 환원

□ **실험 개요**

시험관에 넣은 산화구리와 탄소가루의 혼합물을 가열하면 석회수를 희뿌옇게 흐리는 기체가 발생하고 적색의 고체가 남는다.

□ **준비물**

산화구리(Ⅱ)(시약을 사용한다. 시약의 구리가루나 구리판을 줄로 갈아 만든 구리가루를 증발접시 위에서 구어 산화시켜 만든 것이 환원현상이 현저한다), 탄소가루(시약의 목탄가루 혹은 데생용의 목탄을 미세 분말로 하여 사용), 유발, 유봉, 시험관, 고무마개, 유리관, 고무관, 가스버너, 스탠드, 석회수

**주의 사항**

산화구리, 탄소가루는 모두 건조한 것을 사용한다. 특히 탄소 가루는 수분을 흡수하고 있는 경우가 많다. 가열하였을 때 수분이 배출되면 반응 생성물이 명확해지지 않는다.

□ **실험 방법**

1. 산화구리 1.3 g와 탄소가루 0.1 g 을 유발에서 잘 혼합한 후에 시험관에 넣는다. 바닥에 잘 퍼지도록 넣는다.
2. 이 시험관에 유도관이 달린 고무마개를 닫고 유도관 끝을 석회수가

들어 있는 시험관에 넣는다.

3. 혼합물을 가열한다.

4. 가열은 기체발생이 멈추거나 혼합물 이 전부 적동색으로 될 때까지 완 만하게 계속한다. 반응이 끝나면 유 도관의 끝을 석회수에서 빼고 불을 끈다.

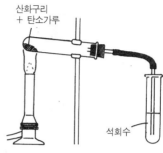

산화구리 + 탄소가루

석회수

5. 석회수는 백탁된다. 냉각되면 내용 물을 책상 위에 놓고 시험관 바닥 에서 강하게 비비면 구리의 금속 광택이 보인다.

## □ 해설

산화구리와 탄소가루의 사용량은 화학량비로는

$$2CuO + C \rightarrow 2Cu + CO_2$$
$$2 \times (64 + 16) : 12$$

이며, C 0.1 g에 대해 CuO 1.3 g이다. 혹은 CuO 2 g에 대하여 C 0.15 g 이다. 필자는 일반적으로 이 실험에서 탄소 사용량이 이 비율에 대해 너무 많으므로 구리의 생성 여부를 확인하기 어렵거나 반응이 신속하 게 진행되기 어렵다고 여기고 있다. 사용하고 있는 실험서의 방법으로 잘 되지 않을 경우에는 화학량론비로 해보는 것도 좋을 듯하다.

탄소가루는 순수한 탄소가루보다 목탄가루가 좋을 것 같다. 필자는 흑연가루로 해 보았으나 잘 되지 않았다. 목탄에 함유되어 있는 칼륨 염 등이 이 반응의 촉매로 작용할 가능성이 있다.

## 안전한 환원

### □ 실험 개요

알루미늄 접시(아래 그림)에 철사받침을 설치한 다음 물을 붓고 대 위에 산화구리(II)를 놓는다. 이것을 핸드버너로 세게 가열하면서 사전에 500 mL 의 집기병에 모아 둔 수소를 위에서부터 씌우면 산화구리는 적열하여 수소가 소비되고 병 속으로 물이 상승한다.

### □ 준비물

산화구리(II), 아연, 묽은 황산, 알루미늄 접시, 철사, 집기병, 수조, 핸드버너, 고무 테이프

### □ 실험 방법

1. 철사를 구부려서 그림과 같은 받침을 만들어 알루미늄 접시(인스턴트 음식용의 접시, 슈퍼에서 구입)에 고무로 부착한다.
2. 알루미늄박의 작은 접시에 약 숟가락 1개 정도의 산화구리를 놓고 핸드버너로 적열한다. 알루미늄 접시에는 물을 담아 놓는다.
3. 별도로 포집한 집기병(500 mL)의 수소를 덮어씌우면 산화구리가 적열하여 반응하고 병 속의 물이 위로 오른다. 접시의 물은 보급해야 한다 (수소는 수상포집법으로 포집한다. 공기가 혼입되어 있으면 씌울 때 작은 폭음을 발생함으로 포집하는 경우 발생 플라스크 또는 캡장치 안의 공기가 수소로 치환되었음을 확인 후 포집하면 만일 인화 폭발하여도 폭음만 나고 위험한 일은 없다).

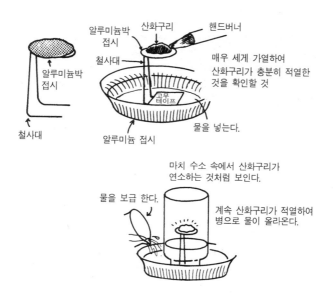

□ **해설**

　수소에 의한 산화구리의 환원실험은 때로는 위험을 수반하지만 이 방법은 전혀 위험하지 않다. 원래 시험관에 수소를 넣고 아래에서 가열한 구리 코일을 넣어 실험한 것을 8년 전부터 이 방법으로 바꾸었다. 이것은 산소 중에서 단체를 연소하는 실험을 발전시킨 것으로, 안전할 뿐만 아니라 수소 중에서 산화구리가 연소하는 것과 수소의 소비를 직접 볼 수 있는 점이 장점이다.

**물에서 산소를 탈취하고
수소를 추출한다**
수증기 중에서 마그네슘을 연소시킨다

교사 실험 | 소요시간 : 20분

## □ 실험 개요

바닥이 둥근 플라스크의 수증기 중에서 마그네슘을 연소시키면 물을 환원되면서 수소가 나온다.

## □ 준비물

물, 마그네슘 리본, 바닥이 둥근 플라스크 (500 mL), 철사, 니크롬선, 고무마개, 유리관, 입구가 넓은 집기병, 유리판, 성냥, 가스버너, 도선 2개(고리에 클립이 달린 것), 슬라이닥크 (전원장치), 실험 스탠드

### 주의 사항

순간적인 반응이므로 사전에 실험의 의의 등을 화학반응식을 사용하여 이해시켜 두고, 주목해서 보게 한다. 마그네슘의 연소와 동시에 집기병에 수소가 포집된다는 점에 주목하게 한다.

## □ 실험 방법

[실험장치를 조립한다.]

1. 수증기 중에서 마그네슘을 발화시키기 위해 그림과 같은 장치를 조립한다. 철사 끝의 일단을 나선상으로 감고, 마그네슘 및 산화마그네슘의 받침 접시를 만든다.

2. 니크롬선(1 cm)을 다리를 놓듯이 2개의 철사에 묶는다.

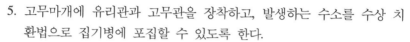

3. 마그네슘 리본(10 cm 정도)을 뭉쳐, 선단을 니크롬선에 걸친다.

4. 고무마개에서 나온 철사의 단자를 슬라이닥크(전원장치)에 연결한다.

5. 고무마개에 유리관과 고무관을 장착하고, 발생하는 수소를 수상 치환법으로 집기병에 포집할 수 있도록 한다.

[수업시의 실험방법]

1. 물의 화학식($H_2O$)을 적어놓고 물에서 수소를 빼내는 방법을 생각하게 한다.

2. 장치의 설명을 하고, 바닥이 둥근 플라스크의 물을 가열하여 수조의 유리관 끝에서 우선 플라스크 내의 공기가 나오고 그 다음에 수증기가 나오는 것을 확인한다.

3. 수조의 유리관 끝을 집기병에서 포집할 수 있도록 설정한다.

4. 전류를 흘려 니크롬선을 적열하고 마그네슘 리본에 점화한다. 순간적으로 눈부시고 격심하게 연소한다. 동시에 집기병에 넘쳐나도록 수소가 포집된다.

5. 바닥이 둥근 플라스크 내의 철사받침 접시에 생긴 산화마그네슘(백색)을 확인시킨다.

6. 불을 끄고 고무관 부분의 핀치콕을 폐쇄한다.

7. 집기병에 포집된 기체가 수소인 것을 성냥으로 불을 붙여 확인시킨다. 알고 있어도 역시 재미있다.

8. 핀치콕을 개방하면 어떻게 될 것인가를 예상시켜 놓고, 실제로 개방하여 본다. 플라스크 속에 물이 거의 가득 차 역류해 온다.

## 산화철에서 철을 추출하는 테르밋 반응

학생 실험 ∥ 소요시간 : 20분

### □ 실험 개요

산화철의 분말과 알루미늄 분말을 혼합한 것에 점화하면 격렬한 반응이 일어나, 반응용기의 구멍에서 녹은 철이 흘러 떨어진다.

이 테르밋 반응(Goldschmidt's law)을 학생 실험으로 한다.

### □ 준비물

여과지(지름 11 cm의 것과 지름 12.5 cm의 것, 혹은 지름 12.5 cm의 것과 지름 15 cm의 것), 가위, 산화철(Ⅲ), 알루미늄분말, 마그네슘리본, 스탠드, 비커, 모래, 핀셋, 쇠망치, 유발, 유봉, 자석, 금속탐지기(테스터), 가스 버너, 샌드 페이퍼

### 주의 사항

양이 안전한 실험의 관건이므로 엄수해야 한다.

### □ 실험 방법

1. 크기가 다른 여과지 2장을 각각 여과의 경우와 마찬가지로 접는다. 큰 것은 끝을 자르고 지름 5 mm 정도의 구멍을 뚫는다. 작은 것은 큰 것의 속에 겹쳐 넣는다. 접혀 이중으로 된 부분이 겹쳐지지 않도록 한다(바깥쪽에 있는 큰 여과지를 물에 가볍게 적셔둔다).

2. 산화철(Ⅲ) 1.6 g, 알루미늄 0.6 g을 유발에 넣어 잘 혼합한 것을 1의
   여과지에 넣고 스탠트의 작은 고리에 설치한다. 혼합물에 마그네슘
   리본 수 cm를 세운다. 여과지 밑에는 모래를 넣은 비커(혹은 모래
   접시)를 놓는다(물을 넣은 비커를 놓아도 무방하지만, 그 경우에는
   골판지를 바닥에 넣어 둔다).

3. 마그네슘 리본에 가스버너로 점화한다.
   격렬하게 반응이 일어나 녹은 철(+산
   화알루미늄 등)이 흘러 떨어진다(이것
   이 이 실험의 장점이다).

마그네슘
리본

마그네슘
분말

혼합물

4. 흘러 떨어진 것이 식으면 꺼내어 쇠망
   치로 두드린다. 산산조각으로 부서지는
   것은 산화알루미늄이나 산화철 등이며,
   철은 부서지지 않는다.

   이 덩어리가 금속이란 것은 샌드페이
   퍼 줄로 문지르면 은색의 금속광택이

모래를 넣는 비커
(여과지 밑에 둔다)

보이고, 전류가 잘 흐르는 사실로 알 수 있다. 또한 자석에 붙는 사실
로도 철이라는 것을 알 수 있다.

## □ 발전

옥외에서 하는 경우에는 반응 용기를
화분으로 만들면 좋다.

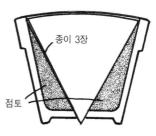

종이 3장

점토

1. 화분(지름 7.5 cm)에 그림과 같이 점
   토를 채운다.

2. 여과지(보통의 종이라도 무방하다)를
   접어 화분 속에 넣는다.

3. 산화철(Ⅲ)의 분말 25 g과 알루미늄 분말 10 g을 계량하여 유발에
   넣어 잘 혼합한다.

4. 반응용기를 스탠드에 설치한다.

5. 이 혼합물을 반응용기에 넣는다. 중앙부근에 마그네슘 리본을 꽂는다.

6. 반응용기 밑에 모래를 넣은 용기를 놓는다(물을 넣은 수조라도 무방하지만 모래를 사용하면 흘러 떨어지는 것이 적색으로 되어 있으므로 알아보기 쉽다).

7. 마그네슘 리본에 점화한다. 이 때 불이 붙으면 바로 떨어져서 관찰하도록 한다.

8. 격심한 반응이 일어나 반응용기의 구멍에서 새빨간 액체가 흘러 떨어진다. 철의 확인은 위에서 적은 바와 같다.

## □ 발전의 주의 사항

매우 격렬한 반응이므로 원칙적으로 옥외에서 한다(폭발하여 반응물이 비산하는 일은 없으나 불꽃이 솟아오르므로 2 m 이내는 접근하지 않도록 한다).

점화에 실패하여도 위에서 들어다 보지 말 것. 반응이 일어나지 않았음을 확인한 후에 재차 점화한다.

## □ 해설

산화철과 알루미늄을 혼합한 것을 테르밋이라 한다. 이것을 반응시키면 3000℃의 고온이 되어 산소와 알루미늄이 결합하고 철이 녹아나온다(테르밋 반응이라 한다). 이전에는 철도레일 용접에는 이 테르밋 반응을 사용하였다. 용접하고자 하는 곳에 테르밋 반응을 시켜 생겨난 철로 용접하였다.

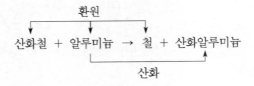

## 수소는 연소하여 물이 된다

### □ 실험 개요

수소 발생장치의 유도관 입구에 점화하면 수소는 불꽃을 내며 연소한다. 이것에 냉수를 넣은 비커를 얹으면 물방울이 생긴다.

### □ 준비물

수소 발생장치, 성냥, 플라스크, 물, 집기병

### 주의 사항

- 수소 발생장치의 유도관 입구에 점화하였을 경우에 일어나는 폭발사고는 '수소와 공기가 폭발 한계의 혼합비(4.1~74.2 %)로 혼합되어 있을 때' 일어난다. 또한 유리용기를 사용하고 있으면 사고 정도가 커진다. 그러므로 별도의 항에서 소개한 바와 같이 플라스틱으로 장치를 만들고, 장치 내에서 가능한 한 빈틈이 생기지 않도록 아연을 꽉 채우면 좋다.
- 점화방법은 다음 방법이 좋다.
  수소 발생장치의 유도관 입구에서 상방 치환으로 시험관에 수소를 포집한다. 포집하면 시험관 입구를 엄지손가락으로 막고, 장치에서 떨어진 곳에 불을 붙인 가스버너(혹은 알코올 램프)에 시험관 입구를 접근시키고 엄지손가락을 떼고 점화한다. 이때 폭명을 내며 일시에 연소할 정도면 발생기 안에는 아직 공기가 남아 있는 것을 뜻한다. 폭발하지 않고 조용히 연소하면 공기가 남아 있지 않는 셈이다(연소할 때에 경쾌한 소리가 나도 일시에 폭발하지 않으며, 입구 부근에 불꽃을 볼 수 있으면 안전하다). 이 시험관의 불꽃으로 유도관 입구에 점화한다.

## □ 실험 방법

[유도관 입구에 대한 직접점화]

1. 플라스크에 냉수를 넣은 것을 준비
   한다. 사용할 때는 바깥쪽을 잘 닦
   아 물기를 없앤다.
2. 발생기의 유도관 입구에 전술한 방
   법으로 점화한다. 수소는 불꽃을 내
   며 연소한다.
3. 이 불꽃을 냉수가 들어 있는 플라스
   크에 대면 플라스크 바닥이 흐려지고 곧 물방울이 생긴다(찬 마른
   비커를 불꽃에 씌워도 무방하다).
4. 이 불꽃으로 흑판에 글씨를 써 보인다. 글자는 곧 지워지지만 학생
   들에게는 깊은 인상으로 남는다.

[집기병에 포집한 수소에 점화]

1. 발생기의 수소에 공기가 혼합되어 있지 않나를 전술한 바와 같이
   시험관에 포집하여 일시에 폭발하지 않고 불꽃을 내며 연소하는 것
   으로 확인한다.
2. 집기병에 수소를 수상 치환으로 포집한다.
3. 병의 입구를 밑으로 향하게 하고 점화하면 수소는 입구에서 연소하
   므로 병을 약간 기울게 하여 불꽃이 한쪽으로 나도록 하여 이 불꽃
   을 냉수를 넣은 플라스크에 댄다.

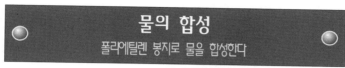

**물의 합성**

폴리에틸렌 봉지로 물을 합성한다

교사 · 학생 실험 ▌ 소요시간 10분

## □ 실험 개요

수소와 산소를 기구에 넣고 발화장치의 스위치를 넣으면 속에서 폭발하여 물방울이 생긴다.

## □ 실험에서 알 수 있는 것

* 수소와 산소가 반응하여 물이 생긴다.
* 이 반응은 격심한 폭발 반응이어서 큰 소리와 빛과 열이 난다.

## □ 준비물

미이티팩(폴리에틸렌과 비닐의 2중 봉지 뚜껑이 달려 있다. 의료용), 고무마개 2호, 피아노선이나 철사 약 6 mm 2가닥, 유리관 6 mm의 것 약 5 cm, 고무관 약 5 cm, 핀치코크, 압전점화장치(1회용 전자라이터의 것을 사용), 필름 케이스, 클립이 달린 리드선, 압전소자(전자 라이터에서), 발포스티롤(지름 3 cm×2.5 cm), 스폰지 달린 양면 테이프, 주사기

## □ 실험 방법

[기구를 만드는 방법]

1. 주사기로 속의 공기를 뽑아낸다(봉지가 납작해진다).
2. 주사기를 사용하여 수소 20 cm³와 산소 10 cm³를 넣는다.

3. 전극에 발화장치를 연결하고 스위치를 넣는다.
4. 안에서 폭발하여 물방울이 생긴다. 동시에 봉지가 납작해져 기체가 없어진 것을 알 수 있다.
5. 속의 액체 입자가 물이란 것은 염화코발트지를 넣어 그 색깔이 청색에서 적색으로 되는 것으로 확인한다.

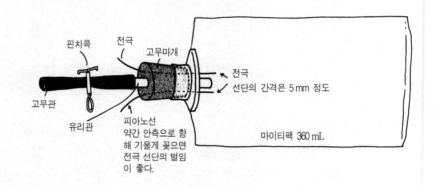

라이터 YP—130의 경우

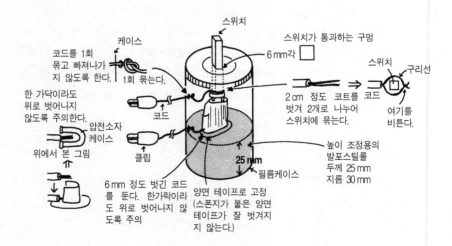

## □ 발전

산소 대신에 공기를 넣으면 폭발력이 약해진다.

수소 또는 산소를 많이 하면 폭발 후에 봉지가 납작해지지 않는다 (기체가 남는다). 남은 기체에 산소 혹은 수소를 넣으면 다시 폭발한 다.

수소 대신에 알코올로도 할 수 있다. 알코올과 공기의 경우, 연소 속도가 느리므로 봉지 내부가 용착하는 경우도 있다.

## 물을 전기분해하는 장치 만들기
### 한사람 한사람이 자신의 손으로 장치를 만들어
### 확인하는 물의 전기분해

학생 실험 ┃ 소요시간 30분

## □ 실험 개요

작게 만들어 새로운 시약을 소량 사용, 건전지 3개로 불과 5분간 전류를 흘려서 수소와 산소의 체적비가 2 : 1인 것을 확인할 수 있다.

## □ 준비물

- 전극부분의 조립을 위한 준비물 : 18−8스테인리스 철사 (지름 1.6 mm, 길이 16 cm) 3개, 죽제 소독저 1벌, 비닐테이프 약간, 펜치
- 전해조의 조립을 위한 준비물 : 100 mL 비커 1개, 1.5V 건전지 3개, 시약관 (지름 1 cm, 길이 9 cm) 2개, 도선 2개, 5%수산화나트륨 수용액 100 mL, 고무마개 (No.1), 송곳, 유산지 (15×15 mm$^2$) 2매, 핀셋 1개

## □ 실험 방법

[전극부분의 제작]

그림과 같이 펜치로 철사를 머리핀 모양으로 접어서 전극부를 만들고, 전극부와 도선의 터미널부분 이외를 비닐테이프로 피복한 것 2개를 만든다. 다음에 죽제 소독저의 굵은 쪽에서 길이 9 cm씩 2조를 잘라 내어 2중으로 겹친다.

소독저 양쪽에 철사로 만든 전극의 직선부분을 2개의 소독저간의 홈을 따라 겹치고, 비닐테이프로 감아 고정한다. 고정 후 두 전극 사

이를 45°~ 60°로 벌려 철사의 상단을 바깥쪽으로 접어 접촉 터미널로
한다.

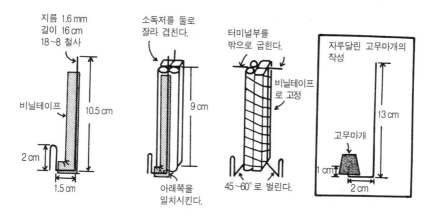

[시험관을 집어내기 위한 자루 달린 고무마개의 제작]

그림과 같이 남은 철사의 끝에서 약 1 cm와 3 cm의 곳을 굽혀 갈고
리 모양으로 하고, 송곳으로 고무마개의 윗면에 구멍을 뚫고 갈고리
끝을 밀어 넣는다.

[사용법]

100 mL 비커에 5%수산화나트륨 용액
약 70 mL를 넣는다. 2개의 시험관에 동
일 용액을 가득히 넣고 각각 유산지로
뚜껑을 하여 수직으로 거꾸로 세우고 천
천히 비커의 용액 속에 넣는다. 유산지
가 벗겨져 떠오르므로 핀셋으로 제거한
다.

제작한 전극부분을 용액 속에 넣고 시
험관 입구를 전극부에 씌운다. 그림과

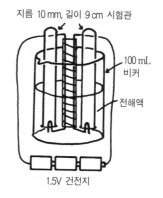

같이 1.5V 건전지 3개를 직렬로 접속하고 +극 쪽의 기체가 약 4 cm 가 되면 전류를 절단한다. 우선 전극부분을 집어낸 다음에 철사가 달린 고무마개에 시험관 입구를 밀어대고 집어낸다. +극쪽 시험관의 고무마개를 제거했을 때 성냥불을 끈 것을 시험관 상부에 집어넣어 밝아지면 산소가 생겨난 것으로 확인할 수 있다. -극 시험관의 고무마개를 제거하여 불이 붙은 성냥을 접근시켜 펑하고 소리가 나면 수소가 생긴 것이다. 고무마개를 제거한 후의 두 시험관의 공간 길이를 비교한다.

### 주의사항

- 시험관에 용액이 가득 찰 때까지 넣을 것. 적으면 종이가 벗겨져 실패한다. 또한 벗겨지지 않아도 증기가 들어간다.
- 시험관을 비커 안에 넣을 때 기울여 넣으려고 하면 도중에 종이가 벗겨져 실패한다. 반드시 비커의 액면에 수직으로 넣는다.
- 비커는 큰 것이 다루기 좋으나 용액의 사용량을 줄이기 위해 작은 시험관을 사용하고 전원이 개별적으로 실험할 수 있도록 한다.
- 전극을 먼저 비커에 넣으면 비커가 작으므로 시험관을 넣기 어려워 실패한다. 반드시 시험관을 넣고 나서 전극을 넣는다. 꺼낼 경우는 전극을 먼저 꺼내면 실패하지 않는다.
- 전극의 각도(전극간의 거리)와 전극에 시험관을 씌우는 높이에 따라 용액에 따른 전기저항이 틀리므로 필요량의 기체를 석출하기 위한 시간이 다소 다르다. 전극의 하단에서 5 mm 정도 노출되도록 시험관을 들어올린 상태에서 하면 5분 이내의 통전으로 충분하다.

### □ 해설

물의 전기분해장치로서 중학교 교과서에는 H형(니켈전극과 탄소전극)이, 고교 교과서에는 호프만형의 전기분해장치(백금전극)가 소개되어 있다. 백금전극은 어떤 전해질 용액에도 사용할 수 있다. 그러나 탄소전극은 수산화나트륨, 황산, 황산나트륨 등을 사용하면 파괴되고, 사용할 수 있는 것은 오직 탄산나트륨 뿐이다. 니켈전극은 황산에서 파괴되어 산소를 전혀 발생하지 않는다. 니켈전극은 수산화나트륨, 황산나트륨, 탄산나트륨 용액에서 사용할 수 있다.

**H**형과 호프만형 전기분해장치 자체가 값이 비싸고 전원장치도 필요하므로 학급 전원이 사용할 수 없다. 여기에 소개한 간이 전기분해장치라면 제작비가 매우 저렴하고 전원장치 없이도 망간건전지로 충분하여 한 사람 한 사람이 장치를 제작·실험하여도 펜치의 수만 충분하다면 30분 정도로 실험할 수가 있다.

# 질량 보존법칙의 증명
## 기체발생에 따른 질량변화로 생각하는 질량 보존법칙

교사·학생 실험 ▌ 소요시간 30분

## □ 실험 개요

과산화수소수의 분해로 산소를 발생시키면 발생장치는 가벼워진다. 이 질량과 발생한 산소의 질량이 일치하는 것을 확인하여 질량보존의 법칙을 증명한다.

## □ 준비물

6% 과산화수소수(원액을 5배 희석), 이산화망간(입자상), 접시 저울, 전자 저울, 100 cm³ 정도의 용기, 메스실린더(500 mL), 수조, 티슈 페이퍼, 비닐튜브, 고무마개, 유리관, 전자계산기

## □ 실험 방법

1. 접시천평 위에서 6%과산화수소수에 이산화망간을 넣고, 산소발생에 수반하여 발생장치가 서서히 가벼워지는 모습을 관찰한다. 많은 분량의 시약을 사용한 시범 실험에 적합하다. 가벼워진 이유를 토론하며 방출한 산소의 질량에 주목한다(도입 실험).

2. 100 cm³ 정도의 용기에 6% 과산화수소수를 25 cm³ 정도 넣고, 여러 개의 이산화망간 입자와 함께 질량을

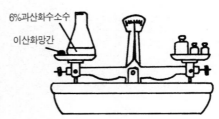

6%과산화수소수
이산화망간

측정한다. 다음에 이산화망간을 6% 과산화수소수에 넣어 발생한 산소를 수상 치환법으로 메스실린더에 포집하여 부피 측정을 한다.

이산화망간

고무마개에 꽂아 넣은 플라스틱 스푼

발생하는 산소의 양은 500 mL의 메스실린더에 가득 찬다. 반응 후의 산소 발생용기의 질량은 0.65 g 정도 감소한다. 이 정도의 변화가 있으면 0.1 g 감량의 보통 저울을 사용하여도 충분한 정밀도로 계량할 수 있다. 전자저울이 있으면 확실하고 손쉽게 실험할 수 있다.

3. 실험의 요약

　① 반응 전후의 산소 발생장치의 질량차를 구한다.

　② 발생한 산소의 부피와 산소밀도의 곱을 구한다. 산소의 밀도는 이미 학습한 지식을 활용한다.

　③ 이 두 값을 비교하여 '질량보존법칙'이 성립하는 것을 증명한다. 실험의 오차는 미세하다.

□ **해설**

질량보존법칙은 라보아지에(프랑스)가 당의 알코올 발효로 증명하였으며 발생한 이산화탄소의 질량도 정확하게 계산하였다. 요컨대 기체를 물질로서 정확하게 인식한 셈이다. 이처럼 기체발생을 수반한 마치 질량이 보존되어 있는 것 같이 보이는 화학변화를 예로 삼아, 질량보존법칙을 증명한 데에 의의가 있다. 또한 라보아지에는 이와 같은 기체의 연구를 통하여 화학을 연금술에서부터 과학으로 전환시킨 최대의 공로자이다.

학교에서 하고 있는 질량보존법칙의 실험은 비닐 봉지의 폐쇄계에서의 기체발생을 수반하는 화학반응이나 침전반응, 발색반응들을 이용하여 반응 전후의 질량차이를 비교하는 예가 많다.

그러나 비닐봉지 같은 폐쇄계나 색깔의 변화 등의 실험에서는 질량에 주목하기는 어려울 뿐만 아니라 당초부터 질량변화가 존재하지 않는다고 생각하는 것이 자연적이다. 또한 비닐봉지 속에서 발생한 기체는 약품에 흡수되어 부력의 영향을 피하는 연구도 이루어져있는데, 그 설명도 매우 어렵다.

그러므로 라보아지에의 발상을 참고로 하여 실험을 하였으며, 이 방법의 좋은 점은 처음부터 질량을 해결해야 할 문제로 제기하는 데에 있다. 그리고 이 실험은 간단한데 비하여 정밀한 결과를 얻을 수 있다. 또한 그룹별도 서로 다른 양의 과산화수소수를 사용하여도 문제가 없고, 각 데이터를 총괄하여 정리하면 내용도 깊이 있게 이해할 수 있다.

## 구리의 산화
물질조성 일정

학생 실험 ┃ 소요시간 40분

## □ 실험 개요

구리를 산화시켜 산화구리($II$)로 하면 색깔이 적색에서 흑색으로 되고 질량이 증가하는 것을 알 수 있다.

## □ 준비물

구리가루(시약용, 미세한 분말로 된 것, 새 것), 접시저울, 가스 버너, 스테인리스 접시, 도가니 집게, 삼발이, 삼각받침, 약숟가락, 약포지, 그래프용지, 유리 막대

### 주의 사항

- 사용하는 스테인리스 접시는 사전에 잘 가열해 놓고 질량이 변화하지 않는 것을 확인해 둔다.
- 도가니, 증발접시 등은 충분히 가열할 수 없으며 깨어지는 경우도 있으므로 스테인리스 접시가 사용하기 좋다.
- 구리가루는 가능한 한 미세한 입자를 고르고, 표면이 산화되어 있지 않은 것을 사용한다.

## □ 실험 방법

1. 스테인리스 접시의 질량을 측정한다.
2. 구리가루 0.6 g, 1.2 g, 1.8 g을 각각 약포지에 측정해 놓는다.
3. 각 조에서 0.6 g, 1.2 g, 1.8 g을 분담한다.
4. 그것을 스테인리스 접시에 넣어 그림에서와 같이 버너 불로 가열한다. 처음에는 약하게, 서서히 강하게 하여 최후에는 세게 가열한다. 이때 유리막대로 내부까지 잘 혼합한다.
5. 가열이 끝나면 식힌 후 질량을 측정한다. 처음의 구리가루 질량보다 늘어난 것을 알 수 있다.
6. 4의 조작을 질량이 일정해질 때까지 반복한다.
7. 각 조의 데이터를 종합하여 사용한 구리가루의 양을 가로축에, 증가한 질량을 세로축 그래프를 작성한다.

유리막대

구리가루

## □ 해설

$2\,Cu + O_2 \rightarrow 2\,CuO$와 같은 반응이 일어나 적색의 구리가루에서 흑색의 산화구리(II)가 생긴다.

구리가루를 산화시켰을 때 질량의 증가는 최초의 구리가루의 양에 비례하고 있음을 알 수 있다. 이때 $CuO\,/\,Cu$의 비를 취한다. 이론값은 1.25이다.

시험관 안에 구리가루를 넣고 직접 산소와 반응시킬 수도 있다.

## 해조류에서 요오드를 추출한다
### 요오드의 분리

교사·학생 실험 | 소요시간 40분

## □ 실험 개요

과산화수소수를 넣으면 용액의 색깔이 갈색으로 변한다. 쉽게 접하는 물질에서 홑원소 물질이 추출되므로 학생들은 매우 흥미있어 할 것이다.

## □ 준비물

• 해조 (곤포), 3% 과산화수소수, 3 mol / L 황산, 1% 녹말용액, 요오드액(요오드 요오드화칼륨용액), 사염화탄소, 증류수
• 증발접시, 가위, 비커(100 mL), 삼발이, 석면이 붙은 철망, 깔때기, 여과지, 피펫, 시험관

### 주의 사항

불을 사용하므로 화상을 입지 않도록 세심한 주의를 한다. 황산에 손을 대지 않도록 조심한다.

## □ 실험 방법

1. 해조 약 3 g을 가위로 5 mm ~ 1 cm로 자른 다음 증발접시에 넣는다. 그림과 같이 해조를 넣은 증발접시를 해조의 끝이 약간 희게 될 때까지 7 ~ 10분간 가열한다.

2. 태운 해조를 비커에 넣고 증류수 약 15 mL 를 가하여 끓이고 나서 다시 1~2분 가열한다.
3. 시험관 속에 비커 내의 액을 여과하여 넣는다.
4. 여과액에 황산을 몇 방울, 과산화수소수를 1.5~2 mL 가하여 별도의 시험관에 절반을 나눈다(요오드가 적절하게 추출되지 않을 때는 다시 황산을 몇 방울 가한다).
5. 한쪽 시험관에 녹말 용액을 몇 방울 넣고 요오드 녹말 반응이 일어나는 것을 확인한다.
6. 다른 한쪽 시험관에 사염화탄소 약 1 mL 을 가하여 충분히 흔든 다음, 요오드가 사염화탄소 쪽으로 녹아 들어간 것을 확인한다.
7. 요오드액을 2개의 시험관에 넣어, 녹말과 사염화탄소를 각각 가하여 보고, 해조에서 추출한 것이 요오드였는지를 비교해 본다.

증발접시

□ **해설**

주변에 있는 해조를 사용하여, 그 속에 함유된 요오드를 추출해 본다. 태운 해조에서 수용액으로 용출한 요오드는 이온의 형태로 되어 있으므로 황산산성의 과산화수소수로 산화시켜 단체의 요오드를 추출한다. 요오드 녹말반응과 요오드가 물보다 사염화탄소에 용해하기 쉽다는 것과, 요오드의 성질을 확인하는데 사용된다.

# 6 전기 화학 입문
## (전지와 전기 분해)

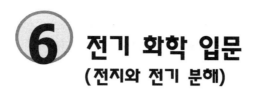

## □ 실험 개요

구리와 아연 등 두 종류의 금속을 과일이나 야채에 꽂으면 전압이 발생하여 전지가 된다. 여러 가지 재료로 재미있게 실험해 보도록 하자.

## □ 준비물

3% 과산화수소수(옥시돌), 구리판, 아연판, 전자오르골, 태양전지용 모터, 디지털 테스터, 도선, 페이퍼타올

## 주의 사항

- 30%의 과산화수소수에 물을 1 : 9로 가하면 3%가 된다. 원액이 손에 묻지 않도록 조심하면서 희석한다 (옥시돌을 사는 것보다 싸다).
- 황철판 (철에 아연 도금)으로 아연판의 대용을 할 수 있다.
- 구리판과 아연판이 접촉하지 않도록 페이퍼타올을 사용한다.
- 이 전지 하나로는 미니전구를 켤 정도의 전압·전류도 부족하므로 전자오르골이나 태양전지용 모터 등으로 확인한다.

- 전자 오르골은 버튼전지를 제거하고, 적색과 흑색의 도선을 연결해 둔다.
- 태양전지용 모터는 값이 비싸므로 학생 실험에는 모형용 모터인 FA−1300이 적합하다. 0.2V−0.1A 정도이면 그런대로 작동한다.
- 학생용의 전압계는 전지의 기전력 측정에는 적합하지 않다. 전압계를 흐르는 전류 때문에 전지의 내부저항으로 인한 전압강하가 생기기 때문이다. 비교적 정확하게 측정할 수 있는 것으로는 디지털 테스터가 있다. 테스터로 0.9V라도 학생용 전압기로는 0.3V 정도로 측정될 수가 있다.
- 실험에 사용한 과일은 먹지 말 것.

## □ 실험 방법

[전극을 만든다.]

구리판, 황철판을 5 cm×10 cm 정도의 크기로 자른다. 교구점에서 사기보다 철물점 등에서 큰 판을 사다 자르면 싸다.

[전자오르골에 도선을 연결한다.]

전자오르골의 버튼전지를 떼어내어 +단자에 적색, −단자에 흑색 도선(클립이 달린)을 납땜한다.

이렇게 하면 '+, −'를 판단하기가 쉽다.

[방법]

1. 과일이나 야채에 전극을 꽂는다.
2. 모터나 전자오르골을 연결하여 작동하는가, 소리가 나는가를 확인한다.
3. 디지털 테스터로 전압을 측정한다.
4. 전극을 꽂은 간격과 깊이 등을 변경하여 비교한다.

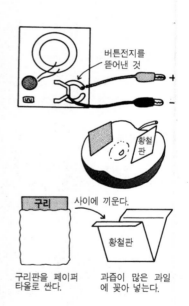

버튼전지를 뜯어낸 것

+

−

황철판

구리  사이에 끼운다.

황철판

구리판을 페이퍼 타올로 싼다.

과즙이 많은 과일에 꽂아 넣는다.

간격을 좁고 깊게 꽂으면(면적은 증가한다)
모터가 힘차게 회전하는 것을 알 수 있다.
그러기 위해서는 그림과 같은 전극으로 하
면 편리하다(구리판의 앞뒤로 면적이 2배로
되어 있다).

또한 과일 등에 꽂기보다 그림과 같은 큰
전극을 마련하여 페이퍼타올에 즙을 스며들
게 하면 좋다는 것을 알 수 있다. 어느 경
우도 페파타올에 과산화수소를 스며들게 하
면 전압의 저하를 막을 수 있다.

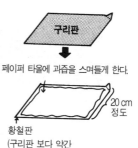

구리판

페이퍼 타올에 과즙을 스며들게 한다.

20 cm
정도

황철판
(구리판 보다 약간
크게 자른다)

## 무엇이든 전지가 된다
### 주변 가까이에 있는 것으로 전지를 만들자

학생 실험 | 소요시간 : 40분

### □ 실험 개요

2개의 서로 다른 금속편과 식염수를 사용하여 전자의 흐름을 만든다. 정도의 차는 있으나 어떠한 조합으로도 전자는 흐른다. 또한 식염수 이외의 전해액으로도 시도해 본다. 최대의 전압이 발생하는 조합을 발견하였으면 여러 가지 전기기기에 접속해 본다.

### □ 준비물

100원짜리 동전, 10원짜리 동전, 구리, 아연 등의 금속판 (5×10 cm), 납조각, 마그네슘 리본, 알루미늄 호일, 쇠못 등의 금속편, 탄소봉, 소금 전해액(산, 알칼리, 소금 이외에도 세제, 쥬스, 소스, 빗물 등, 이온이 함유되어 있을 듯한 것), 감극제(과산화수소수), 비커, 리드선, 전압계, 검류계
- 전지반응을 확인하는 기기 : 발광다이오드 (저전압으로 발광하는 것, 렌즈부분이 투명한 것이 알기 쉽다), 전자오르골 (전지를 제외하고 리드선을 납땜한다), 액정시계(전지 홀더에 납땜할 수 없는 것이 있으므로 대책이 필요), 전자계산기(전지로 작동하는 것), 태양전지 모터

### □ 실험 방법

1. 그림과 같은 장치로 전압이 발생하는 것을 확인한다. 그리고 비커 안에 소금을 가하면서 수용액 중의 이온의 수와 발생하는 전압의 크기 사이의 관계를 확인한다.

2. 금속의 종류를 바꾸어 여러 가지 조합으로 시도하여 전압이 발생하는 것을 확인한다. 그리고 최대의 전압이 발생하는 조합을 찾아낸다. 또한 같은 종류의 금속끼리도 시도해 본다.

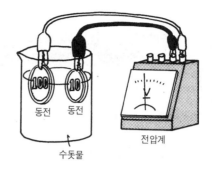

동전 동전

수돗물

전압계

3. 금속의 종류는 바꾸지 않고 소금 이외의 전해액으로도 어느 정도의 전압이 발생하는가 시도해 본다.

4. 2, 3에서 최대의 전압이 발생하는 조합을 알았으면 발광다이오드와 전자오르골에 접속해 본다. 전지의 전압을 높이려면 감극제로 과산화수소수를 가해 본다.

## □ 발전

전자오르골에 구리와 마그네슘을 연결한 것을 입에 물면 오르골이 울림과 동시에 무엇이라고 표현할 수 없는 맛을 느껴 이온이 이동하고 있음을 실감할 수 있다.

전극을 한 종류로 고정하고 (예 : 탄소봉), 다른 한쪽 금속의 종류를 바꾸면서 각 금속과 탄소봉간의 전압을 차례로 측정하여 금속의 이온화 서열과의 관계를 생각하게 한다.

## □ 해설

상이한 금속끼리라면 말할 나위도 없고, 같은 종류의 금속끼리도 근소하나마 전압이 발생한다. 전압계를 검류계로 바꾸어 산의 수용액을 사용하면 매우 뚜렷하게 알 수 있다. 언뜻 보아서는 동일하게 보여도 표면에 불순물이 있거나 뒤틀림이 있기도 하며 100% 동일할 수는 없다. 또한 우리 주변에는 이온이 도처에 존재한다. 그러므로 '금속이 젖어 있으면 모두 전지가 되어 있다.'고 생각하면 된다.

## 수제 건전지

학생 실험 ┃ 소요시간 : 20분

### ☐ 실험 개요

필름 케이스로 건전지를 손수 만든다. 이 수제 건전지로 미니전구를 점등하거나 모터를 돌릴 수 있다.

### ☐ 준비물

필름 케이스, 아연판(45 mm×150 mm 정도), 활성탄 분말, 이산화망간 분말, 20% 염화암모늄 수용액, 탄소봉(전극용, 낡은 전지에서 떼어내어도 무방하다. 그럴 경우는 표면을 살짝 닦아서 부착물을 제거하고 가스버너의 불꽃에 태운다. 태우는 이유는 속에 함유되어 있는 유지성분을 제거하기 위해서이다), 여과지(지름 12.5 cm 정도, 종이 타올, 주방용 타올 같은 펠트지나 부드러운 종이도 무방), 미니전구(혹은 프로펠러 달린 모터)

### ☐ 실험 방법

1. 아연판을 자른다. 45 mm×150 mm 정도의 아연판인 경우는 45 mm× 90 mm로 자른다. 튀어나온 부분은 끝을 가늘게 3분의 2 정도 잘라내고 그것을 둥글게 접어도 무방하다.
   판을 둥글게 굽혀서 필름 케이스에 꼭 들어가도록 한다.
2. 이산화망간 분말과 탄소

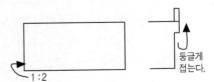

1:2 / 둥글게 접는다.

분말을 질량비 1 : 1.5∼2의 비율로 잘 혼합한 후, 20% 염화암모늄 수용액을 가하여 분말이 날라 오르지 않도록 한다(이것을 합제라 한다).

아연판

여과지

판과
종이를
케이스에
용착시킨다.

3. 둥글게 굽힌 아연판 안쪽을 둥글게 감은 여지로 덮는다. 아연판과 이 다음에 넣는 합제가 접촉하지 않도록 아연판 전체를 덮도록 한다. 한쪽은 찌부러뜨려 바닥으로 하여 아연판과 여과지를 필름 케이스에 넣는다.

4. 중앙에 탄소봉을 세우고 그 주위에 합제를 채운다. 합제는 될 수 있는 한 꽉 채우는 것이 요령이다. 조금 넣고는 연필 끝으로 눌러 가면서 채운다.

5. 20% 염화암모늄 수용액을 스포이드로 떨어뜨려 전체적으로 스며들게 한다(합제가 질척질척하게 되지 않을 정도). 그리고 밖으로 튀어 나온 여과지를 안쪽으로 집어넣어 마지막으로 밀어 넣는다.

6. 미니전구를 탄소봉과 아연판의 가장자리에 연결하여 보자(점등하지 않으면 합제를 채우는 것이 부족했기 때문이다. 더욱 힘주어 채워 본다).

---

### 손수 만든 전지를 시계에 연결해 보자

손수 만든 전지가 어느 정도 실력을 발휘하는지는 만든 사람의 관심사일 것이다. 건전지 1개로 작동하는 시계에 연결해 두면 시계를 언제까지 작동시켰는지 분명하게 알 수 있다. 전구와 모터뿐만 아니라 완구류에도 연결해 보자.

## 수소를 연소시켜 전기를 얻자
### 수소-산소 연료전지

학생 실험 ┃ 소요시간 : 15분

## ☐ 실험 개요

탄소봉을 전극으로 전기분해를 한 후, 탄소전극에 수소, 산소를 흡침시켜 전해실 용액 중에서 방전시켜 전기 에너지를 획득한다. 발광다이오드와 전자오르골을 작동시킨다.

## ☐ 준비물

탄소봉 (지름 6 cm, 길이 200 mm) 2개(약간 짧지만 망간 건전지를 분해하여 얻은 탄소봉도 무방하다), 유리관 (지름 18 mm) 2개, 직류 전원장치, 1 mol / L 의 수산화칼륨 수용액(수산화나트륨 수용액도 무방하다), 발광다이오드, 전자오르골

### 주의 사항

연료전지의 전해액으로는 진한 수산화칼륨 수용액이 사용되고 있으나 교재용으로는 1 mol / L 정도의 농도가 좋다. 만일 알칼리성 수용액을 피하려면 황산나트륨의 수용액을 사용하여도 무방하다.

## ☐ 실험 방법

1. 그림과 같이 탄소전극 2개를 만들어 1 mol / L 의 수산화칼륨 수용액을 넣은 용기에 담아 직류 전원장치에 의해 약 5분 정도 전기분해

(충전에 해당)를 한다.

2. 다공질의 탄소봉 및 전극 상부에 일정량의 산소, 수소가 비축된 후에 전원장치를 제외하여 방전시키면 약 1.15V의 전압을 나타낸다.

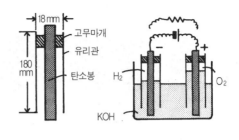

3. 작동체로서 전자오르골을 선정하면 전지 1개, 발광 다이오드(최저 작동전압으로 1.7V 이상 필요)이면 2개를 직렬로 연결하면 된다.

## □ 해설

전해질 용액이 알칼리 수용액인 경우, 충전때 전극 부근에서 다음과 같은 반응이 일어나 플러스극에 산소, 마이너스극에 수소가 비축된다.

$$(+) \ 2OH^- \rightarrow 1/2O_2 + H_2O + 2e^-$$
$$(-) \ 2H_2O + 2e^- \rightarrow H_2 + 2OH^-$$

방전 때의 반응은 다음과 같으며, 기대되는 전지의 표준 기전력은 물의 분해전압과 같은 1.23V가 된다. 실험 값과의 차이는 내부저항 등에 의한 것이다.

$$(+) \ 2e^- + 1/2O_2 + H_2O \rightarrow 2OH^-$$
$$(-) \ H_2 + 2OH^- \rightarrow 2H_2O + 2e^-$$

전해액이 황산나트륨 수용액인 경우는 충전으로 다음의 반응이 일어나며, 산·알칼리성을 나타낸다. 방전은 역반응이다.

$$(+) \ H_2O \rightarrow 1/2O_2 + 2H^+ + 2e^-$$
$$(-) \ 2H_2O + 2e^- \rightarrow H_2 + 2OH^-$$

## 볼타전지 원리
### 이온의 이동과 농도의 변화를 관찰한다

학생 실험 ┃ 소요시간 : 30분

### □ 실험 개요

볼타전지에서는 양극에서는 수소가 발생하고 음극에서는 아연이 용해한다. 이 변화를 가시적으로 하기 위해 이온의 이동속도가 작은 페놀프탈레인의 한천 용액에 구리와 아연을 접촉시켜 담구어 두면 구리쪽이 붉게 발색하고 수소이온의 감소를 관찰할 수 있다. 또 잠시 있으면 이 붉은 발색이 일어난 부분의 아연쪽에 백색의 수산화아연 침전이 생성되는 것을 관찰할 수 있다.

### □ 준비물

페놀프탈레인 용액, 구리판, 구리선, 아연의 알갱이 또는 아연판, 비커, 유리세공용 버너, 샬레, 땜납, 납땜 인두

### 주의 사항

한천 용액이 너무 진하면 이온의 이동속도가 너무 작아 발색하기까지의 시간이 길어진다. 또 너무 연하면 이온의 확산이 너무 빠르고 한천이 굳어지기까지 시간이 걸리며, 전체적으로 붉어지는 등 관찰에 적합하지 않게 된다.
볼타전지의 원리를 이 방법으로 관찰할 때 구리선으로 구리판과 아연판을 연결하여야 하며, 납땜할 때는 매우 강하게 가열하여야 하므로 화상을 입지 않도록 주의해야 한다. 또한 납땜을 하지 않고 집게 클립을 사용하여도 마찬가지 실험을 할 수 있다.

## □ 실험 방법

1. 구리판과 아연 알갱이를 연결하
   는 동선의 양단에 납땜 준비를
   해 둔다.

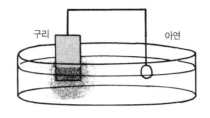

2. 동판을 적절하게 가열하여 끝
   쪽에 땜납을 부착한다. 여기에
   구리선의 끝을 합쳐 가열하여
   납땜한다. 아연의 알갱이에 대해서도 동일하게 한다.

3. 페놀프탈레인 용액을 가한 뜨거운 물에 한천을 녹여 페놀프탈레인
   한천 용액을 만든다. 페놀프탈레인 용액은 뜨거운 한천 100 mL 에
   1 mL 정도 가하면 된다. 실온에 따라 굳어지는 속도가 다르므로 몇
   가지로 시도하여 가장 적합한 혼합률로 한다. 20분 정도에 굳어지
   기 시작하는 것이 적절한 혼합 비율이다.

4. 페놀프탈레인 한천 용액을 샬레에 붓고, 여기에 납땜한 부분이 닿
   지 않도록 구리판과 아연의 알갱이를 넣는다.

5. 다른 샬레에 페놀프탈레인 한천 용액을 넣고 여기에는 구리판과 아
   연의 알갱이를 접촉시켜 넣는다.

## □ 참고

구리판에서의 발색은 구리판과 액면이 접하는 곳에서부터 시작한다.
구리판 전체가 붉게 되는데는 충분한 시간이 필요하므로 다음날 다시
한 번 관찰하도록 한다.

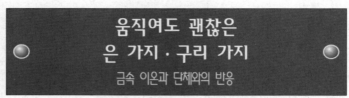

## □ 실험 개요

한천 용액에 파묻은 아연 알갱이에서 여러 날 경과하면 은색과 구리색의 가지가 성장되어 보기에 아름답다.

## □ 준비물

2% 한천 용액, 2 mol / L 염산, 0.1 mol / L 질산은 용액, 0.5 mol / L 황산구리 용액, 아연 알갱이, 시계접시 또는 샬레

## □ 실험 방법

1. 한천 용액과 질산은 용액을 5 : 4의 비율로 혼합한 액을 시계접시에 넣는다.
   약간 굳어지기 시작할 때 중앙에 아연 알갱이를 파묻는다.
2. 한천 용액과 황산구리 용액 및 염산을 5 : 4 : 1의 비율로 혼합한 것을 시계접시에 넣는다.
   약간 굳어질 때, 중앙에 아연 알갱이를 파묻는다.
3. 그대로 놓아둔 후 다음 수업시간에 은가지 · 구리가지를 학생들에게 보인다.

## □ 해설

금속의 이온화 경향으로 금속이온과 그것보다 이온화 경향이 큰 금속 단체의 치환반응이 일어난다. 금속이온의 수용액에 금속의 단체를 매달아 놓고 하는 것이 일반적이다. 그러나 금속가지처럼 보이지 않거나 움직이면 부서지기도 한다. 한천으로 굳혀 놓으면 움직여도 단단하여 편리하다.

## 간이 만능 전해법

### □ 실험 개요

6 mm의 비닐 U자관을 사용하여 여러 가지 시료를 전해하고, 60분 사이에 전기분해의 개요를 학습한다. 기체의 발생은 사전에 가해 놓은 세제의 기포로 확인한다.

물의 전해장치에서 왜 백금판을 극으로 하는가 하는 문제 등을 단숨에 지도할 수 있다. 장치·조작이 간단하고 여분의 시간을 필요로 하지 않아 실험과 강의를 일체화하여 진행할 수 있다.

### □ 준비물

묽은 황산, 수산화나트륨 수용액, 소금물, 황산구리 용액(모두 농도 1 mol / L), 주방용 세제, 페놀프탈레인, 구리선, 철사줄, 백금박, 샤프펜슬 심, 알루미늄 박, 리드선, 전지, 비닐관(안지름 6 mm, 길이 20 cm)

### □ 실험 방법

1. 양·음극 모두를 구리선으로 하고, 전해액을 세제가 들어 있는 묽은 황산으로 한다. 음극에서는 거품이 생기지만 양극에서는 생기지 않는다. 양극을 백금박*으로 교체하면 거의 1 : 2의 비율로 거품이 생긴다(전해의 극에 백금이 필요한 이유를 알게 된다).

2. 양·음극을 철사줄로 교체하고, 전해액을 세제가 들어 있는 수산화나트륨 용액으로 하면 양극에서 거품이 생기고 그 높이가 거의 양극 1 : 음극 2로 된다. 이것은 공업용수의 전기분해 모델이다.

3. 양극을 샤프펜슬 심, 음극을 구리선으로 하고, 페놀페탈레인이 들어 있는 소금물을 전해한다. 음극쪽(B)만 분홍색으로 변하고 양극쪽에서 염소 냄새가 난다.

4. 양극을 구리선, 음극을 샤프펜슬 심, 전해액을 황산구리 용액으로 하면 샤프펜슬 심의 표면이 구리도금 된다. 황산니켈 용액을 사용하여 양극을 1 mm 폭으로 자른 니켈판으로 하면 니켈도금이 된다.

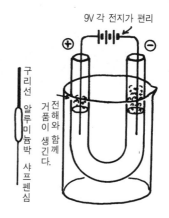

※ 비닐판에 양면 접착테이프로 백금박을 붙이고 1 mm 폭으로 자르면 값이 싼 백금극이 된다.

## 손쉽게 할 수 있는 백금 전극
### 여러 가지 금속박 전극으로 전기분해

교사 · 학생 실험 ▌ 소요시간 : 30분

## □ 실험 개요

전기 분해의 전극으로 가장 많이 사용되는 것이 백금 전극이다. 그러나 값이 비싸기 때문에 학생 실험용으로 백금 전극을 구하기는 어렵다. 백금박을 사용하면 값싸게 큰 면적의 백금 전극을 만들 수 있다.

## □ 준비물

은박, 백금박(플라스틱 필름에 정전기로 부착한 것), 티탄박, 팔라듐박

### 주의 사항

백금박은 구김이나 주름 등이 있으면 약간씩 용해하기 시작한다. 매우 엷기 때문에 플라스틱판에 부착한 것이 투명하게 된 경우 용해되었다는 것을 알 수 있다. 용해하지 않아야 될 백금이 용해하였다면 6배 정도 두터운 것을 사용하는 것이 좋다.

## □ 실험 방법

[염화구리 수용액의 전기분해]

양극에서는 염소가 발생하고 음극에서는 구리가 석출된다. 염소는 냄새를 맡아본다. 석출된 구리는 색깔로 확인하고, 질산으로 세척하여 용해시킨다. 백금은 질산으로도 용해되지 않고 잔존하므로 몇 번이고

이용할 수 있다.

[석회수 등의 전기분해]

양극에서는 산소, 음극에서는 수소가 발생한다. 체적비로 $H_2 : O_2 = 2 : 1$. 거품의 양으로 판단할 수 있다.

## □ 발전

[은박으로 전기분해]

1. 플라스틱판에 부착한 은박으로 전기분해를 한다. 양극의 은박은 잠시 후면 녹아 없어진다.
2. 석회수 등의 전기분해 실험 후, 음극을 백금에서 파라듐박으로 바꾸면 파라듐박 표면에서 수소발생이 멈춘다. 양극에서의 산소발생은 계속되고 있으므로 전류가 흐르지 않게 된 것은 아니다. 수소가 파라듐에 흡착된 것이다. 이 실험은 상온 핵융합 소동의 원인이 되었던 것으로, 매우 인상적이다. 파라듐의 수소 흡착도는 부피로 800배이고 그 이상이면 흡수되지 않게 된다. 파라듐박을 주머니로 접어 음극으로 하면 주머니 안쪽으로 수소의 통과가 일어나며, 이것은 수소의 정제에도 활용되고 있다.
3. 석회수 등의 전기분해 실험에서 양극을 티탄박으로 바꾸면 양극 산화로 티탄이 착색된다. 전압에 따라 색깔이 다르며 20V에서 보라색, 10V에서 금색이 된다. 색깔의 차이는 산화 피막의 두께가 다르기 때문이다. 마찬가지 착색이 되는 금속으로는 탄탈과 지르코늄 등이 있다.

## 금·은·구리
### 구리의 아연 도금 ~ 놋쇠 만들기

교사·학생 실험 ∥ 소요시간 : 30분

## □ 실험 개요

구리에 수산화나트륨 수용액을 사용하여, 아연 도금을 하고, 가열함으로써 놋쇠(황동)를 만든다.

## □ 준비물

* 구리판, 아연 5 g (입자상이나 분말, 어느 것도 가능), 6 mol / L 수산화나트륨 수용액, 질산
* 증발접시, 도가니 집게, 핀셋, 종이 타올, 가스버너

### 주의 사항

사용하는 아연의 상태에 따라 가열 시간을 달리해야 한다. 수산화나트륨 수용액이 비산할 위험이 있으므로 가열하는 동안에는 증발 접시를 들여다 보지 않도록 한다. 화상에 주의한다.

## □ 실험 방법

1. 아연 약 5 g (분말이나 입상)을 증발접시에 넣는다.
2. 아연을 덮기에 충분한 양의 6 mol / L 수산화나트륨 수용액을 가하여 증발접시의 1 / 3 정도 되는 곳까지 충만시킨다.
3. 증발접시를 가스버너 위에 놓고 용액이 끓을 정도까지 가열한다.
4. 구리판에 묻어 있는 때는 질산으로 제거하고 물에 깨끗하게 씻어

둔다.

5. 도가니 집게를 사용하여 깨끗하게 세척한 구리판을 증발접시 용액 속에 넣는다.

6. 분말 아연을 사용했을 경우는 2~3분, 입자상의 아연인 경우는 4~5분 정도 증발접시에 구리판을 넣어 둔다.

7. 구리판을 꺼내어 물에 씻고 종이 타올로 수분을 제거한다.

8. 핀셋을 사용하여 은색으로 된 구리판을 버너의 불꽃 속에 넣는다. 바로 금색으로 된다.

9. 3~5초 후, 구리판을 불꽃에서 내어 식으면 물에 씻어 건조한다.

## □ 폐기물의 처리

아연은 다시 사용할 수 있으므로 용기에 넣어 둔다. 수산화나트륨 수용액은 중화한 후에 폐기한다.

## □ 발전

구리와 다른 금속의 합금(놋쇠·청동 등)에 대해 그 용도 및 성분을 알아본다.

## □ 해설

최초의 반응은 구리판이 아연 도금 되는 반응이다. 미반응의 아연이 구리표면에 접촉하여 국부전지를 형성하며, 아연은 양극이 되어 용출하고 구리는 음극이 되어 아연산 이온을 환원하여 아연을 석출시킨다.

$$ZnO_2^{2-} + 2H_2O + 2e^- = Zn + 4OH^-$$

두 번째의 반응은 합금인 놋쇠의 생성 반응이다(놋쇠는 60~82% 구리와 18~40% 아연의 합금이다).

# 7 주기율과 물질 · 무기화학

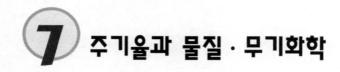

## 불꽃반응 양초 만들기
### 금속이온에 의한 발색

교사 · 학생 실험 ▌소요시간 : 50분

## □ 실험 개요

양초에 불을 붙이면 주위의 양초가 용출하고 소금을 스며들게 한 실이 불꽃아래쪽에 접촉하면 그 부분의 불꽃에 색깔이 생긴다. 실에 스며들게 한 소금이 염화구리일 때는 불꽃의 아래쪽이 녹색으로, 염화리튬과 질산스트론튬일 때는 불꽃아래 쪽이 붉은 색깔로 물든다. 다만 아쉽게도 불꽃 전체를 색깔로 물들게 하는 일은 아직 성공하지 못했다. 명주실을 사용하여 실험하고 있으나 더욱 열에 강한 실을 사용하면 성공할지도 모른다.

## □ 준비물

염화구리, 염화리튬, 질산스트론튬, 재봉실(50번), 플라스틱의 레일, 비커, 양초 (파라핀)

## 주의 사항

• 양초를 심지와 양초로 나누어, 심지를 이용하고 있으나 심지는 너무 굵지 않는 것이 좋다.

- 소금의 수용액을 스며들게 하는 실은 굵으면 양초를 흡수하여 모처럼 흡수한 소금이 흘러내리기 때문에 불꽃에 색깔이 물들지 않게 된다.
- 실의 위치는 불꽃 아래쪽의 푸른색 부분에 접촉하는 것이 적당하다. 이 위치는 심지의 굵기에 따라 변화하므로 자작한 초에 불을 붙여서 위치를 측정해 두면 실의 위치를 결정하기 쉽다.
- 비커 등의 기구는 양초가 부착되므로 오래된 것을 사용하는 것이 좋다.
- 책상에 녹은 양초가 묻으면 청소하기 어려우므로 갱지 등을 깔고 실습하면 뒤처리가 간단하다.

## □ 실험 방법

1. 염화구리, 염화리튬, 질산스트론튬의 포화용액을 마련한다.
2. 이 용액에 실을 담구어 충분히 용액이 스며들게 한다.
3. 실을 꺼내어 충분히 건조시킨다.
4. 양초를 비커에 넣어 녹인다.
5. 플라스틱 레일을 준비하고 중앙의 파인 부분에 그 높이까지 녹은 양초를 흘려 넣는다.

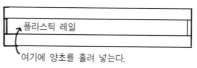

플라스틱 레일

여기에 양초를 흘려 넣는다.

6. 양초가 어느 정도 굳어졌을 때 커터 등을 사용하여 심지를 넣을 홈을 자르고 심지를 밀어 넣는다.
7. 심지에서 2 mm 떨어진 곳에 커터 등으로 홈을 만들고, 여기에 3.에서 건조시킨 실을 밀어 넣는다.
8. 충분히 냉각되면 레일에서 분리한다.

## □ 참고

붉은 불꽃의 미국제 양초가 있다. 이 양초에는 중심의 심지뿐만 아니라 그 양쪽에 가는 실이 있었다. 그것을 모방하여 만들어 본 것이 이 양초이다.

## 의문 투성이의 알칼리 금속

교사 · 학생 실험 **|** 소요시간 : 40분

### □ 실험 개요

알칼리 금속의 특징인 전기 전도성, 금속 광택 및 화학적 성질을 교사 실험과 학생 실험을 번갈아 하면서 확인할 수 있다.

그 중에서도 용융 나트륨과 염소가스의 반응으로 불꽃을 내면서 소금이 생성되는 모습은 흥미롭다.

**주의 사항**

알칼리 금속과 그 수산화물의 비말이 피부나 눈에 묻으면 위험하므로 긴 팔의 의복 (흰 가운)이나 보안경을 착용하도록 한다.

또 염소가스는 유독하므로 환기가 잘 되는 교실, 드라프트 안에서 포집을 하고, 필요 이상 발생시키지 않도록 한다.

[**실험 A**] 알칼리 금속을 컷터 나이프로 자른다 [학생 실험].

### □ 준비물

리튬, 나트륨, 칼륨, 컷터 나이프, 핀셋, 여과지

### □ 실험 방법

1. 등유가 들어 있는 보존병(리튬, 나트륨, 칼륨) 3종류를 학생들에게 보여, 리튬이 등유에서도 부상하여 있는 것으로 보아 밀도가 작다는 것을 확인한다.

2. 보존병에서 리튬, 나트륨, 칼륨을 핀셋으로 집어내어 여과지 위에서
등유를 빨아내고 각각 4 mm³ 정도를 나이프로 자르고, 잘린 면의
금속 광택을 본다. 손의 감촉으로 나트륨이 가장 부드럽다는 것을
느낄 수 있다 (나트륨의 경도는 0.4).

〔**실험 B**〕 알칼리 금속의 전기 전도성을 확인한다 [학생 실험].

## □ 준비물

리튬, 나트륨, 칼륨, 핀셋, 여과지, 간이 테스터(멜로디 테스터)

## □ 실험 방법

1. 실험 A에서 자른 리튬, 나트륨,
칼륨을 여과지 위에 놓고 핀셋
으로 누르면서 잘린 면에 간이
테스터(전기가 통하면 전구가 켜
지는 것이나 멜로디 테스터가
적당하다)를 대어 본다.

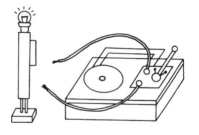

〔**실험 C**〕 나트륨의 금속 광택을 본다 [교사 · 학생 실험].

## □ 준비물

나트륨, 커터 나이프, 시험관, 시험관 집게, 핀셋, 유리막대, 시계접
시, 알루미늄박, 핫플레이트

## □ 실험 방법

1. 시험관에 잘라낸 나트륨 조각을 넣고 버너로 서서히 가열하면 곧
나트륨은 녹고 (녹는점은 98℃), 은백색으로 번쩍거리는 것을 관찰할
수 있다.
2. 금속 광택을 오래도록 유지시키기 위해서는 그림과 같이 핫플레이

트 위에 알루미늄박을 깔고 나트륨과
소량의 등유를 넣고 가열 융해한 후
에 시계접시를 그 위에서 눌러 으깨
고 알루미늄박을 핫플레이트에서 내려
냉각하면 시계접시 바닥에 나트륨이
꼭 달라붙어 번쩍거리는 것을 볼 수
있다.

[**실험 D**] 알칼리 금속과 물, 에탄올과의 반응성을 알아본다 [학생 실험].

## □ 준비물

리튬, 나트륨, 칼륨, 에탄올, 페놀프탈레인, 시험관, 비커, 성냥, 여과
지, 핀셋, 시계접시

## □ 실험 방법

1. 3개의 시험관에 증류수를 3분의 1 정도
   넣고 그 속에 쌀알 정도의 크기로 자
   른 리튬, 나트륨, 칼륨을 각각 넣어 본
   다. 리튬, 나트륨, 칼륨의 밀도는 각각
   $0.53 \, g / cm^3$,   $0.97 \, g / cm^3$,   $0.86 \, g / cm^3$
   이므로 수면에서 반응이 일어나 수소가
   발생한다.

2. 발생한 수소 기체를 그림과 같이 포집하여 성냥으로 점화해 본다.
3. 반응이 끝난 뒤 3개 시험관에 페놀프탈레인 용액을 1, 2 방울 가하
   여 알칼리가 형성되어 있는 것을 확인한다.
4. 300 mL 비커를 3개 마련하여 물에 적신 여과지를 바닥에 깐다.
5. 여과지 위에 쌀알 크기 정도로 자른 리튬, 나트륨, 칼륨을 각각 넣
   고, 신속하게 시계접시로 뚜껑을 한다. 반응이 끝날 때까지 시계접

시를 그대로 두고 관찰한다.

리튬은 발화하지 않고 반응이 진행되지만 나트륨과 칼륨은 반응열 때문에 발화한다. 그 때의 불꽃의 색깔은 나트륨은 황등색, 칼륨은 보라색이다 (발색 반응).

6. 반응이 끝난 후 3개의 비커에 각각 페놀프탈레인 용액을 1~2 방울 가하여 알칼리가 생성되어 있는 것을 확인한다.

7. 3개의 시험관에 에탄올을 3분의 1 정도 넣고, 그 속에 쌀알 크기 정도로 자른 리튬, 나트륨, 칼륨을 각각 넣으면 수소가스를 발생하면서 반응한다. 생성물은 알코라아트라 불리는 소금이다.

〔**실험 E**〕 나트륨과 염소에서 식염을 합성한다 [교사 실험].

## □ 준비물

나트륨, 표백분, 진한 염산, Y자관, 연소 숟가락, 고무마개, 유리관, 집기병, 유리판, 커터 나이프, 핀셋, 여과지

## □ 실험 방법

1. Y자관에 표백분 1 g과 진한 염산 5 mL를 넣고 그림과 같이 장치한 후, 반응시켜 발생한 염소가스를 집기병에 포집한다. 염소는 유독하므로 환기에 유의하고, 가능하면 드라프트 내에서 포집하고 유리관으로 뚜껑을 해 둔다.

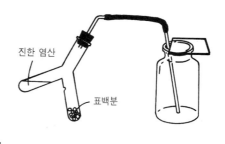

2. 나트륨을 $4 \text{ mm}^3$ 정도로 잘라 연소숟가락 위에 놓고 약한 불로 천천히 가열하여 융해한다.

3. 용융된 나트륨을 연소숟가락 채로 염소가스가 들어 있는 병 속에

넣는다.

액체나트륨의 표면이 오렌지색으로 반짝
이고 $2Na + Cl_2 \rightarrow 2NaCl$의 반응이 진행
된다.

4. 반응 후 연소숟가락을 꺼내면 염화나
   트륨의 백색 고체가 형성되어 있다.

용융 나트륨

□ **해설**

실험 D에서 습하게 한 여과지 위에 나
트륨이나 칼륨을 놓으면 흰 연기를 내며
연소하며, 이 흰 연기는 주로 과산화나트
륨, 과산화칼륨이다. 유독하므로 주의해야
한다.

진한 염산

Na

표백분

실험 E의 다른 방법으로, 시험관에 나
트륨을 넣고 가열 용해하여 그림과 같이
염소가스를 직접 불어넣는 방법도 있다.

이 때에도 액체나트륨의 표면이 오렌지
색으로 반짝이고 후에 염화나트륨의 백색 고체가 생긴다. 그러나 염소
가스가 교실 안에 새어나가기 쉬우므로 주의할 필요가 있다.

# 화려한 소금 만들기
## 나트륨과 염소에 의한 산화·환원반응

교사 실험 ▌ 소요시간 : 10분

## □ 실험 개요

금속나트륨과 염소가스의 직접 반응(산화·환원 반응)으로, 가열한 금속나트륨에 염소가스를 불어 넣으면 금속나트륨은 완만하게 발화하면서 소금(염화나트륨)을 형성한다.

## □ 준비물

금속나트륨, 표백분, 6 mol / L 염산, 0.1 mol / L 티오황산나트륨, 시험관, Y자 시험관, 굽은 관이 달린 고무마개, 고무마개, 핀셋, 나이프, 스탠드, 가스버너

### 주의사항

- 염소는 유독 가스이므로 교실의 창문을 열어 환기시킬 것.
- 밝게 발광하므로 전기를 끄고 어둡게 하는 것이 좋다.
- 시험이 끝난 후, 시험관에 금속나트륨이 남아 있는 경우가 있으므로 뒤처리를 할 때 다량의 물로 잘 씻을 것.

## □ 실험 방법

1. Y자 시험관의 한쪽에 표백분을 약 2 g, 다른 한쪽에는 염산을 3 mL 넣고 굽은 관이 달린 고무마개를 끼운다.
2. 핀셋과 나이프로 금속나트륨을 팥알 크기 정도로 잘라 시험관 속에

넣는다.

3. 2의 시험관을 그림과 같이 스 탠드에 설치하여 가열한다. 가 스버너의 불꽃은 지나치게 강 하지 않고 불완전 연소(노란 색 불꽃)가 없어질 정도면 된 다.

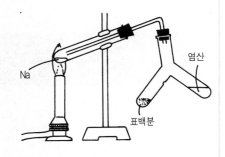

4. 가열을 계속하면 금속나트륨은 액화하고(표면장력에 의해 둥글게 된다) 끓기 시작하면 염소를 부어 넣는다(Y자 시험관의 표백분쪽에 염산을 조금씩 부어 넣는다). 이때 부어 넣는 유리관은 가능한 한 금속 나트륨에 가까이 하도록 한다. 또 이 유리관을 가까이 하거나 멀리 떨어지게 하면 발화하는 모습을 상세하게 알 수 있어 흥미롭다.

5. 반응이 끝나면 Y자 시험관을 시험관에서 분리하는 동시에 기울게 하여 염산과 표백분을 분리시킨다. 굽은 관이 달린 고무마개를 제 거하고 티오황산나트륨을 넣고 고무마개로 막는다(염소가스를 흡수 한다).

6. 실제로 소금이 형성되었는가를 확인하기 위해 시험관에 묻은 흰 소 금을 소독저로 찍어 핥아보면 확인할 수 있다.

## □ 해설

산화·환원반응은 중화 반응과 비교하여 눈으로 뚜렷하게 확인할 수 있는 것이 많다. 특히 소금의 생성에는

$$NaOH + HCl \rightarrow NaCl + H_2O(중화반응)$$
$$2Na + Cl_2 \rightarrow 2NaCl(산화·환원반응)$$

으로, 같은 소금이라도 중화반응 같은 이온간의 반응에 비해 산화·환 원반응처럼 전자의 수수에 의한 것은 반응 자체가 다르다는 것을 쉽게 판단할 수 있다.

# 알칼리 토금속

교사 실험 ┃ 소요시간 : 50분

## □ 실험 개요

통전장치로 미니전구가 켜지는 것을 확인할 수 있다. 물과 칼슘이 반응하여 수소가 발생한 용액은 알칼리성을 나타낸다.

숨을 불어넣으면 백탁한다.

## □ 준비물

칼슘, 페놀프탈레인 용액, 철판, 쇠망치, 테스터 또는 통전장치, 시험관, 성냥, 여과지, 깔때기, 유리관

### 주의 사항

물과의 반응에서는 칼슘을 소량으로 사용할 것. 칼슘은 공기 중에서 산화하기 쉬우므로 보관에 주의한다.

## □ 실험 방법

[칼슘]

1. 칼슘을 철판 위에 놓고 그림 a와 같이 쇠망치로 두드려 광택, 경도를 조사해 본다.
2. 그림 b와 같이 테스터(또는 통전장치)를 사용하여 통전 여부를 조사한다.
3. 물과의 반응

시험관에 물 3 mL를 넣고 칼슘(팥알 크기)을 가한다. 시험관을 손가락으로 누르고, 발생하는 기체를 모아 성냥으로 점화하여 본다. 반응한 용액은 여과하여 여과액을 2등분한다. 그림 C와 같이 한쪽에 페놀프탈레인 용액을 2~3 방울 가하여 변화하

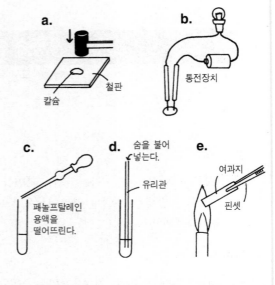

는 상태를 본다. 다른 쪽에 그림 d와 같이 유리관을 사용하여 숨을 불어넣어 본다.

4. 알칼리 토류 금속의 불꽃반응

염화칼슘 용액, 질산스트론튬, 염화바륨 용액을 각각 1 mL 준비해 둔다. 이 속에 그림 e와 같이 여과지를 자른 것의 일부를 핀셋으로 넣었다 꺼내어 무색의 버너 불꽃에 넣어 불꽃 색깔을 본다.

□ **해설**

칼슘을 쇠망치로 두드려 보면 금속 광택을 볼 수 있다. 또한 통전장치를 사용하여 조사해 보면 전류가 흐르므로 금속의 일종이란 것을 알 수 있다.

물과의 반응에서는 발생하는 기체가 폭음을 내며 연소함으로 수소인 것을 알 수 있다. 또 반응한 액은 알칼리성이 되어 있고, $Ca(OH)_2$가 생성되어 있다. 숨을 불어넣으면 $CaCO_3$이 생성되어 백탁한다.

## □ 발전

[마그네슘]

1. 시험관에 물 5 mL를 넣고 3 cm로 자른 마그네슘 리본을 가한다. 가열한 후 냉각시켜 페놀프탈레인 용액을 가한다.

2. 마그네슘 리본 3 cm에 6 mol / L HCl을 가하여 발생한 기체에 점화해 본다.

3. 마그네슘 리본 3 cm를 핀셋으로 잡고 버너 속에서 점화해 본다.

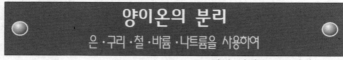

## □ 실험 개요

약품이나 기체를 가함으로서 몇 가지 종류의 금속이온 혼합용액을 백, 흑, 적갈색의 화합물로 분리한다.

## □ 준비물

6 mol / L 염산, 6 mol / L 질산, 6 mol / L 암모니아수, 포화탄산암모늄 수용액, 질산은, 질산바륨, 질산나트륨, 질산구리(Ⅱ), 질산철(Ⅲ), 황화철, 깔때기, 깔때기대, 여과지(4매), Y자 시험관, 굽은 관이 달린 고무마개, 증류수, 비커 100 mL (4개), 삼각플라스크 100 mL, 교반막대, 가스버너, 철망, 삼발이

### 주의 사항

황화수소는 다량으로 발생하므로 환기가 잘 되는 장소에서 실험을 한다.

## □ 실험 방법

[혼합 용액의 조제]

질산은 4.3 g, 질산바륨 6.5 g, 질산나트륨 4.3 g, 질산구리(Ⅱ) 6.1 g, 질산철(Ⅱ) 5.1 g을 증류수에 녹여 500 mL로 한다.

[황화수소를 만드는 방법]

Y자 시험관의 홈이 있는 쪽에 황화철 약 3 g, 홈이 없는 쪽에 염산을 10 mL 넣고 굽은 관이 달린 고무 마개로 막는다. 발생시킬 때 는 염산을 황화철 방향으로 기울게 하고, 발생을 멈출 때는 염산을 원래 위치로 돌린다.

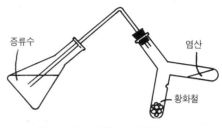

황화수소를 만드는 방법

[실험 방법]

1. 비커에 넣은 혼합수용액 20 mL 에 염산 약 5 mL를 가하여 침전을 여과시킨다.
2. 여과액을 삼각 플라스크에 넣는다. Y자 시험관에 장치한 굽은 관을 삼각 플라스크에 넣고, 황화수소를 충분하게 통과시킨 다음(약 5 분), 침전을 여과한다.

플로 챠트

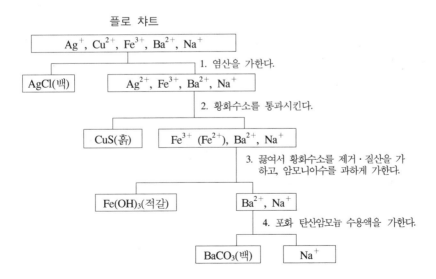

3. 여과액을 끓여 황화수소를 제거한다. 이때 불의 강도에 주의한다 (약한 불), 너무 세면 액이 흘러 넘친다. 다음에 질산 2~3 mL ($Fe^{2+}$를 $Fe^{3+}$로 산화시키기 위해)를 가한 후 암모니아수를 과하게 가한 후 침전을 여과한다.

4. 여과액에 포화 탄산암모늄 수용액 4~5 mL 를 가한 후 침전을 여과한다.

## □ 해설

이 양이온의 계통 분석은 비교적 조작하기 쉬운 것을 선택하였다. 다음과 같은 이온반응으로 금속이온을 확인할 수 있다.

1. $Ag^+$ + $Cl^-$ → $AgCl \downarrow$ (백색)
2. $Cu^{2+}$ + $S^{2-}$ → $CuS \downarrow$ (흑색)
3. $Fe^{3+}$ + $3OH^-$ → $Fe(OH)_3 \downarrow$ (적갈색)
4. $Ba^{2+}$ + $CO_3^{2-}$ → $BaCO_3 \downarrow$ (백색)

실험을 할 때 황화수소의 발생량이 부족하면 $Cu^{2+}$가 충분히 반응하지 못하고 남게 된다. 그러면 다음 조작으로 암모니아수를 가하였을 때 테트라암민구리(II)이온 $[Cu(NH_3)_4]^{2+}$(진한 청색)이 되어 추출되므로 주의할 필요가 있다. 다음 조작으로 끓여서 질산을 가한 것은 $Fe^{3+}$가 황화수소에 의해 환원되어 $Fe^{2+}$가 된 것을 원래 상태로 되돌리기 위해서이다.

## □ 발전

각각 분리한 금속을 확인하는 것도 재미있다.

1. $Ag^+$가 침전되어 생성된 $AgCl$을 그대로 방치하면 감광되어 검게 되는 것을 확인할 수 있다.
2. $Cu^{2+}$는 질산으로 녹인 후 많은 암모니아수를 가하면 진한 청색의 테트라암민구리(II) 이온이 되는 것이 확인된다.
3. $Fe^{3+}$에 티오시안칼륨 수용액을 가하면 적혈색의 용액이 되는 것이 확인된다.

# 수채화 물감과 파스텔을 만든다

## □ 실험 개요

이온을 반응시켜 침전을 형성한다. 그 침전을 안료로 하여 수채화의 물감과 파스텔을 만든다.

## □ 준비물

- 약품 : 0.1 mol / L 염화철(Ⅲ) 수용액, 0.1 mol / L 헥사시아노철(Ⅱ)산 칼륨 수용액, 0.1 mol / L 아세트산납(Ⅱ) 수용액, 0.1 mol / L 크롬산칼슘 수용액, 0.1 mol / L 탄산나트륨 수용액, 산화철 (Ⅲ), 산화티탄(Ⅳ), 알루미늄 분말, 글리세린, 아라비아 고무, 폴리비닐 합성풀, 탈크(베이비 파우더로 대용 가능)
- 기구 : 필름 케이스(또는 비커) 5개, 10 mL 피펫트 5개, 깔때기 3개, 여과지, 50 mL 비커, 유리막대, 약순가락, 도화지, 붓, 드라이어, A4 정도의 유리판, 팔레트 나이프

### 주의 사항

크롬옐로와 실버화이트는 독성이 강하므로 취급에 주의하며, 파스텔 같이 직접 손으로 다루는 것의 안료에는 사용하지 않는다.

## □ 실험 방법

[안료를 만든다.]

1. ①∼③의 안료를 만든다. 각 안료는 지정된 물질의 0.1 mol / L 수용액을 동일한 부피씩 혼합하여 여과, 수세하면 만들어진다.

   ① 프러시안 블루 : 염화철(Ⅲ)과 헥사시아노철(Ⅱ)산칼륨

   ② 크롬옐로 : 아세트산납(Ⅱ)과 크롬산칼륨

   ③ 실버화이트 : 아세트산납(Ⅱ)과 탄산나트륨

   수채화 물감의 경우는 필름 케이스에 수용액을 10 mL 씩 넣어 혼합하고 여과, 수세 후 그대로 사용하면 된다. 파스텔의 경우는 비커에서 다량을 만들어 세척 후의 침전도 충분히 건조시킨다(건조기에 넣어 100℃에서 30분). ①의 여과에도 시간이 걸리므로 적당한 때 중단하여도 무방하다. 또한 수용액의 농도와 부피, 건조시의 온도와 시간 등은 엄밀하지 않아도 무방하다.

2. 기타 안료로서 다음의 시약을 사용한다.

   ④ 벤갈라 : 산화철(Ⅲ)

   ⑤ 티타늄 화이트 : 산화티탄(Ⅳ)

   ⑥ 실버 : 알루미늄

[수채화 물감을 만든다.]

1. 50 mL 비커에 뜨거운 물 6 mL 와 글리세린 1 mL 를 넣고 가열한다. 끓으면 불에서 내려 심하게 혼합하면서 아라비아 고무 3 g 을 조금씩 가하면서 용해시킨다. 다소 덩어리가 져도 무방하다.

2. 필름 케이스에 벤갈라는 작은 숟가락 2개분을 넣고 1의 수용액을 거의 같은 부피 가하여 잘 반죽한다. 이것으로 수채화 물감이 된다. 비교하기 위해 다른 필름 케이스에 벤갈라를 작은 숟가락으로 2개분 넣고 소량의 물을 가하여 잘 반죽한다. 이 두 가지를 붓에 묻혀 도화지에 칠하고 드라이어의 뜨거운 바람으로 건조시킨다. 수채화

물감은 건조하여도 안료가 벗겨지지 않지만 물로 반죽만 한 것은 건조하면 안료가 벗겨진다.

3. 기타 안료를 사용하여 동일하게 수채화 물감을 만든다. 안료를 혼합하여 사용하여도 무방하다.

[파스텔을 만든다.]

1. 폴리비닐알코올 (PVA) 합성풀을 물로 6배 정도 희석하여 약 2%의 수용액을 만든다. PVA의 분말을 용해하여도 무방하다.

2. 종이 위에 안료를 약 3 g 놓고, 거의 같은 부피의 탈크를 가하여 혼합한다. 밝은 색깔을 원할 때는 티타늄 화이트를 혼합한다. 이것을 유리판에 옮겨 조금씩 물을 가하여 연하게 될 때까지 팔레트 나이프로 잘 이긴다. 안료의 건조가 불충분하여 물을 함유하는 경우에는 물의 양을 줄인다.

3. 2에서 이긴 것에 1의 수용액을 몇 방울 가하여 기포를 제거하는 식으로 반죽한다. 지름 1 cm, 길이 5 cm 정도의 원통상으로 손으로 모양을 잡고, 양단을 절단한다.

4. 다른 유리판 위에 놓고 며칠 그늘에서 말려서 손에 잡았을 때 습기가 없으면 완성된 것이다.

## 유리에 그림을 그린다
플루오르화수소산에 의한 유리의 부식

학생 실험 ▌ 소요시간 : 50분

### □ 실험 개요

양초를 칠한 유리판을 양초를 깎는 듯이 그림을 그리고, 그 위에다 플르오르화 수소산을 칠하면 양초를 깎아낸 부분만이 부드럽게 침식되어 유리 그림의 윤곽이 떠오른다.

### □ 준비물

플루오르화수소산(약 46%의 것이 판매되고 있다), 유리판(엽서 크기의 것이 다루기 좋다), 파라핀(양초로 대용해도 된다), 증발접시, 풀비(또는 붓), 가열기구, 철필(또는 조각칼 등), 플라스틱 용기, 플라스틱 접시, 소맥분, 비닐제의 낡은 장갑

#### 주의 사항

- 플루오르화수소액을 다룰 때는 유독한 플루오르화수소를 흡입하지 않도록 드라프트 내에서나 사람이 없는 통풍이 잘 되는 곳에서 한다.
- 플루오르화수소는 피부를 상하게 하므로 다룰 때는 장갑을 낀다. 피부에 묻으면 많은 물에 씻는다.

### □ 실험 방법

1. 증발접시에 양초를 넣고 가열한다. 녹아서 연기가 날 정도가 되면

내어서 유리판의 한쪽 면에 칠한다(양초의 온도를 높여서 엷게 칠하는 것이 요령).

2. 철필로 양초를 깎아 낼 듯이 그림을 그린다(유리판 밑에 그림본을 놓고 유리면에 노출하도록 한다. 그림본은 선화가 좋다).

3. 양초를 깎아 낸 곳에 소맥분을 뿌려 넣고, 그 위에 별도의 풀비로 농도 40% 이상의 플로오루화수소산을 칠한다(소맥분은 스며들기 쉽게 하기 위해 사용한다. 플루오르화수소산은 유리의 전면에만 칠하도록 한다. 플루오르화 수소산은 플라스틱 용기에 넣고, 칠할 때는 플라스틱 접시를 밑에 놓고, 후에 잘 씻어내도록 한다).

4. 약 30분 정도 수평하게 놓아둔 후 플루오르화수소산을 물로 씻어낸다. 다음에 뜨거운 물을 부어 양초를 벗긴다(양초를 완전히 제거하려면 세제를 사용하여 잘 씻는다).

□ **해설**

플루오르화수소산(또는 플루오르화수소) HF는 이산화규소와 유리를 부식하는 것으로 알려져 있다.

$$SiO_2 + 6HF \rightarrow H_2SiF_6 + 2H_2O$$

그러므로 플루오르화수소산은 폴리에틸렌 용기 등에 저장되며, 유리 기구의 눈금을 새기거나 젖빛 유리의 제조에 사용된다.

## 폐품 오존발생기

시범 실험 ▎ 소요시간 : 10분

### □ 실험 개요

유도기전기에 손수 만든 오존발생기를 장착하여 오존을 발생시킨 다음 그 냄새를 맡아본다. 한편, 요오드화칼륨 녹말액에 오존을 통해 보고 색깔이 변하는 것을 확인한다.

### □ 준비물

요오드화칼륨 녹말액, 자작한 오존발생기(그림), 유도기전기

### □ 실험 방법

1. 끝이 부러진 피펫(폐품을 이용) 양단에 고무관을 장착한다. 고무갭을 씌우는 쪽에 장착한 고무관을 통과하여 입구까지 철사를 통과시킨다 (A).

2. 피펫에는 알루미늄박을 감고 그 위에 구리선을 코일 모양으로 감는다.

3. 폴리에틸렌 봉투에 공기를 포집해 놓고, 공기를 보내면서 유

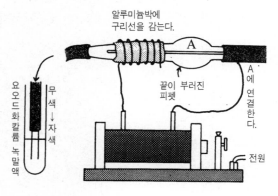

알루미늄박에
구리선을 감는다.

A

끝이 부러진
피펫

A에 연결한다.

요오드화칼륨 녹말액

무색→자색

전원

도기전기를 사용하여 피펫 안에 무성 방전을 시키면 공기 중 산소의 일부가 오존이 된다.

4. 오존의 생성은 특유한 냄새로서도 알 수 있지만 요오드화칼륨 녹말액을 푸르게 변화시키므로 더욱 뚜렷하게 알 수 있다. 또한 활성탄층을 통과시키면 오존은 쉽게 분해한다.

## □ 해설

동소체의 실험으로서는 황, 인 등이 다루어지나 산소와 오존도 역시그 좋은 예이다. 이 실험은 오존발생기를 구입하는데 부담감을 느끼는경우에 적합한 방법이라 여겨진다. 끝이 불러진 피펫의 활용이란 점에서 더욱 의미있는 방법이다. 가장 문제가 된 것은 A의 삽입인데, 이것은 고무관에 관통시키는 것으로 해결하였다. 관 내외의 금속선 사이에서 무성방전이 일어나는 것으로 오존이 발생한다.

## 크롬 화합물의 색깔과 반응

학생 실험 | 소요시간 : 1시간

### □ 실험 개요

크롬 명반에서 출발하여 크롬의 대표적인 화합물을 계속적으로 형성한다.

### □ 준비물

- 기구 : 시험관 여러 개, 약숟가락, 가스버너, 피펫, 작은 시험관 2개, 원심분리기(조작 3을 하지 않는다면 필요하지 않다).
- 약품 : 크롬명반, $0.5 \, mol / L$ 염화바륨 수용액, $2 \, mol / L$ 수산화나트륨 수용액, 10% 과산화 수용액, $3 \, mol / L$ 황산, $6 \, mol / L$ 수산화나트륨 수용액

### □ 실험 방법

1. 크롬 명반의 색깔을 관찰한다 (청자색), 이것을 작은 숟가락 가득히 2 숟가락을 시험관에 넣고 증류수를 가하여 완전히 녹인다. 용액의 색깔은 청자색으로 $Cr^{3+}$의 색깔이다. 이 용액을 작은 시험관에 바닥에서 1 cm 정도까지 넣는다.

2. 1의 나머지 용액을 버너로 가열하면 용액의 색깔은 녹색으로 변화한다. 이것도 $Cr^{3+}$의 색이지만 1하고는 배위자가 다르므로 색깔이 다르다. 시험관을 수돗물에 냉각하여 색깔이 원래의 색깔로 되돌아가지 않는 것을 확인한다. 이 용액을 작은 시험관에 바닥에서 1 cm 정도까지 넣는다.

3. 1과 2의 작은 시험관 용액에 0.5 mol / L 염화바륨 수용액을 용액과 거의 같은 양 가하여 흔들어 혼합한다. $BaSO_4$의 백색 침전이 생긴다. 2개의 작은 시험관을 원심분리기로 침전을 완전히 없앤다. 시험관을 바닥에서 올려 보아 백색 침전의 양을 비교하면 2의 녹색 용액 쪽이 약간 침전이 적다.

4. 2의 나머지 용액에 2 mol / L 수산화나트륨 수용액을 적하한다. 한 번 녹백색의 침전이 생기지만, 더욱 적하하면 침전이 녹아서 약간 탁한 느낌의 녹색 용액이 된다. 용액을 2등분 하여 하나는 예비로 보관한다.

5. 4의 용액에 10% 과산화수소수를 다섯 방울 가하여 흔들어 혼합하면서 버너로 가열한다. 기체가 발생하면서 용액의 색깔은 복잡하게 변화하지만 최종적으로는 황색이 된다. 황색으로 되지 않을 때는 수산화나트륨 수용액과 과산화수소수를 한 방울씩 추가한다. 산소의 거품이 나지 않을 때까지 가열하여 미반응의 과산화수소수를 완전히 분해한다(끓음이 멈추었을 때 거품이 나지 않으면 된다).

6. 5의 시험관에 3 mol / L 황산을 될 수 있는 한 소량 가하여 용액의 색깔을 오렌지색으로 한다. 이 때 용액의 색깔이 진한 청색을 거쳐 녹색이 되면 5에서 과산화수소의 분해가 불완전했던 셈이 된다(4의 예비로 5부터 다시 한다). 오렌지색 용액에 6 mol / L 수산화나트륨 수용액을 가하면 용액의 색깔은 다시 황색으로 되돌아간다. 용액에 다시 한 번 3 mol / L 황산을 가하여(이번에는 약간 많게) 용액의 색깔을 오렌지색으로 해 둔다.

7. 6의 용액(액량이 5 mL 이상일 때는 일부를 취하여 다음 조작을 한다)에 10% 과산화수소수를 1 mL 가하여 흔들어 혼합한다. 용액의 색깔은 잠시 진한 청색이 되지만 최종적으로는 2와 같은 녹색이 된다.

## □ 해설

실험의 흐름을 그림으로 하면 다음과 같이 된다.

$$\begin{array}{ccccccc}
\text{청자색} & & \text{녹색} & & \text{녹백색} & & \text{녹색} \\
Cr^{3+} & \xrightarrow{\text{가열}} & Cr^{3+} & \xrightarrow{\text{NaOHaq}} & Cr(OH)_3\downarrow & \xrightarrow{\text{NaOHaq}} & [Cr(OH)_4]^-
\end{array}$$

Cr$^{3+}$의 수화이온은 청자색이지만 Cr$^{3+}$에 황산이온이 배위하면 녹색으로 된다. 청자색의 $[Cr(H_2O)_6]^{3+}$에 비하여 녹색의 $[Cr(SO_4)(H_2O)_5]^+$는 황산이온이 배위하고 있는 양만큼 3에서 BaSO$_4$의 침전량이 적다.

과산화수소는 5에서는 산화제로, 7에서는 환원제로 작용하고 있다. 7에서 용액이 한 번 진한 청색이 되는 것은 크롬의 페루옥소(-O-O-를 함유) 착제가 생기기 때문인 것 같다. 이 착체는 에테르 중에서는 안전하다. 이크롬산 이온의 황산산성 용액에 사전에 에테르를 넣어 두고, 거기에 과산화수소를 가하면 물층은 곧 녹색으로 되지만 에테르층은 오랫동안 진한 청색인 채로 있다.

## 이산화황, 황화수소의 발생과 성질
### '취입법으로 안전하고, 간단하게'

학생 실험 ▌ 소요시간 : 1시간

## □ 실험 개요

이산화황과 황화수소를 발생시켜 그 성질을 조사한다. 이 실험의 특징은,

1. 기체의 발생은 대형 시험관으로 하고, 시험관을 그대로 가스 정류소로 사용한다.
2. 기체의 성질은 기체를 대형 시험관에서 피펫으로 흡수하여 그것을 적당한 용기에 취입하여 조사한다.

는 점에서 '취입법'이라 가칭한다. 발생장치와 포집장치는 불필요하며 조작이 용이하므로 단시간에 실험할 수 있다. 또한 기체가 불필요하게 확산되지 않는다.

## □ 준비물

• 기구 : 지름 24 mm의 시험관, 고무마개, 약숟가락, 3 mL 피펫 이상 각각 2개, 핀셋, 시험관 몇 개
• 약품 : 아황산수소나트륨 (아황산나트륨이라도 무방하다), 3 mol / L 황산, 만능 pH 지시약 (과망간산칼륨 수용액(반대쪽이 투명해 보일 정도로 극히 희박한 용액), 요오드 용액(희박한 것이 좋다), 1% 녹말 수용액, 붉은 꽃 (카네이션), 황화철(Ⅱ), 아세트산납 (Ⅱ) 시험지, 0.1 mol / L 질산은 수용액, 0.1 mol / L 질산구리(Ⅱ) 수용액, 0.1 mol / L 질산카드뮴 수용액, 0.1 mol / L 질산아연 수용액, 6 mol / L 수산화나트륨 수용액

**주의사항**

실험이 끝난 후 기체가 들어 있는 시험관을 씻을 때는 수산화나트륨 수용액을 넣고 고무마개를 하여 잘 흔들어 기체를 완전히 반응시킨 다음에 씻는다.

## □ 실험 방법

[이산화황의 발생과 성질]

1. 지름 24 mm의 시험관에 아황산수소나트륨을 큰 숟가락 가득히 1개(약 0.5 g) 넣고 그것이 잠길 정도의 3 mol / L 황산을 가한다. 기체 (이산화황)의 발생을 확인 후, 서서히 고무마개를 한다(그림 1).

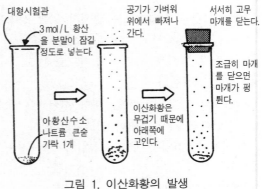

그림 1. 이산화황의 발생

2. 시험관에 수돗물 약 3 mL를 넣고 만능 pH지시약을 1~2방울 가한다. 1의 시험관의 기체를 피펫으로 흡수하여 만능 pH지시약을 녹인 수돗물에 넣는다. 가볍게 흔들면 용액의 색깔이 변화한다. 이산화황이 물에 녹아 산성을 나타내는 것을 알 수 있다(그림 2).

3. 시험관에 과망간산칼륨 수용액 약 1 mL를 넣고 같은 부피의 3 mol / L 황산을 가한다 (이산화황의 경우는 황산을 가하지 않아도 좋다). 이 용액에 2와 마찬가지로 이산화황을 불어넣으면 용액의 적자색이 사라진다 (이산화황은 환원제).

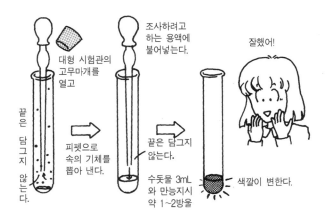

그림 2. 이산화황의 성질

4. 시험관에 요오드 용액 약 2 mL를 넣고 녹말 수용액을 적하한다. 요
   오드 녹말반응이 일어나 용액은 청자색으로 된다. 이 용액에 2와
   마찬가지로 이산화황을 불어넣으면 용액의 청자색은 사라진다 (이산
   화황은 환원제).
5. 1의 시험관 안에 물에 적신 붉은 꽃잎을 집어넣는다. 잠시 있으면
   꽃잎 색깔이 희게 된다 (이산화황의 표백작용).

[황화수소의 발생과 성질]

1. 지름 24 mm의 시험관에 황화철(Ⅱ)의 덩어리를 2~3개(약 0.5 g) 넣
   고, 그것이 잠길 정도의 3 mol / L 황산을 가한다. 기체(황화수소)의
   발생을 확인 한 후 서서히 고무마개를 한다. 또 황화수소의 발생에
   사용하는 황화철(Ⅱ)은 직전에 분쇄한 것을 사용한다. 교사는 황화
   수소가 적절하게 발생하는가를 사전에 조사해 둔다. 발생이 불량할
   경우에는 황화철(Ⅱ)을 6 mol / L 염산에 담갔다가 잠시 후 황화수소
   를 발생시킨 다음 물로 씻는다.
2. 이산화황의 실험 2~4와 마찬가지 조작을 한다. 황화수소가 물에

녹아 약산성을 나타내는 것, 황화수소가 환원제인 것을 알 수 있다.

3. 물에 적신 아세트산납(Ⅱ) 시험지를 1의 시험관에 집어넣는다. 시험지의 색깔은 갈색으로 변한다(PbS 생성, 황화수소의 확인 반응).

4. 시험관에 0.1 mol/L의 질산은, 질산구리(Ⅱ), 질산카드뮴, 질산아연의 수용액을 각각 1 mL씩 넣고, 황화수소를 불어넣는다. 질산은에서는 흑색 침전($Ag_2S$), 질산구리(Ⅱ)에서도 흑색 침전(CuS), 질산카드뮴에서는 황색 침전(CdS)이 각각 발생한다. 질산아연은 침전이 생기지 않지만 6 mol/L 수산화나트륨 수용액을 한 방울 가하면 백색 침전(ZnS)이 생긴다.

[이산화황과 황화수소의 반응]

1. 2개의 시험관에 물을 약 2 mL씩 넣는다. 한쪽에는 이산화황을, 다른 한쪽에는 황화수소를 불어넣고 각각 고무마개를 하여 잘 흔들어 기체를 물에 녹인다. 이 조작을 반복하여(10회 정도) 이산화황과 황화수소의 수용액을 만든다.

2. 1의 두 가지 수용액을 혼합하면 백탁을 볼 수 있다(황의 석출).

## □ 발전

'취입법'은 다른 기체에도 응용할 수 있다. 특히 유독한 기체에 유효하다.

발생방법은 다음과 같다.

- 이산화질소 ― 구리 가루에 진한 질산을 소량 가한다.
- 염소 ― 표백분에 진한 염산을 소량 가한다.
- 염화수소 ― 염화나트륨에 진한 황산을 소량 가한다.

산화제인 것을 조사하려면 기체가 고여 있는 시험관에 물에 적신 요오드화칼륨 녹말지를 집어넣으면 된다(푸르게 변한다).

## 설탕, 걸레를 사용한 진한 황산의 탈수작용

진한 황산에 의한 강한 탈수작용을 관찰한다

### □ 실험 개요

굵직한 시험관에 과립당을 넣고 진한 황산을 같은 부피 정도 부으면 황산이 스며들어감에 따라 과립당이 갈색으로 변색한다. 그대로 잠시 동안 놓아두면 검게 변색되고, 드디어는 증기를 내면서 탄소가 된 과립당이 시험관 속을 상승한다.

또한 걸레를 둥글게 뭉친 다음 진한 황산을 10여 방울 떨어뜨리면 진한 황산이 스며든 부분이 녹기 시작한다. 잠시 지나면 그 부분이 함몰하고 곧 증기가 발생하면서 시커먼 덩어리가 솟아오른다.

### □ 준비물

과립당, 진한 황산, 낡은 걸레, 시험관

### 주의 사항

과립당을 탈수할 때, 과립당이 변색하고 증기가 발생하면서 탄소의 덩어리가 팽창하기까지 약간의 시간이 걸리므로 잠시 기다려야 한다. 이때 조급해서는 안 된다. 또한 팽창하기 시작하면 그 양에 따라 시험관에서 넘쳐나므로 배트 등을 밑에 깔고 한다. 또 황산의 양이 적으면 부분적으로 검게 변하고 만다.

걸레에 진한 황산을 떨어뜨릴 때 걸레를 막대 모양으로 둥글게 하여야 한
다. 걸레 하나를 펼쳐서 하면 완전히 구멍이 뚫려 책상 등이 황산으로 더럽
혀지게 된다. 3~4장을 겹친 두께라면 밑바닥까지 뚫릴 염려는 없다. 그러
나 황산을 뿌리는 양이 많으면 반드시 그렇지만은 아니다.
또한 어떤 경우에도 발생하는 증기는 자극적인 냄새가 강하므로 흡입하지
않도록 주의한다.

## □ 실험 방법

[진한 황산에 의한 설탕의 탈수]
1. 굵직한 시험관에 과립당 1개(6 g)를 넣는다.
2. 여기에 피펫을 사용하여 진한 황산을 3 mL 가한다. 그리고 잠시 기
   다린다(4분). 교탁의 중앙에 놓고 수업을 계속하면 효과적이다.

[진한 황산에 의한 걸레의 탈수]
1. 수분이 마른 걸레를 둥글게 하여 배트 위에 놓는다.
2. 피펫으로 진한 황산을 10여 방울 가량 떨어뜨린다.
3. 충분히 반응한 후에 걸레를 펴 보인다. 진한 황산을 떨어뜨린 부분
   에 구멍이 뚫린 것을 알 수 있다.

## □ 참고

과립당 6 g을 18×180 mm의 시험관에 넣고 진한 황산 1, 2, 3, 4,
5 mL 가하였을 경우, 1 mL에서는 검게 변할 뿐이고 5 mL에서는 황산
이 검게될 뿐이었다. 4 mL에서는 14분 후에 액의 팽창이 관찰되었다.
2 mL에서는 상승한 검은 고체가 시험관 안에 고여 증기가 밖으로 유
출하지 않았다.

유리 작품을 만든다
고대 유리제법으로 유리 피망에 도전

학생 및 과학 클럽 실험 ▌ 소요시간 : 60분

## □ 실험 개요

유리 세공은 어렵다고들 말하지만, 여기서 소개하는 '파트 드 웰'이란 방법을 이용하면 초보자라도 간단히 유리작품을 만들 수 있다. 시간은 걸리지만 졸업기념의 추억이 되는 작품을 만들거나 혹은 학교 축제에서 과학팀의 작품제작 등 즐거움을 만끽할 수 있다.

## □ 준비물

내화 석고, 피망, 유리가루 (용융한 후 녹색이 되는 것과 투명하게 되는 것 2종류), 전기로, 대주걱, 종이상자나 종이컵, 드라이어, 내수 샌드페이퍼, 양면 테이프나 소독저

### 주의 사항

석고로 형을 만들고 그 형에 유리가루를 채워 전기로에 넣어 용융시키기까지는 30분 정도 걸리지만 그 작품을 전기로에 넣은 채로 서서히 냉각해야만 하므로 그 이상의 시간이 걸린다. 학생 수만큼 만들려면 전기로와 시간을 확보할 필요가 있다.

## □ 실험 방법

1. 피망을 종이상자나 종이컵 속에 양면 테이프로 움직이지 않도록 부착시킨다. 종이 상자의 깊이는 피망의 최상부에서부터 최저 2 cm는

필요하다.

2. 내화 석고를 물에 녹여 피망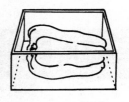
에 부어 넣는다. 이때 일시에
부어 넣으면 부력으로 피망이
뜨는 경우도 있으므로 처음에
4분의 1 정도 붓고, 약간 굳어지는 것을 보아가며 나머지를 천천히
부어 넣는 것이 좋다. 종이컵을 사용할 때는 피망의 위쪽을 소독저
등으로 누르는 것이 좋다.

3. 20~30분 지나 석고가 굳어지면 종이상자를 부수어 뒤집는다. 뒤집
으면 종이 상자 바닥에 붙었던 피망의 녹색이 보인다 (헤어드라이어
를 사용하면 석고가 굳는 시간을 조금은
앞당길 수 있다).

4. 뒤집은 석고에서 대주걱 등을 사용하여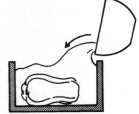
피망을 후벼낸다. 이때, 후벼내는 구멍을
너무 크게 하지 말 것과 석고형의 안쪽
에 손상이 생기지 않도록 주의한다.

5. 형이 완성되면 색유리가루 (녹색에 투명
한 것을 약간 혼
합한 것)를 형
속에 채워 넣는다.
유리가구를 넣으
면서 가끔 석고
를 흔들어 형의
구석구석까지 유
리가루를 채워 나간다. 가장 윗부분까지 넣었으면 다시 수북하게
될 정도로 유리가루를 얹어 놓는다. 이것이 중요하다! 이때 점토로
구멍을 만들어 놓으면 고봉으로 얹은 유리가구가 흘러내리지 않는다.

6. 전기로 속에 넣고 서서히 800℃로 높여 30분 정도 소성한 후 불을 끄고, 자연상태로 냉각한다. 온도를 너무 높이지 않도록 주의한다. 전기로에서 석고를 집어낼 수 있을 정도로 냉각될 때까지 느긋하게 서냉한다.

7. 전기로에서 냉각한 석고를 집어내어 형을 나무망치로 가볍게 두들겨 유리 피망을 집어낸다.

8. 형에 닿아 있던 부분에는 석고가 부착되어 있으므로 칫솔 등으로 씻어내고, 그 후 내수 샌드페이퍼로 유리피망 표면을 닦아 투명감과 윤을 낸다. 모직물로 문질러도 좋다.

◻ **해설**

이 제조법은 '파트 드 웰'이라 불리는 고대 메소포타미아의 유리 제법이다. 피망 이외에 바나나도 초심자에게는 만들기 쉽다.

## 착색한 유리 펜던트
### 단시간에 손쉽게 만들 수 있다

교사 실험 ▌ 소요시간 : 60분

## □ 실험 개요

일산화납과 이산화규소, 그리고 유리 봉사의 분말을 혼합한 것에 미량의 착색제를 가하여 버너로 가열하면 단시간에 융합한다. 이것을 칠보 세공의 형 등에 부어넣어 펜던트를 만든다.

## □ 준비물

- 시약・재료 : 일산화 납 PbO(PbO₂와 착오 없도록 할 것), 이산화 규소 (침강성), 유리 봉사 또는 봉산나트륨, 염화코발트, 산화구리( I ), 나무판 또는 세라믹스판 (50×50 cm), 금속의 형(칠보 세공의 형과 사슬을 사용하면 보기 좋은 펜던트가 된다), 열판, 구리판 (10×10 cm), 억새, 고사리류, 보리짚
- 기구류 : 도가니, 도가니 집게, 유발, 막자, 유리막대, 마풀, 스탠드, 링, 비커(1), 피펫(2 mL), 스테인리스 접시

### 주의 사항

- 산화납은 유독하므로 손에 묻었을 때는 물에 즉시 세척한다. 또한 가열 시에 증기를 흡입하지 않도록 한다.
- 가열된 마풀 뚜껑에 손을 대어 화상을 입지 않도록 주의한다.
- 제작한 유리는 공기 중의 수분을 흡수하여 열화되므로 1~2개월이 지나면 표면이 흰색으로 변하여 투명하지 않게 된다. 표면에 투명 매니큐어 등을 칠하면 백탁을 방지할 수 있다.

## □ 실험 방법

〔**실험 1**〕 투명 유리를 만든다

1. 일산화납 6.7 g, 이산화 규소(침강성) 1.3 g, 유리 붕사 4.0 g을 유발에 넣어 막자로 혼합하면서 분쇄 한다 (그림 a).

2. 1의 혼합물을 약포지에 놓고 그것을 도가니 속에 넣는다. 그리고 소색제(1 L 의 물에 염화코발트 0.25 g 을 녹인 것)을 1 mL 가한다 (그림 b).

3. 스탠드의 링에 마풀을 놓고 도가니를 설치한다 (그림 c).

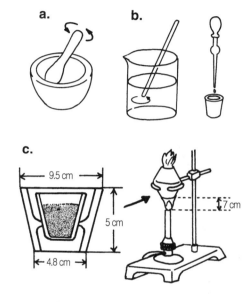

4. 처음 1시간 동안은 온화하게 가열하고 그 후 가스버너의 화력을 최대로 하여 푸른 환원불꽃 위의 산화염이 도가니 바닥에 닿도록 하여 약 10분간 도가니를 세게 가열한다. 혼합물이 용융한 것을 확인하기 위해서는 도가니 집게로 마풀 뚜껑을 열어 보면된다.

5. 혼합물이 균일하게 용융되었으면 도가니 안의 용융물을 붓기 쉽게 하기 위해 도가니 집게로 흐르기 직전까지 도가니를 기울여 보아, 용융물이 약간 냉각하여 끈끈해지면, 단숨에

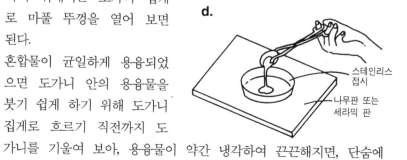

스테인리스 접시

나무판 또는 세라믹 판

스테인리스 접시에 부어 넣는다(그림
d). 지나치게 식어 용융물이 도가니 속
에 굳어졌을 때는 다시 한번 도가니를
가열하여 용융한다.

**e.**

6. 용융물을 그대로 냉각하면 유리 제작
은 완성된다. 급냉으로 유리가 갈라져
비산하는 것을 방지하기 위해 가열된
마풀 뚜껑을 스테인리스 접시에 덮은 채로 냉각할 때까지 놓아둔다
(그림 e).

7. 5분 정도 놓아두었다가 마풀을 제거하고 스테인리스 접시가 충분
히 식은 후에 유리를 집어낸다.

〔**실험 2**〕 색유리를 만든다

1. 실험 1의 조작 1과 마찬가지로 조작을 한다.

2. 혼합물에 염화코발트 0.01~0.02 g을 가하여 용융하면 감색의 유리
가 만들어진다. 산화구리(Ⅰ) 0.05~0.20 g을 가하면 녹색의 유리가
생긴다. 다른 색깔의 유리를 만들고 싶은 경우에는 후술하는 착색
제를 가한다. 다음은 실험 1의 조작 2 이후와 마찬가지 조작을 한
다. 색유리를 만들 때는 실험 1의 조작 2의 소색제는 가하지 않아
도 된다. 그러나 착색제의 혼합을 피하기 위해 사용하는 도가니는
착색제마다 바꾼다.

〔**실험 3**〕 색유리의 페던트 만들기

1. 실험 2와 동일한 조작을 하고 용융물은 과자 제조용의 금속형이나
칠보장식의 형을 스테인리스 접시 위에 놓고 그 속에 부어 넣는다.
식은 후에 강력 접착제로 유리를 형에 고정시킨다.

〔**실험 4**〕 억새로 만드는 색유리

1. 마른 억새를 채취하여 태워 재를 만든다.

2. 조작 1의 재를 도가니에 8부 정도 넣고, 다시 30분 정도 가스버너로 세게 가열하여 탄소가 없는 흰 재로 한다.

3. 일산화납 6.7 g, 유리 붕사 4.0 g, 조작 2의 재 1.3 g을 유발에 넣고 혼합하면서 분쇄한다.

4. 새로운 도가니 속에 혼합물을 넣고 다음에는 실험 1의 조작 4 이후와 마찬가지 조작을 한다. 억새에 함유되어 있는 미량의 금속에 의해 착색되어 황록색의 색유리가 된다. 억새 이외에 보리 짚이나 고사리류의 재를 사용하여도 착색유리가 만들어진다.

## □ 해설

유리의 색깔은 다음에 적은 착색제에 포함되어 있는 미량의 금속에 의해 생긴다. 여기에서 소개하는 '수제 유리'는 원료에 납 금속이 함유되어 있으므로 착색제를 넣지 않아도 황색을 띠고 있다. 투명한 유리를 만들려면 소색제로 황색의 보색에 해당하는 감색을 내는 염화코발트를 극히 미량 가한다.

[착색제]
- 녹색 : 염화구리(Ⅱ), 황산구리(Ⅱ), 산화구리(Ⅰ) 0.05~0.02 g
- 감색 : 염화코발트, 산화코발트 : 극히 미량(연한 청색)~0.20 g (진한 감색)
- 자색 : 이산화망간을 극히 미량 가한다.
- 황색~황적색 : 셀렌화카드뮴 CdSe 0.01 g (황색)~0.05 g (황적색)

## 무엇이든 은거울

### □ 실험 개요

보통 은거울 반응은 포도당을 사용하여 한다. 이것은 포도당이 CHO기를 갖고 있기 때문이지만 포도당뿐만 아니라 CHO기를 갖고 있을 가능성이 있는 것이라면 무엇이든 은거울 반응은 일어난다. 메탄올, 에탄올, 부탄올 등 알코올류를 산화하거나 글리세린 나아가서 PVA와 셀룰로오스 등의 알코올까지 산화하여 CHO기가 생성된 것을 은거울 반응으로 확인한다.

### □ 준비물

은거울용 시약(암모니아성 질산은 용액), 구리선, 메탄올, 에탄올, 프로판올, 브탄올, 글리세린, PVA, 화장지, 산화구리, 70℃의 뜨거운 물

### □ 실험 방법

1. 메탄올 등 기화하기 쉬운 알코올류의 경우에는 코일처럼 된 벗긴 구리선을 가열하여 그것을 알코올 증기 속에 넣었다 뺐다 한다(넣을 때 표면이 흑색인 구리선이 알코올 증기 속에 넣으면 구리의 금속 광택으로 되돌아간다).
   암모니아성 질산은 용액을 가한 다음 고무마개를 하고 몇 번 흔들고 나서 약 70℃의 뜨거운 물에 담근다.
2. 글리세린 등 기화하기 어려운 알코올류의 경우에는 가열한 산화구리 속에 몇 방울 떨어뜨린다(고체의 경우는 그대로 넣는다). 이때

발생한 기체를 암모니아성 질산은 용액이 들어있는 시험관에 붓고, 고무마개를 하여 몇 번 흔들고 나서 약 70℃의 뜨거운 물에 담근다.

3. PVA, 화장지 등, 고체시험의 경우도 2에 준한다.

A. 기화하기 쉬운 알코올류

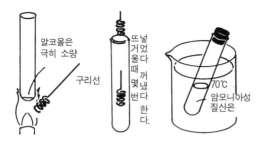

B. 기화가 잘 안되는 알코올

## □ 해설

알코올류의 산화는 가열된 산화구리로 한다. 알데히드기의 환원성이 은이온을 환원하여 은거울을 만든다. 이 실험으로는 일반 실험서 등에 게재되어 있지 않는 재료를 사용했다. 즉 반응의 보편성을 체험시키는 데 있다.

---

### 고체산은 시큼한가?

제오라이트, 산성백토, 산화알루미늄, 금속산화물 등은 고체산으로 분류된다. 이러한 것은 외견상으로는 보통 백색 입자(또는 분말)이다. 물에 녹지 않으므로 당연히 핥아도 시큼하지 않다.

그러나 이것들은 산 촉매로서 중요한 것이 많다. $ZrO_2$나 $TiO_2$에 몇 %의 $SO_4^{2-}$를 첨가하여 500~600℃로 소성한 것은 100% 황산의 10000배의 산 강도가 있다는 것이 알려져 있다.

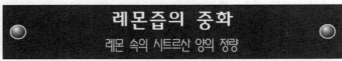

학생 실험 ▌ 소요시간 : 30분

## □ 실험 양성

레몬을 짜서 즙을 만들고 100배로 희석하여 0.1 mol / L 의 수산화나트륨 용액으로 중화 적정한다. 레몬즙 속의 산은 거의가 시트르산이므로 그 함유량(약 6%)을 구한다.

## □ 준비물

0.1 mol / L 수산나트륨 수용액(NaOH 4.0 g / 물 1 L, 정확한 농도로 할 경우는 옥살산 표준액으로 표정한다), 페놀프탈레인 지시약(1% 에탄올 용액), 레몬(1개 : 약 50 mL의 과즙이 생긴다), 메스 플라스크(100 mL), 홀 피펫(10 mL), 비커(50 mL), 뷰렛

## □ 실험 방법

[10배로 희석한 레몬즙을 만든다]
1. 레몬을 짜서 레몬즙을 만든다
2. 홀 피펫으로 레몬즙 10 mL를 측정한 후, 메스 플라스크를 사용하여 100 mL로 한다 (이 조작은 메스 실린더로 하여도 무방하다).

[조작]

1. 50 mL 비커에 희석한 레몬즙 10 mL를 계량하여 넣는다.
2. 페놀프탈레인 용액을 몇 방울 가한다.
3. 깔때기를 사용하여 뷰렛에 0.1 mol / L의 수산화나트륨 수용액을 넣는다. 이때 넘치지

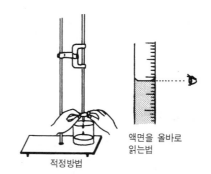

적정방법

액면을 올바르
읽는법

않도록 조심한다. 콕을 열어 어느 정도 액을 흘려 선단부의 공기를 제거한다.
4. 비커를 가볍게 흔들면서 액의 색깔이 엷은 적자색이 될 때까지 수산화나트륨 수용액을 적하한다.
   적정 전후의 뷰렛 눈금 차이로 중화에 들어간 수산화나트륨 용액량을 구한다.
5. 위와 같은 중화 적정조작을 다시 2회 반복하여 평균값을 취한다. 이 때 뷰렛의 눈금은 먼저 번 마지막 수치를 그대로 사용하지 말고 새로 읽는다.

[측정 값의 처리]

| 뷰렛의 눈금 | 1회째 | 2회째 | 3회째 |
|---|---|---|---|
| 마지막 눈금 | | | |
| 처음 눈금 | | | |
| 눈금차 (mL) | | | |
| 평균값 (mL) | | | |

레몬즙 (원액)의 산농도 $[H^+]$는 (1)식으로 나타낼 수 있다. 레몬 속의 시트르산 존재량 (%)은 (2)식으로 구한다. 시트르산 $C_3H_6O(COOH)_3$ (분자량 192)은 3가의 산이다.

레몬즙의 산농도 $[H^+]$ = 0.1 × a ······ (1)

　　a : 중화에 들어간 수산화나트륨 수용액량(mL)의 평균값

레몬 속의 시트르산 존재량(%) = 0.1 × $[H^+]$ × 192 / 3 ······ (2)

　　(레몬즙의 밀도를 1로 한다)

## □ 발전

굳이 계산하지 않아도 중화에 들어간 수산화나트륨 수용액량을 비교하는 방법으로 식초나 포카리스웨트 등과 비교할 수도 있다.

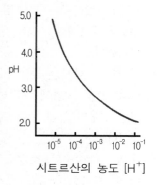

시트르산의 농도 $[H^+]$

또한 원액 및 10배~1000배로 희석한 액의 pH를 측정하여 신맛을 느낄 수 있는 pH값을 조사하거나 그림과 같이 약산의 농도와 전리도 관계로 발전시킬 수 있다. 레몬에서 시트르산을 분리하는 실험도 소개되어 있다.

## □ 해설

중화 적정은 간편·실용적인 정량법이므로 주변 가까이에 있는 시료를 정량할 수 있다. 예를 들면, 온천수와 산성비의 정량 등도 가능하다.

레몬 속의 비타민 C (ascorbic acid)는 과육 100 g에 대해 45 mg으로, 시트르산과 비하면 소량이다.

## 페놀프탈레인은 알칼리성이며 적색인가?

페놀프탈레인은 알칼리성이며 적색이 되는 지시약(변색역 : 8.3~10.0)으로 알려져 있다. 그러나 pH 10.0에서 이 분자의 극대 흡수파장은 553nm (빛의 색으로 녹색)이며 그 여색은 적자색이다. 색체로서 적자는 보라색 영역의 색이다. 따라서 정확하게는 페놀프탈레인은 알칼리성에서 적자색으로 변화한다. 또 변화역은 하나가 아니라 그림에서 보는바와 같이 pH 13.4에서 무색으로 된다. 즉 (1)의 구조에서 무색, 알칼리성이고, (2)의 구조로 되어 적자색으로, 강알칼리성에서 (3)의 구조가 되어 다시 무색으로 된다.

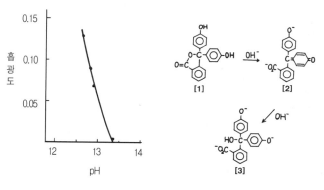

강염기성측의 pp용액 흡광도 변화

## 🔵 황산과 수산화바륨 수용액의 중화 🔵

학생 실험 | 소요시간 : 30분

## □ 실험 개요

보통 이루어지고 있는 염산과 수산화나트륨 수용액의 중화에서는 반응 전에도 무색이고 반응하여도 무색이므로 변화를 파악하기 어렵다.

황산과 수산화바륨 수용액의 중화에서는 황산바륨의 백색 침전이 생긴다. 또한 전구를 끼운 전극을 삽입한 후 수산화바륨 수용액에 황산을 떨어뜨리면 전구의 밝기로 수용액 중의 이온량을 측정하기 쉽다.

## □ 준비물

황산(약 2%), 수산화바륨 수용액(약 2%), 지시약, 비커(50 mL), 삼각 플라스크, 피펫(5 mL), 전극, 전구(40W나 60W), 도선

- 일반적으로 묽은 황산이라 하면 10%의 수용액을 이룬다. 이것은 부피로 가름하여 진한 황산 1에 대해 물 17을 가하여 혼합해서 만든다. 2% 황산은 이 묽은 황산을 5배로 희석한 것이다.

- 지시약은 BTB 용액 혹은 티몰블루(TB용액)를 사용한다. 전자는 중성 부근에서 청색에서 황색으로 변하지만, 후자는 중성부근에서 청색에서 황색으로 변하고 pH 2.8~1.2에서 적색으로 변한다(필자는 중화실험에서 티몰블루 용액을 많이 사용한다. BTB용액은 중성 영역에서 변색범위가 매우 좁고 중성인 녹색을 보기 어렵지만 티몰블루 용액은 넓어 대략적으로 하여도 중성인 황색을 보기 쉽다. 그러나 약간 산성측에서도 황색이다).

- 전극은 옥내 배선용의 F케이블을 사용하면 편리하다.

## ☐ 실험 방법

1. 전구, 전극을 장착한 장치를 마련한다.
2. 비커에 수산화바륨 수용액(약 2%) 20 mL, 지시약 1 mL를 넣고 전극을 삽입하면 전구가 켜진다.
3. 피펫을 사용하여 황산(약 2%)을 떨어뜨린다. 혼합은 전극으로 한다.

   한 방울이라도 들어가면 백색 침전이 생긴다.

   황산을 떨어뜨리면 점차로 전구의 밝기가 약해지고 결국은 꺼진다. 지시약도 변색한다.

   더욱 떨어뜨리면 다시 전구가 커지고 점점 밝아진다.

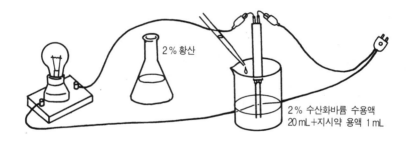

2% 황산

2% 수산화바륨 수용액
20 mL+지시약 용액 1 mL

## ☐ 해설

이때 일어나고 있는 반응은 다음과 같다.

화학반응식 $H_2SO_4 + Ba(OH)_2 \rightarrow BaSO_4\downarrow + 2H_2O$

이온반응식 $2H^+ + SO_4^{2-} + Ba^{2+} + 2OH^- \rightarrow BaSO_4\downarrow + 2H_2O$

이 경우, 형성된 염이 물에 불용(침전한다)이므로 중화의 진행과 함께 수용액 중의 이온수가 감소하므로 전구가 어둡게 된다. 완전히 중화하였을 때는 이온이 없어지고 전구가 꺼진다. 더욱 강한 산의 수용액을 떨어뜨리면 이온이 증가하고 그와 함께 전구가 밝아진다.

### Ag(은)에 생기는 녹의 정체는?

은은 녹슬지 않는 금속이지만 의외로 빨리 녹슨다. 보통 금속이면 산소와 화합하지만 은은 황과 화합한다. 은은 보통 산소하고는 결합하기 어렵고, 이것이 은이 귀금속으로 쓰이는 이유이다.

은박을 황성분을 포함한 온천수나 뜨겁게 삶은 계란에 들이대면 즉시 황화은으로 변하여 검게 변색한다. 황 냄새가 나는 화산에서 은제 라이타가 바로 녹슬고 만다는 이야기를 들은 적도 있다.

이 은을 순간적으로 깨끗하게 하는 방법을 발견하였다. 검게 녹슨 은을 가스불의 불꽃 속을 슬쩍 통과시킨다. 이렇게 하면 은은 산소와 결합하지 않으므로 녹인 황이 산소에 의해 빠져나가 원래의 은색으로 되돌아온다. 은의 녹을 제거하는데는 매우 편리한 방법이라 여겨진다. 그러나 여기에는 주의가 필요하다.

판매하는 은제품의 대부분은 순은이 아니고 스타링실버라 하여 은 92.5%, 구리 7.5%의 합금이 사용되고 있다. 이것은 녹이 잘 나지 않지만 그대로 장기간 사용하면 변색은 피할 수 없다. 변색한 스타링 실버를 앞에 소개한 요령으로 버너의 불꽃 속을 통과시켜 본 결과, 예상대로 은색으로 되었으나, 그것도 순간에 불과하고 점점 검게 변했다. 이것은 성분인 구리가 산화되었기 때문이며, 이렇게 되면 두 번 다시 원래의 상태로 되돌아가지 않는다. 다행히 이러한 변색도 산화구리는 염산에 용해되므로 염산으로 씻으면 일단 깨끗하게 된다. 녹이 슨 은을 깨끗하게 하기 위해서는 이밖에도 알루미늄 냄비와 식염수를 사용하는 방법도 있지만, 은닦기를 사용하는 편이 무난할 것 같다.

## 생활 주변에 있는 식품을 사용한 지시약

교사·학생 실험 ▌ 소요시간 : 5분

### □ 실험 개요

포도 쥬스의 선명한 적색이 자색, 청색을 거쳐 녹색으로 변화한다.

### □ 준비물

포도 쥬스(예를 들어 선키스트 그레이프 과즙 20% 등), 스포이드,
1 mol / L 염산, 1 mol / L 수산화나트륨 수용액

### □ 실험 방법

1. 포도 쥬스 50 mL 를 500 mL 비커에 붓고, 물로 약 10배 희석한다
(포도에 함유되어 있는 산으로 인하여 쥬스의 색깔은 이미 적색으
로 되어 있다).
2. 이 용액에 1 mol / L 수산화나트륨 수용액 1~2 mL을 소량씩 잘 혼
합하면서 가하면 용액의 색깔은 녹색으로 변한다.
3. 다시 1 mol / L 염산을 소량씩 잘 혼합하면서 가하면 용액의 색깔은
다시 적색으로 되돌아온다.
4. 2, 3을 반복한다.

### □ 발전

[포도 쥬스에 함유된 산의 적정]
1. 포도 쥬스 10 mL 를 홀피펫으로 코니컬 비커에 넣는다.

2. 1 mol / L 수산화나트륨 수용액을 뷰렛을 사용하여 떨어뜨린다.
3. 쥬스의 적자색이 약간 녹색을 띠었을 때를 당량점으로 한다.
4. 함유되어 있던 산이 모두 시트르산(3가의 산)이었다고 가정하여 산의 농도를 계산한다.

[그밖의 식품 이용]

표 1에 제시된 방법으로 식품에서 색소를 추출하여 실험에 사용한다.

표 1. 지시약으로 사용되는 식품과 색소의 추출방법

| 식 품 | 추출방법 | 비 고 |
|---|---|---|
| 보라색 양배추 | 따낸 잎을 빈틈이 생기지 않도록 비커에 채우고 전체가 잠길 정도로 물을 가해 가열하여 약 10분간 끓인다. | 냉장고에 1~2주일간 보존이 가능하다. 에탄올로서도 추출할 수 있으나 빠르게 퇴색하고 다시 발색시키는데 시간이 걸린다. |
| 가지 | 엷게 벗겨낸 가지 1개분의 과피를 비커에 넣고, 0.1 mol / L 염산 30 mL (또는 식초)를 가하여 가열한다. 5분간 끓인 후 여과하여 과피를 제거한다. | 산성용액은 상온에서 보존이 가능하다. 중성 및 염기성은 몇 분만에 분해하여 황색~황갈색으로 변화한다. |
| 차조기 | 차조기(자소)잎 2~3개를 잘라 비커에 넣고 0.1 mol / L 염산 30 mL (또는 식초)를 가하고 가열하여 3분간 끓인다 | |
| 포도 껍질 | 포도 껍질을 비커에 넣고 전체가 잠길 정도의 물을 넣고 가열하여 약 3분간 끓인 후 여과한다. | 시트르산 등의 유기산에 의해 산성으로 되어 있으므로 추출색은 적색이다. 껍질만을 추출하였으므로 산의 양은 포도 쥬스보다 적다 |
| 카레 가루 | 작은 약숟가락 1~2개분의 분말 카레 가루를 비커에 담고 10 mL 에탄올 (또는 소주)을 가하여 혼합한 다음 1분간 놓아두었다 여과한다. | 에탄올 용액을 물 같은 시료에 한 방울 가하여 사용한다. |

표 2. 식품 추출액의 색과 pH의 관계

| pH | 1 | 2 | 3 | 4 | 5 | 6 | 7 | 8 | 9 | 10 | 11 | 12 |
|---|---|---|---|---|---|---|---|---|---|---|---|---|
| 보라색 양배추 | | 적 | | | 적 | 자 | 자 | 청 | | | 녹 | |
| 포도 껍질 | | 적 | | | 적 | 자 | 자 | | | 청 | 녹 | |
| 가지 | | 적 | | | 적 | 자 | 자 | 녹 | 청 | | | |
| 카레 가루 | | | | | | | 황 | | 등 | | | |

□ **해설**

　보라색 양배추, 포도, 차조기, 가지 등에는 꽃 색깔의 대표적인 색소의 1군인 안토시안이 함유되어 있다. 안토시안은 일반적으로 알칼리성이고 불안정하며, 또 약산성에서도 가역적으로 무색 구조로 변화하는 것이 있다. 가지의 색소는 알칼리성 측에서 특히 불안정하여 곧 황색을 띠게 된다. 카레가루에는 크르쿠민이란 색소가 함유되어 있다. 교사 실습의 경우, 용액이 진하면 교실 뒤편의 학생들에게는 검게 보이므로 색깔의 변화를 관찰시키기 어렵다. 그러므로 포도 쥬스는 색채를 구별할 정도로 희석시켜 사용한다. 또한 색깔의 변화를 학생실험으로 관찰시키는 경우에는 팰릿을 사용하면 편리하다.

# **9** 화학변화와 에너지

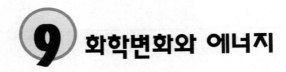

## 간단한 반응속도 실험

학생 실험 ▎ 소요시간 : 60분

## □ 실험 개요

   그림과 같이 실험 장치를 꾸미고 신호와 동시에 시험관을 흔들어 반응을 시작하도록 한다. 5초마다 기록지상에 세제막의 이동위치를 기록한다. 막의 이동이 멈추면 실험을 끝낸다. 막 위치를 표에 적어 넣고 결과를 계산하여 그래프화한다.

## □ 준비물

   0.5%의 과산화수소수, 이산화망간, 세제액, 유리관, 피펫, 갱지, 시계, 자

## □ 실험 방법

1. 촉매 만들기 : 이산화망간 0.2 g을 화장지(1매로 벗긴다)에 싸서 작은 구슬같이 둥글게 해 놓는다.
2. 장치의 조립 : 안지름 6 mm, 길이 50 cm 정도의 유리관 안쪽을 세제액으로 씻고, 입구에서 가까운 곳에 세제막을 2~3개 넣도록 한다.
   그림과 같이 책상 위에 갱지(2매를 이어서)를 놓고 그 위에 유리관을

얹어 놓고 시험관을 장착한다. 반응시킬 때까지는 촉매가 시료액에 접촉되지 않도록 시험관을 기울여 놓는다.

3. 측정 : 신호와 동시에 시험관을 흔들어 촉매를 시료에 혼합하여 반응을 개시시켜, 이동하는 세제막의 위치를 5초마다 연필로 갱지 위에 표시한다. 막이 거의 움직이지 않게 되었을 시점에서 실험을 끝낸다.

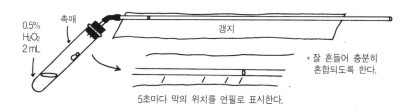

5초마다 막의 위치를 연필로 표시한다.

## □ 결과의 정리

|  | 시　간 | 5 | 10 | 15 | 20 | 25 | 30 |
|---|---|---|---|---|---|---|---|
| a | Max에서의 거리 | 37 cm | 18.3 | 9.4 | 5.8 | 4.3 | 3.4 |
| b | 5초간의 막 이동거리 | 18.7 cm | | 8.9 | 3.6 | 1.5 | 0.9 |
| c | 평균 반응속도 (v) | 3.74 cm / sec | | 1.78 | 0.76 | 0.3 | 0.18 |
| d | 평균 농도 (C) | 27.7 cm | | 13.9 | 7.6 | 5.0 | 3.9 |

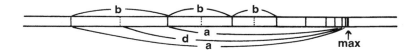

## □ 해설

막의 이동은 처음에는 빠르고 점차 느려지다가 결국은 정지한다. 이것은 반응에 의해 과산화수소의 농도가 작아지기 때문이다.

과산화수소의 농도는 산소를 앞으로 어느 정도 발생할 수 있는 능력이 있는가로 표시된다. 그것이 'MAX에서의 거리'이다. 이 실험에서는 막의 위치를 5초마다 측정하고 있다. 따라서 이 5초간의 평균 반응속도 v는 5초간의 막의 이동거리를 5로 나눈 값이다. 이 속도에 대응하는 농

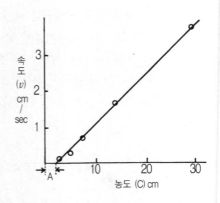

도는 MAX에서의 거리의 평균, 예를 들면 37 cm + 18.3 cm / 2로 표시된다. 이것을 C라 하면 V와 C는 그래프에서 볼 수 있듯이 정비례의 관계에 있다. 반응속도는 농도에 비례한다는 것이 실험으로 입증된 셈이다. 다만 이 실험은 초간이 실험이므로 부적요소가 개입되기 쉽다. 위의 예에서는 $v = kc + (A)$의 형태로 되어 있다.

특히 최초의 촉매 혼합방법이 문제이며, 솜씨 있게 재빨리 균일하게 혼합하지 않으면 측정에 오차가 생기기 쉽다. 또한 MAX 위치에서 그래프에 혼란이 생기는 경우가 있으나 반응이 안정된 부분에서는 산뜻한 그래프가 된다. 이 실험은 (1) $H_2O_2$의 농도를 MAX에서의 위치로 치환한다. (2) 촉매를 화장지로 싸서 넣는다. (3) 갱지 위에 연필로 기록하는 등으로 간이화하여 알기 쉽게 하였다.

## 반응열로 계란 프라이
### 열 에너지를 실감한다

학생 실험 ▌ 소요시간 : 20분

## □ 실험 개요

산화칼슘 (생석회)와 물이 반응하면 수산화칼슘 (소석회)이 생성되고, 이 때 계란프라이가 될 정도의 격렬한 발열이 있다. 반응열로 계란프라이를 만들 수 있다니 참으로 신기하다! 실험 후에는 함께 시식.

## □ 준비물

산화칼슘 (약 200 g), 계란, 물 (수돗물도 좋다), 페놀프탈레인 용액, 1 L 비커, 300 mL 비커, 알루미늄박, 온도감지 테이프 또는 온도계, 접시와 소독저

### 주의사항

이때의 반응은 $CaO + H_2O = Ca(OH)_2 + 65kJ$이고, 강한 알칼리성인 $Ca(OH)_2$가 생성되므로 맨손으로 직접 만지지 않도록 한다.

## □ 실험 방법

1. 그림과 같이 300 mL 비커를 알루미늄박에 싸서 알루미늄박 원통을 만든다. 원통이 만들어진 다음 비커는 제거한다.
2. 생계란을 깨어 알루미늄 원통 속에 넣고 원통 상부를 손으로 꼭 잡아 폐쇄한다.

3. 1 L 비커에 산화칼슘을 약 200 g 넣고 그 위에 계란이 들어간 알루미늄박 원통을 그림과 같이 놓는다.

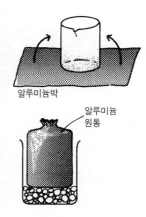

알루미늄박

알루미늄
원통

4. 비커의 바깥쪽에 온도감지 테이프를 붙이거나 온도계를 집어넣어 온도 상승을 볼 수 있도록 한다.

5. 산화칼슘이 들어 있는 비커에 물을 200~300 mL 주입한다.

6. 반응은 3분 정도로 끝나지만 ('슈'하는 소리가 들리지 않게 된다), 미반응의 산화칼슘을 반응시키기 위해 다시 물을 100 mL 정도 주입한다.

7. 반응이 멈춘 후 알루미늄 원통의 입구를 폐쇄한 채로 1, 2분 그대로 둔다. 그 후 알루미늄박 원통을 살짝 끄집어내어 원통 위부분을 연다.

8. 완성된 계란 프라이를 접시에 옮겨 반별로 시식해 본다.

□ **해설**

반응열(열 에너지)을 확인하는 방법은 여러 가지 있으나(온도감지 테이프의 변색, 온도계의 상승), 손으로 만지는 등 오감에 의한 실감이 학생들에게는 중요하다.

이 실험을 계기로 발열반응 뿐만 아니라 흡열반응이 있다는 사실도 가르칠 수 있을 것이다. 한제를 사용한 실험도 꼭 학생들에게 체험시켰으면 좋겠다.

또한 '물을 가하면 반응한다.'는 것을 기회로, 물도 어엿한 화학물질이란 사실을 인식시키면 좋겠다.

산화칼슘의 양을 증가시키면 캠프용의 큰 알루미늄 접시나 알루미늄 냄비로 한꺼번에 2, 3개의 계란 프라이를 만들 수 있다.

또 이 실험에서는 강한 알칼리인 $Ca(OH)_2$의 백색 분말이 추출된다. 이것을 확인하는 방법으로는 ① 페놀프탈레인을 가해 보거나, ② 실험 후에 비커에 다시 물을 가하여 그 수용액을 적출하여 숨(이산화탄소)을 불어넣어 백탁($CaCO_3$가 생성)하는 모습을 보는 등의 응용이 있다.

산화칼슘이 오래되면 반응이 잘 일어나지 않으므로 새것을 사용한다.

## 화학반응 속도와 온도
### 전지나 낚시찌용 발광체를 냉각시켜 본 일이 있는가?

교사·학생 실험 ▌ 소요시간 : 10~15분

## □ 실험 개요

화학변화는 온도에 좌우된다. 분자운동이 활발할 때 속도가 증가한다는 것은 당연하지만 그것을 눈으로 보아 잘 알 수 있도록 고안하였다. 수소 발생을 기포로 헤아린다. 건전지와 낚시찌용 발광체를 냉각시키거나 가온한다.

## □ 준비물

묽은 염산, 아연, 한제(드라이아이스, 알코올), 뜨거운 물, 필름 케이스, 1.5V 미니전구, 소켓, 건전지, 형광 낚시찌

## □ 실험 방법

[수소의 발생과 온도변화]

이미 학습한 것에서 예를 들어보자. 처음부터 특이한 예를 들면 그것만이 전부인인 것으로 생각하여 일반화할 수 없다.

필름 케이스 뚜껑의 중앙에 작은 구멍을 뚫고, 묽은 염산과 아연을 조금 넣고, 약간 뜨거운 물에 담근다. 물 위에 뜰 정도이면 아연을 증가하거나 작은 돌을 넣어 무겁게 한다. 잠시 수중에 두어 수소의 기포가 안정되면 1분 사이에 몇 개의 기포가 발생하였는가를 세어본다. 다음에 반응이 안정되면 신속하게 얼음물을 넣어 기포를 세어본다. 온도와 기포의 관계를 알아보기 위해서이다.

화학반응은 반응열이 발생하여 자체 온도가 상승하므로 점점 반응이 격심해 진다. 이것을 조금이라도 방지하기 위해서 뜨거운 물이나 얼음물을 넣은 수조는 큰 것을 마련하고, 저으면서 필름 케이스가 주위의 물과 같은 온도가 되도록 유의한다. 셀 수 있는 적당한 기포의 양은 수조의 크기와 기온 등, 여러 가지 조건에 좌우되므로 약품의 양, 농도 등을 예비실험을 통하여 알아 낼 것.

[건전지를 냉각]

전지 역시 화학반응으로 전류를 얻게되는 것이라면, 전류의 발생량도 온도에 따라 변화하기 마련이다. 1.5V짜리 작은 전지가 변화도 빨라 실험에 적합하다. 소켓의 리드선을 건전지에 납땜한다. 전지 박스에 넣어도 무방하지만 접촉불량이 일어나기 쉽다.

1.5V 미니전구를 끼어 점등시킨다. 이것을 '드라이아이스 + 알코올'의 한제에 담근다. 냉각하기 시작하면 점점 어두워지고 잠시 후 전구는 불이 꺼진다.

이것을 미지근한 물에 담그면 다시 전구는 켜져 밝아진다. 온도가 낮아지면 화학변화는 느려진다는 것, 건전지는 화학변화로 전류가 흐른다는 것도 알 수 있게 된다. 추워지면 자동차의 배터리 기능이 저하하는 것은 저온에서 분자이동이 저하되고 얼어서 고체가 되면 이온은 움직일 수 없어 전류가 전혀 흐르지 않기 때문이다.

[발광찌]

발광찌의 플라스틱 용기를 꺾으면 속의 두 가지 액이 혼합되어 발광하기 시작한다. 낚시찌에 고무밴드로 고정하여 야간의 안표로 사용한다. 작은 것을 사용하면 온도변화가 빨라 실험에 적합하다.

발광찌를 발광시켜 놓고 한제에 담그면 금시에 어두워지고, 뜨거운 물에 담그면 밝게 빛난다. 온도를 높이면 공기 중에서 보다 밝다. 간 편하고 결과가 뚜렷한 실험이다.

## ☐ 발전 · 해설

분자운동의 보강, 화학변화를 처음 학습할 때의 활성화에너지의 필 요성 등과 연관시킬 수 있는 교재이다.

화학변화가 일어날 때에는 반드시 에너지의 출입이 있다. 대부분은 열 에너지 형태를 취하는데, 그것을 추상적인 말로서만 아니라 분자의 운동으로 사실적으로 제시할 수 없을까 하는 점을 고려한 실험이다.

# 염소와 수소의 광화학 반응

교사 실험 ▌ 소요시간 : 40분

## □ 실험 개요

수소와 염소의 혼합가스에 자외선을 쬐이기만 해도 폭발이 일어난다.

## □ 준비물

표백분, 묽은 염산, 아연, 염화칼슘관, 폴리에틸렌제 봉지(500 mL), 고무관이 달린 폴리에틸렌관 (2개), 핀치콕, 기체발생장치 2개(삼각 플라스크 등), 골판지 상자, 5 m 정도의 끈이 달린 암막

## 주의 사항

[수소의 포집]
폭발성 가스이므로 포집시에는 어떠한 화기도 멀리한다. 필요한 양의 기체를 포집하였으면 가스발생을 멈춘다.

[염소의 포집]
신경을 마비시키는 가스이므로 포집에는 드래프트를 사용한다.

[수소와 염소의 혼합]
• 수소와 염소의 혼합은 골판지 상자 속에서 위에서 암막을 덮어씌우고 한다. 그때 만약을 고려하여 실내는 약간 어둡게 한다. 실내의 조명도 끈다.
• 미반응 염소가 잔존할 가능성이 있고, 반응에 의해 염화수소가 발생하므로 실험은 옥외에서 한다.

## □ 실험 방법

기체에 수증기가 함유되면 적절하게 실험이 되지 않는 경우가 있으므로 염화칼슘관을 통해 건조시킨 기체를 포집한다.

[수소의 포집]
1. 그림과 같은 기체 포집장치를 하고 아연에 묽은 염산을 넣는다.
2. 처음에 발생하는 삼각 플라스크 약 2용적분의 기체는 포집하지 않는다.
3. 폴리에틸렌제 봉지에 절반 정도 수소를 포집한다. 수소는 폴리에틸렌제 봉지를 새어나가므로 포집하면 가급적 빨리 실험한다.

[염소의 포집]
1. 다른 기구를 사용하여 수소를 포집한 것과 동일한 장치를 조립하여 플라스크에 표백분과 묽은 염산을 넣는다.
2. 처음에 발생하는 기체를 버리고 수소와 거의 같은 양의 염소를 포집한다.

[수소와 염소의 혼합과 반응]

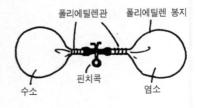

수소와 염소의 혼합은 자외선을 차단한 상태에서 한다.

1. 수소와 염소가 들어 있는 2개의 폴리에틸렌 봉지를 고무관으로 연결하여 봉지간 기체를 내왕시켜 기체를 혼합한다(그림). 수소와 염소를 혼합할 때의 주의사항을 엄수한다.
2. 혼합되었으면 암막을 덮어씌운 채로 골판지 상자를 실외로 반출하여 상자를 볕이 잘 드는 곳에 놓는다.
3. 암막에 달려있는 끈 끝을 잡고, 상자에서 가급적 멀리 떨어진 곳에

서 그 끈을 당겨, 폴리에틸렌 봉지를 상자에서 끌어내어 빛이 닿도
록 한다. 어슴프레한 실내에서는 폭발에 이르지 않을 것으로 믿어
지나 실험은 신중하게 한다. 햇볕이 부족한 흐린 날에는 플래쉬램
프를 사용하는 방법이 있다.

## □ 폐기물 처리

아연 이온은 중금속으로서의 폐액처리를 한다.

## □ 해설

수소와 염소의 혼합기체에 자외선을 쪼이면 원자상(라디칼이라 불
리는)의 염소가 발생한다. 라디칼은 반응하는데 거의 에너지를 필요로
하지 않고, 또한 연쇄반응이라 불리는 반응방법으로 반응이 진행된다.
그러므로 반응이 빨리 진행되어 폭발에 이른다.

## 촉매를 사용한 수소와 산소의 반응

교사 실험 ▌ 소요시간 : 약 20분

## □ 실험 개요

불도 전기도 필요로 하지 않는다. 촉매를 접근시키는 것만으로 폭발이 일어난다.

## □ 준비물

묽은 황산이나 수산화나트륨 수용액(약 1 mol / L : 전기 분해용의 용액), 미량의 백금흑, 여과지, 전기분해장치, 한쪽에 고무마개가 부착된 플라스틱관(안지름 약 24 mm, 길이 약 10 cm), 고무관, 철제 스탠드

### 주의사항

1. 수소와 산소의 혼합 기체를 포집하고 있을 때는 화기를 없앤다.
2. 수소의 발생여부를 확인하고 싶은 때에 전해장치 입구에 화기를 접근시켜서는 안 된다.
3. 만일의 경우를 고려하여 실험은 플라스틱관으로 한다.

## □ 실험 방법

1. 전기장치를 사용하여 물을 전기분해하고 한쪽 끝에 고무마개를 부착한 플라스틱 관에 수소와 산소(2 : 1)를 포집한다(그림).
2. 혼합기체를 넣은 플라스틱관은 철제 스탠드에 고정한다. 그 플라스

틱관 입구쪽의 혼합가스와 여과지 끝에 부
착한 미량의 백금흑을 접촉시킨다. 또한 플
라스틱관은 손으로 잡아도 좋다. 만일 폭발
이 일어나지 않을 때는 백금흑을 가스버너
의 산화염으로 약간 가온하면 폭발한다.

촉매에 의한 수소의 점화

## □ 발전

백금흑을 합성하여도 무방하다. 저자는 인근
에 판매점이 있으므로 합성한 것으로 실험한
적은 없으나 잘 될 것으로 본다.

## □ 해설

촉매란, 반응 속도를 변화시키는 물질이다. 즉 $2H_2 + O_2 \rightarrow 2H_2O$의
반응은 두 가지 기체를 혼합하였을 때부터 일어나고 있다. 다만 그 반
응은 늦을 뿐이다. 백금흑은 그 늦은 반응을 빠르게 하는 작용이 있다.

---

### 산화칼슘(생석회)의 보존

생석회에 물을 가하면 고열과 김을 내면서 부풀어오르고 끝내는 분말이
된다. 이 분말이 소석회(수산화칼슘)이다.

이 실험을 막상 하고자 시약병 속의 생석회를 꺼내 보면 푸석푸석한 분
말로 변해 있는 경우가 있다. 구입하여 바로 개봉한 것으로 실험하면 잘
되는데 개봉 후 몇 년 경과한 것으로는 좀처럼 반응하지 않는다.

생석회가 점차 공기 중의 수분을 흡수하여 소석회로 되었기 때문이다.

이것을 방지하기 위해서는 생석회를 구입하면 몇 개의 작은 병에 나누
어 고무마개로 밀폐해 두면 된다. 큰 병에 넣어 그대로 두면 사용할 때마
다 습기가 들어가므로 소석회가 되기 쉽다.

## 코발트 착이온을 사용한 평형이동

교사·학생 실험 ▎ 소요시간 : 약 20분

### □ 실험 개요

염화코발트 수용액에 진한 염산을 가하면 아름다운 보라색의 용액이 생긴다. 화학반응식을 바탕으로 평형이 어느 쪽으로 이동하는가를 예측하고, 실험으로 확인한다.

### □ 준비물

• 약품 : 0.4 mol / L 염화코발트 수용액, 진한 염산, 증류수, 0.1 mol / L 질산은 수용액, 뜨거운 물, 냉수
• 기구 : 시험관 몇 개, 300 mL 비커 2개(뜨거운 물과 냉수를 넣는다)

### □ 실험 방법

1. 시험관에 0.4 mol / L 염화코발트 수용액(적색)을 6 mL 넣고, 진한 염산을 용액의 색깔이 보라색이 될 때까지 가한다. 가하는 진한 염산의 부피는 염화코발트 수용액의 부피와 거의 같다. 용액을 2개의 시험관 사이에서 여러 번 왕복시켜 잘 혼합한다. 혼합이 되면 6개의 시험관 (1)∼(6)에 등분한다. (1)∼(3)은 3에서 (4), (5)는 4에서 사용한다. (6)은 색깔을 비교하기 위해 남겨 둔다.

2. 다음의 화학반응식을 적고 1의 보라색 용액은 적색의 $[Co(H_2O)_6]^{2+}$와 청색의 $[CoCl_4]^{2-}$의 혼합물이라고 설명한다.

$$[Co(H_2O)_6]^{2+} + 4Cl^- \leftrightarrows [C_oCl_4]^{2-} + 6H_2O + QkJ \cdots\cdots ①$$

적색                                   청색

3. 1의 (1)~(3)의 시험관에 다음 조작을 한다. 조작 전에 용액의 색깔
   이 적색이 되겠는가 청색이 되겠는가, ①의 화학반응을 근거로 학
   생들에게 예측하도록 한다.

   (1)의 시험관에 증류수를 가한다. 용액의 색깔은 적색이 된다.

   (2)의 시험관에 진한 염산을 가한다. 용액의 색깔은 청색이 된다.

   (3)의 시험관에 질산은 수용액을 가한다. 백색 침전이 생기는 동시에
   용액의 색깔은 적색이 된다(백색 침전이 있으므로 핑크색으로 보인다).

4. 1.의 (4), (5)의 시험관에 다음 조작을 한다. 실험 결과에서 ①식의
   Q가 양인지 음인지 생각하게 한다.

   (4)의 시험관을 뜨거운 물에 담근다. 용액은 청색으로 된다.

   (5)의 시험관을 냉수에 담근다. 용액은 적색으로 된다.

## □ 해설

르샤틀리에(Le Chatelier)의 평형이동 원리를 가르치는 실험이다. 평
형이동의 실험은 이것 이외에도 있으나 이 실험은 색깔의 변화가 선명
하여 학생들에게는 매우 인기가 있다.

①의 화학반응식은 착이온을 학습하지 않은 학생들에게는 어려울 것
같이 여겨지나 과거 10년 이상의 수업경험으로 보면 반드시 그렇지만
은 않은 것 같다. 'Co$^{2+}$ 이온은 H$_2$O에 둘러싸이면 적색으로, Cl$^-$에
둘러싸이면 청색으로 된다.'는 정도의 해설로 끝내면 무난하다.

조작 1에서는 적색의 염화코발트 수용액에 무색의 진한 염산을 가
하는 것만으로 용액은 푸른색을 띤다. 여기서부터 학생들은 실험에 부
쩍 흥미를 느끼기 시작한다.

조작 3과 4의 실험도 르샤틀리에의 평형이동 원리를 알고 있으면
고교생의 실력으로 충분히 이해할 수 있다. 실험 전에 미리 예상을 세
운 대로 실험결과로부터 Q의 음양을 판단하기 때문에 철저하게 이해

시킬 수 있다.

3의 (1) $H_2O$의 증가로 평형이 ←의 방향으로 이동하고 용액은 적색이 된다.

3의 (2) $Cl^-$의 증가로 평형이 →의 방향으로 이동하고 용액은 청색이 된다.

3의 (3) $Ag^+ + Cl^- \rightarrow AgCl$의 반응이 일어나 백색 침전이 생기는 동시에, $Cl^-$의 감소로 평형에 ←의 방향으로 이동하고 용액은 적색이 된다.

4의 (4) 온도가 높아지면 평형은 →의 방향으로 이동한다.

4의 (5) 온도가 낮아지면 평형은 ←의 방향으로 이동한다.

# 색깔이 물들거나 지워지기도 하는 화학 변화
## 색깔의 변화가 주기적으로 되풀이 되는 진동반응

교사 실험 ┃ 소요시간 : 각 15분

## □ 실험 개요

무색 투명한 세 가지 액체, 즉 A액, B액, C액을 순차적으로 혼합하면 색깔의 변화가 수분동안 주기적으로 반복된다. '진동반응 1'에서는 무색과 적갈색이고, '진동반응 2'에서는 황색, 청색, 무색의 순으로 색깔 변화가 반복해서 일어난다.

## □ 준비물

브롬산칼륨, 마론산, 황산망간(Ⅱ) 6수화물(6수화물이 아니라도 무방하다), 요오드산칼륨, 가용성 녹말, 30% 과산화수소수, 진한 황산, 묽은 황산(진한 황산 1부피 + 물 9부피), 비커, 메스실린더, 마그네틱 스텔라(유리막대로 혼합해도 좋다.)

### 주의사항

30% 과산화수소수에 손을 대면 하얗게 화상을 입으므로 다룰 때는 조심해야 한다.

## □ 실험 방법

진동 반응 1

[A액을 만든다] 브롬산칼륨 0.5 g을 묽은 황산에 녹여 100 mL로 한다.

[B액을 만든다] 마론산 6.3 g을 묽은 황산에 녹여 100 mL로 한다.

[C액을 만든다] 황산망간(Ⅱ) 6수화물 0.8 g을 녹여 100 mL로 한다.

[방법]

1. 비커에 A액과 B액을 각각 50 mL씩 넣고 마그네틱 스텔라로 교반한다.

2. 다시 C액 50 mL를 가하면 용액의 색깔은 적갈색으로 변하면서 기체(이산화탄소)가 발생하기 시작하고 약 40초 후에 색깔의 진동이 시작되어 몇 분간 이어지고 최종적으로는 무색으로 된다. 진동의 주기는 점점 길어진다(용액을 냉수로 냉각하여 액온을 낮추면 진동주기가 늦어진다).

   ※ 진동 반응에서는 반응속도가 진동주기의 역수에 해당하므로 진동주기를 측정함으로써 반응속도와 그 농도, 온도의 관계를 알 수 있다. 교재로서 이용할 수 있다.

### 진동 반응 2

[A액을 만든다] 물 100 mL에 30% 과산화수소수를 40 mL 가한다.

[B액을 만든다] 물 100 mL에 요오드산칼륨 4.3 g과 진한 황산 0.5 mL를 교반하면서 가하여 녹인다.

[C액을 만든다] 가용성 녹말 0.2 g을 물 50 mL에 넣고 가열하여 녹인다. 이것에 물을 가하여 전량을 500 mL로 하고, 마론산 7.8 g과 황산망간(Ⅱ) 6수화물 2.6 g을 녹인다.

[방법]

1. 비커에 A액을 50 mL를 넣고 마그네틱 스텔라로 교반한다.

2. B액과 C액을 50 mL씩 가하면 수초 후에 색깔의 진동이 시작된다. 용액의 색깔은 점점 진하게 착색되고, 진동 주기는 느려진다. 최종

적으로는 흑갈색으로 되어 반응이 끝난다.

## □ 발전

진동 반응으로 색깔의 변화가 주기적으로 반복되는 것은 육안 관찰로도 충분히 알아 볼 수 있다. 그러나 색깔의 변화를 투과도의 변화로서 광전 비색계로 추적하면 진동의 양상은 가일층 명확해진다.

여기서는 다음과 같이 간이 광전비색계(발광 다이오드를 광원으로 사용한 것)를 퍼스널컴퓨터에 접속하여 투과도의 경시변화를 그래프화하면서 진동반응을 추적하는 예를 소개한다.

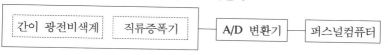

[방법]

1. 비커 안에서 A, B, C의 각 액을 혼합하여 반응시킨다.
2. 이 반응액을 측정용 셀에 넣어 투과도의 경시 변화를 측정한다. 결과는 아래 사진과 같은 파형의 그래프로 나타난다 (간이 광전비색계의 광원으로 '진동반응 1'에서는 녹색, '진동반응 2'에서는 적색의 발광다이오드를 사용한다).

비커에서의 반응과 투과도의 경시변화 측정을 동시에 연상하면 현상과 그 변화를 나타내는 그래프가 연계되어 효과적이다.

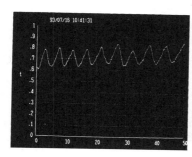
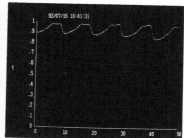

## □ 해설

진동반응은 복잡한 몇 가지 단계의 반응이 조합되어 일어나는 것으로, 그 전체적인 양상은 명확하지 않다. '진동반응 1'은 황산 산성 중에서 마론산이 미량의 $Mn^{2+}$를 촉매로 하여 브롬산 이온으로 산화되는 반응이다. 이때, 반응을 일시적으로 멈추거나 다시 발생하게 하는 스위치 회로가 존재하여 망간의 산화상태가 변하기 때문에 진동이 일어난다. '진동반응 2'에서는 최초의 반응에서 산소와 요오드가 생긴다. 요오드는 녹말과 반응하여 청색을 띠지만 요오드가 다른 반응에서 소비되면 색깔이 소멸된다. 다시 요오드가 증가하게 되면 청색을 띤다.

# 10 유기화학

**알코올의 탈수**
에테르와 에틸렌을 동시에 만든다

학생 실험 | 소요시간 : 20분

## □ 실험 개요

2중관을 이용함으로서 에틸에테르와 에틸렌을 동시에 만들 수 있다. 에틸렌은 가소성인 가스라는 사실과 브롬수의 탈색으로, 또한 에틸에테르는 특유한 향기와 낮은 끓는점으로 확인할 수 있다.

## □ 준비물

에틸알코올, 진한 황산, 비등석, 얼음, 시험관 (지름 16 mm와 20 mm), 기체유도관, 스탠드, 비커

## □ 실험 방법

1. 에틸알코올 5 mL에 진한 황산 5 mL를 살며시 가해서 만든 혼합액을 지름 16 mm의 시험관에 넣는다 (비등석을 첨가해 둔다).
2. 1의 시험관을 지름 3 cm의 시험관에 삽입한 다음 화장지로 감아 떨어지지 않도록 한다.

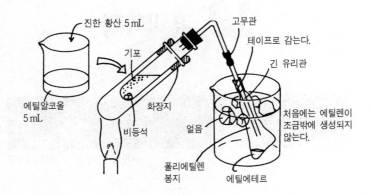

3. 폴리에틸렌 봉지의 밑바닥까지 이르는 유리관에 폴리에틸렌 봉지를 감아 셀로판 테이프로 묶고, 유리관 끝에 고무관을 장착하고 그것을 기체유도관에 연결한다.

4. 폴리에틸렌 봉지를 얼음물에 담그고 시험관을 은근하게 가열하면 에틸알코올 2분자가 탈수 결합하여 곧 폴리에틸렌 봉지에 고인다 (130℃에서의 반응이라 기재되어 있다).

$$
\underset{\text{에틸알코올}}{\overset{\text{H H}}{\underset{\text{H H}}{\text{H}-\text{C}-\text{C}-}}\text{O}-\text{H}} + \overset{\text{H H}}{\underset{\text{H H}}{\text{H}-\text{O}-\text{C}-\text{C}-\text{H}}} \xrightarrow[\text{탈수}]{\text{H}_2\text{SO}_4} \underset{\text{에틸에테르}}{\overset{\text{H H} \quad \text{H H}}{\underset{\text{H H} \quad \text{H H}}{\text{H}-\text{C}-\text{C}-\text{O}-\text{C}-\text{C}-\text{H}}}} + \text{H}_2\text{O}
$$

5. 알코올이 어느 정도 노란 빛을 띠기 시작하면 불에서 내려, 폴리에틸렌 봉지를 바꾸어 강하게 가열하면 폴리에틸렌 봉지에 기체가 고인다. 이것이 에틸렌이다 (160℃에서의 반응이라 기재되어 있다).

$$
\overset{\text{H H}}{\underset{\text{H O}-\text{H}}{\text{H}-\text{C}-\text{C}-\text{H}}} \xrightarrow[\text{탈수}]{\text{H2SO4}} \underset{\text{에틸렌}}{\overset{\text{H}}{\underset{\text{H}}{\text{C}}}=\overset{\text{H}}{\underset{\text{H}}{\text{C}}}}
$$

## ☐ **해설**

에틸렌, 에틸에테르 모두 에틸알코올의 탈수로 생성되지만 합성온도가 다르다. 그림과 같이 2중관으로 함으로써 온도 조정이 용이하다. 에틸렌을 포집하는 봉지에 수산화나트륨 용액을 넣어 두는 이유는 부산물로 형성되는 이산화황 (브롬수를 탈색한다)을 배제하기 위해서이다. 에테르를 시험관에 넣어 뜨거운 물에 담그면 끓고, 그 증기에 점화하면 밝은 불꽃이 인다. 에틸렌은 브롬수를 통과시키면 탈색하는 것으로 확인할 수 있다. 이 방법은 에틸알코올에서 에틸에테르와 에틸렌을 동시에 합성할 수 있는 간편한 방법이다. 다만 에테르 증기가 폴리에틸렌 봉지를 통해 새어나와 좀 구린내가 나는 것과 인화에 조심해야 하는 난점이 있다.

## 아세트산을 태운다

### □ 실험 개요

아세트산도 유기화합물이므로 본질적으로는 가용성 물질이다. 그러나 아세트산이 연소한다는 것은 좀처럼 상상할 수 없다. '유기화합물은 연소한다'는 전제하에서 언뜻 보아 연소할 것 같지 않은 아세트산과 글리세린을 연소토록 하여 학생들의 유기화합물관을 형성하는 데 있어 하나의 도움이 되도록 한다.

### □ 준비물

아세트산, 글리세린, 시험관, 큰 스푼, 버너

### □ 실험 방법

시험관에 3 mL 의 아세트산을 넣고 가열한다. 아세트산 증기가 시험관 입구에서 넘칠 때 점화하면 연소한다. 푸른 불꽃이 밑으로 드리우면서 연소한다 (대형 스푼에 아세트산을 담아 가열하여 연소시켜도 된다).

푸른 불꽃이 드리워 진다.

푸른 불꽃

흰 연기

## □ 해설

아세트산이 끓어 생긴 증기가 시험관 입구에 이르렀을 때 점화한다. 아세트산의 증기는 공기보다 무겁기 때문에 푸른 불꽃이 밑으로 드리우면서 연소한다. 아세트산은 에틸알코올에서 보면 2단계까지 산화되어 있다. 이른바 알코올이 절반 연소하고 남은 것 같은 화합물이다. 에틸알코올의 연소 양상과 대비하여 실험하면 좋다. 한편, 글리세린은 메틸알코올의 3중 연소 같은 화합물이다. OH기가 3개가 있고 그러므로 점성이 매우 높다. 또한 물에 용해하기 쉽다(흡습성이 크므로 화장품에 많이 사용된다). 이런 점에서 연소하기 어렵고, 또한 연소한다 해도 붉은 불꽃이 나는 느낌이 있으나 가열하여 연소시키면 메탄올과 매우 비슷하게 연소한다(밀납과 비교하면 좋다).

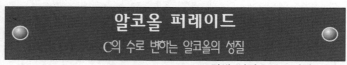

# 알코올 퍼레이드
## C의 수로 변하는 알코올의 성질

학생 실험 ▌ 소요시간 : 60분

## □ 실험 개요

알코올류는 잘 알려진 메틸알코올, 에틸알코올 이외에도 많은 종류가 있다. 여기서는 그 중에서 $C_1 \sim C_4$의 알코올을 비교하여 알코올의 공통성과 C의 수 차이에 따른 성질의 변화를 탐구한다. 여기서 실험하는 성질에는 점성·용해성·연소 상태 등이 있다.

## □ 준비물

메틸알코올, 에틸알코올, 프로필알코올, 부틸알코올, 세틸알코올, 등유, 시험관, 쥬스의 빈 캔

## □ 실험 방법

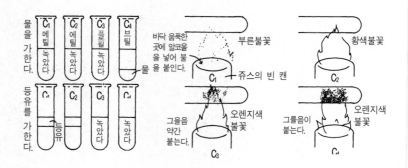

## □ 해설

알코올류는 분자 내에 수산기가 있다. 그러므로 물과 친화성이 있고 탄화수소기가 작은 동안에는 물에 녹지만, C가 증가하면 OH의 힘이 미치지 않고 유용성으로 변한다. 그에 수반하여 C의 함유율이 증가하므로 연소하면 그을음이 생기기 쉽다. $C_{16}$의 알코올은 알코올이기는 하지만 마치 밀납 같은 외관을 하고 있다. OH기가 있다는 공통점을 강조하면서, 한편으로는 탄화수소 사슬이 길어질수록 유기화합물로서의 공통성이 뚜렷해진다.

부탄올
유기전자론에 대한 이해

학생 실험 ▍ 소요시간 : 60분

## □ 실험 개요

동일한 분자식을 가진 부탄올과 에틸에테르의 물성 차이를 실험으로 확인하고, 구조상 그 이유를 고찰하게 한다. 또한 부탄올 3종의 구조이성질체에 대해서, 그 구조상의 성질 차이(수용성, 나트륨과의 반응)를 확인한다.

## □ 준비물

에틸에테르, 1-부탄올, 2-부탄올, 2-메틸-2-프로판올, 금속나트륨, 아세트산, 모노클로로아세트산, 디클로로아세트산, 트리클로로 아세트산, p-니트로아닐린, 메탄올, 갱지

## □ 실험 방법

[부틸알코올과 에틸에테르의 차이]

1. 시험관에 1-부탄올과 에틸에테르를 넣고 뜨거운 물에 담근다.
2. 시험관 입구에 성냥불을 가까이 하면 에틸에테르는 인화하여 불꽃을 내며 연소하지만 1-부탄올에는 인화하지 않는다(1-부탄올은 OH기의 수소결합으로 끓는점이 높으나[188℃], 에틸에테

성냥으로 인화시킨다.

뜨거운 물

에테르

부탄올

르에는 OH기가 없으므로 끓는점이 낮다 [34℃].

[부틸알코올의 이성질체]

1.  1-부탄올(관용명 노르말부틸알코올, n로 약기), 2-부탄올(관용명 세컨더리부틸알코올, s로 약기), 2-메틸-2-프로판올(관용명 터샬리부틸알코올, t로 약기)을 각각 시험관에 넣고 같은 양의 물을 가하여 잘 흔든다. 수용성은 n < s < t 로 된다.

2.  1-부탄올, 2-부탄올, 2-메틸-2-프로판올을 각각 시험관에 넣고, 쌀알크기의 금속나트륨을 넣어 반응을 본다. 반응성은 n>s>t로 된다.

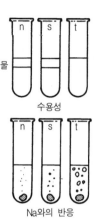

물

수용성

Na와의 반응

[아세트산의 산성을 비교한다.]

1.  아세트산, 모노클로로 아세트산, 디클로로 아세트산, 트리클로로 아세트산의 0.1 mol / L 용액을 준비한다.

2.  갱지에  p-니트로아닐린의 메탄올 용액 (1%)을 떨어뜨려 황색의 반점을 만든다. 여기에 상기한 산의 용액을 떨어뜨리면 산의 강도에 따라

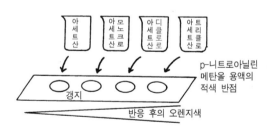

아세트산

아모세노크트로산

아디세클로트산로

아트세리클산로

p-니트로아닐린 메탄올 용액의 적색 반점

갱지

반응 후의 오렌지색

오렌지색으로 발색한다(결과는 아세트산 < 모노클로로 아세트산 < 디클로로 아세트산 < 트리클로로 아세트산 순으로 된다).

## □ 해설

1. 부탄올의 3종의 구조 이성질체는 다음과 같다.

$$CH_3 - CH_2 - CH_2 - CH_2 - OH \quad \text{(1-부탄올)}$$

$$CH_3 - CH_2 - \underset{\underset{OH}{|}}{CH} - CH_3 \qquad \text{(2-부탄올)}$$

$$CH_3 - \underset{\underset{OH}{|}}{\overset{\overset{CH_3}{|}}{C}} - CH_3 \qquad \text{(2-메틸-2-프로판올)}$$

2. 수용성은 탄소 주사슬이 짧을수록 커진다. 따라서 2-메틸-2-프로판올이 가장 큰 수용성을 나타낸다.

3. 나트륨과의 반응성은 O-H기의 산성(즉 O-H결합의 절단 용이성)이 커질수록 격심해진다. 그런데 OH기에 결합하는 C에 메틸기가 결합하면 O-H간의 공유전자 쌍을 H측으로 밀어내어 O-H가 절단되기 어렵게 된다. 이 결과 2-메틸-2프로판올이 가장 반응하기 어렵게 된다.

4. 반대로 O-H기가 결합하는 C에 O가 결합하거나 또는 $CH_3$기의 H가 Cl로 치환되거나 하면 O-H결합의 공유 전자쌍이 O쪽으로 쏠려 $H^+$가 절단되기 쉽게 된다. 즉 산성이 강해진다. 유기화합물의 반응이 전자쌍의 기울기로 설명할 수 있는 것을 간단히 배울 수 있다.

$$H - \underset{\underset{H}{\|}}{\overset{\overset{H}{|}}{C}} - \overset{\|}{\underset{O}{C}} - \overset{\leftarrow}{O} : H \qquad Cl - \underset{\underset{Cl}{|}}{\overset{\overset{Cl}{|}}{C}} - \overset{\|}{\underset{O}{C}} - \overset{\Leftarrow}{O} : H$$

           약한 산성                          강한 산성

구조식에 도전
작용기를 정하여 포도당의 구조식을 만든다

학생 실험 ∎ 소요시간 : 60분

## □ 실험 개요

포도당을 나눠주고 분자식이 $C_6H_{12}O_6$인 점, C가 곧은 사슬 모양으로 이어지는 점, 동일 작용기가 같은 C에 1개 이상 연결되지 않는 점을 조건으로 하여, 실험에 의해 작용기를 발견토록 하여 구조식에 도전하게 한다.

## □ 준비물

포도당, 은경반응용 시약, 페엘링 용액, 리트머스지, 뜨거운 물(70℃), 비커, 시험관(깨끗하게 씻은 것)

## □ 실험 방법

(A) OH기 ······ 물에 용해 여부, 포도당은 물에 잘 용해되므로 OH기가 존재한다.

(B) CHO기 ··· 은경반응 시약(암모니아성 질산은 용액 : 0.1 mol / L 질산은 용액에 2 mol / L 의 암모니아수를 떨어뜨려, 처음에 생긴 갈색 침전이 바로 사라지도록 한 것)을 70℃로 가온, 시험관 벽에 은경이 생긴다. 포도당에는 CHO기가 존재한다.

(C) COOH기·· 포도당의 수용액은 리트머스지를 변색하지 않는다. 즉 산성을 나타내지 않는다. COOH기는 존재하지 않는다.

이상을 총괄하여 $H - C - C - C - C - C - C = O$를 만든다 (반별로 경쟁시키면 좋다).

(위 구조식: H H H H H H 가 위쪽, O O O O O 가 아래쪽, 그 아래 H H H H H H)

## □ 발전

당류의 사슬모양식까지는 실험으로 할 수 있으나, 고리모양식을 작성하는 것은 고교실험실에서는 무리이다.

1. CHO를 위로 식을 수립하여 적는다. OH는 바라보아 우측에 적고, 위에서부터 1, 2, 3 같이 C에 번호를 붙인다.
2. $C_3$에 결합된 OH를 좌측으로 옮긴다.
3. $C_5$의 OH를 $C_1$으로 올려, O의 이중결합의 1개를 C5로 내린다.
4. 고리모양의 골격의 $C_5$와 $C_1$을 O로 연결한다. 우측을 향한 OH를 하향으로, 좌측을 향한 OH를 상향으로 적으면 고리 모양식이 된다.

## □ 과당과 자당

과당은 포도당의 이성질쌍 $C_2$ 와 $C_5$가 연결된다. 이것을 그림과 같이 두꺼운 종이로 나타낸다. 위로 향한 OH를 종이조각으로 나타낸다.

이것을 포도당의 6각 모델과 $C_1 - C_2$로 연결되면 자당의 모델이 된다. 이때 과당의 모델은 뒤집혀져 있다.

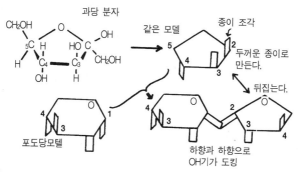

□ **해설**

실험, 추론, 드라이라보 모델의 혼합으로 복잡하고 이해하기 어려운 당의 구조를 알 수 있게 된다. 또한 유기화학의 연구에 구조결정이 중요한 의미가 있다는 것을 알게 된다.

# 약을 만들자 ( I )
## 살리실산의 반응

학생 실험 ┃ 소요시간 : 50분

## □ 실험 개요

살리실산(salicylic acid)과 메탄올에서 살리실산메틸(물보다 무거운 유상의 액체로, 살로메틸의 자극적인 냄새가 난다)이, 살리실산과 무수 아세트산에서 아세틸 살리실산(백색의 아름다운 침상 결정으로, 해열 제로 사용된다)이 생긴다.

## □ 준비물

살리실산(2 g, 1 g), 메탄올(8 mL), 진한 황산(2 mL, 5방울), 무수 아세트산(2 mL), 탄산수소나트륨 포화수용액(50 mL, 예를 들어 밑에 수도꼭지가 달린 5 L 의 폴리에틸렌 탱크에 탄산수소나트륨 500 g 을 넣고, 물을 4.5 L 가하여 흔들어 혼합해 두면 7 글라스분이 된다.)

시험관(3), 시험관 꽂이, 비커(500 mL, 100 mL : 2), 스탠드, 클램프, 삼발이, 금망, 비등석, 피펫(10 mL, 2 mL : 2), 고무마개, 유리관, 고무 관, 가스버너, 성냥, 약숟가락, 유리막대, 깔때기, 여과지, 디지털 천평, 얼음

## 주의 사항

진한 황산을 피부나 의복, 책상 위에 떨어뜨리지 말 것.

## □ 실험 방법

[살리실산메틸의 합성]

1. 살리실산을 2 g 계량하여 시
   험관에 넣고 메탄올을 8 mL
   가하여 흔들어 혼합한다.
2. 진한 황산을 2 mL 가하여
   흔들어 혼합한다.
3. 비등석을 몇 알 넣어 그림
   과 같이 가열하여 끓인다.
4. 10~15분간 끓이면 메탄올
   이 증류되어 제외되고, 반응액의 양이 처음의 절반정도가 되어 희
   게 탁해진다. 다시 약 1분간 끓인 후 가열을 멈추고 냉각하면 유상
   의 물질이 분리되어 떠오른다.
5. 비커에 탄산수소나트륨의 포화수용액을 50 mL 넣고, 이 속에 반응
   액을 붓는다. 미반응의 살리실산과 탄화수소나트륨이 반응하여 이산
   화탄소가 발생한다. 분리하여 바닥에 가라앉는 기름방울이 살리실산
   메틸이다. 분간하기 어려우면 위의 맑은 액을 살짝 버리고 새롭게
   물을 넣으면 된다.

[아세틸살리실산의 합성]

1. 살리실산을 1 g 계량하여 시험관에 넣는다.
2. 무수 아세트산을 2 mL 가하여 흔들어 혼합한다(살리실산은 용해되
   지 않는 상태 그대로이다).
3. 진한 황산을 다섯 방울 가하여(시험관 벽을 따라 흐르게 하지 않고
   확실하게 반응액에 떨어뜨린다) 흔들어 혼합한다. 살리실산이 용해
   하여 반응액이 무색투명하게 되면 즉시 비커에 붓는다.
4. 결정이 석출되기 시작하면 물을 20 mL 가해서 가열 교반하여 결정

을 일단 용해시킨 후에 냉각시킨다.

5. 다시 결정이 생기면 다시 얼음물로 잠시 냉각한 후에 여과한다.

## □ 해설

살리실산메틸은 살리실산의 카르복시기와 메탄올 간의 에스테르화 반응에 의해 생기며,

아세틸살리실산은 살리실산의 히드록실기가 우수 아세트산에 의해 아세틸화되어 생긴다.

## 약을 만들자 (Ⅱ)
아세트아닐리드의 합성

학생 실험 ▌ 소요시간 : 50분

## □ 실험 개요

아닐린과 무수 아세트산에서 아세트아닐리드(무색의 아름다운 판상 결정으로, 예전에는 해열제로 사용하였다)이 생긴다. 사용한 아닐린에 대해서 몇 %의 아세트아닐리드가 생겼는가를 알아본다.

## □ 준비물

아닐린(1 mL), 무수 아세트산(1.5 mL), 시험관(2), 작은 병(시험관을 세우는 대로 사용한다), 시험관 꽂이, 피펫(2 mL : 2), 고무마개, 비커 (100 mL, 300 mL), 유리막대, 가스버너, 금망, 성냥, 흡인병, 뉴체, 여과 지, 약숟가락, 디지털 천평, 얼음, 증류수

## □ 실험 방법

1. 천평에 작은 병을 놓고 건조한 시험관을 세우고, 표지를 제로로 한다.
2. 이 시험관에 아닐린을 1 mL 가하여 질량을 0.01 g 자리까지 측정한다.
3. 별도의 시험관에 무수 아세트산을 1.5 mL 넣고, 증류수를 5 mL 정도 가하여 흔들어 혼합한 후, 신속하게 아닐린을 가한다.
4. 시험관에 고무마개를 하고 심하게 흔들어 혼합한다.
5. 반응 혼합물을 100 mL 비커에 넣는다. 시험관에는 증류수를 넣어

헹구어 반응물을 가급적 흘려버린다.

6. 비커에 증류수를 가하여 액량을 40 mL 정도로 한 후에 가열 교반하여 반응물을 일단 용해시킨다.

7. 용액을 냉각하여 아세트아닐리드의 결정이 생기면 다시 얼음물로 잠시 냉각한다.

8. 결정을 흡인 여과한다. 소량의 물로 씻은 후 결정을 누르며 물을 흡수한다.

9. 결정을 집어내어 여과지에 싸서 다시 수분을 흡수한다.

10. 획득한 결정의 질량을 0.01 g 의 단위까지 측정한다.

11. 이론상 획득할 수 있는 아세트 아닐리드의 질량에 대한, 실제로 획득된 질량의 비율 (%, 이것을 수율이라 한다)을 구한다.

## □ 해설

아닐린을 무수 아세트산에 의해 아세틸화하면 아세트 아닐리드가 생긴다.

여기서는 무수아세트산을 과잉 사용하고 있으므로 반응이 완전하다면 아닐린과 동일 몰의 아세트 아닐리드가 생성된다. 시험관에 계량하여 넣은 아닐린의 질량을 ag라 하면, 아닐린의 분자량이 93, 아세트아닐리드의 분자량이 135이므로 이론상 획득되는 아세트 아닐리드의 질량은

$$\frac{a}{93} \times 135 \text{ g}$$

이다. 따라서 실제로 획득된 아세트아닐리드의 질량이 bg였다면 그 수

율은

$$\frac{b}{\dfrac{a}{93} \times 135} \times 100 = \frac{93 \times 100\,b}{135\,a}\ \%$$

로 표시된다.

여기서 실시하는 간단한 실험방법의 경우, 수율의 대소는 주로 재결정과 실험조작시의 손실을 여하히 작게 하는가에 달려있다. 하나 하나의 조작이 빈틈없이 이루어졌다면 70%는 된다.

## 아세틸살리실산과 해열제
방향족 카르복시산, 재결정

학생 실험 ▌소요시간 : 20분

## □ 실험 개요
해열제를 용해한 용액에서 백색의 침상 결정을 석출한다.

## □ 준비물
바파린 1정, 아세트산에틸, 헥산, 6 mol / L 염산, 0.1 mol / L 수산화나트륨 수용액, 1% 염화철(Ⅲ) 수용액, 300 mL 비커, 시험관 5개, 여과지, 흡인 여과장치, 귀이개, 피펫 2개(1개는 끝이 굵은 것)

### 주의 사항
아세트산에틸, 헥산 등의 유기용매는 인화성이 있으므로 불에 직접 가열하지 말 것.

## □ 실험 방법
1. 시험관에 바파린의 정제 1개를 넣고 아세트산에틸 2 mL 를 가한다.
2. 비커에 넣은 65~70℃의 물로 정제와 아세트산에틸이 들어있는 시험관을 가열한다. 정제에 표지된 B의 마크가 없는 쪽 절반이 용해된다 (a).
3. 2.의 용액을 피펫으로 취하여 여과한다 (b).
4. 헥산 2 mL 를 가하여 5~10분 방치하면 백색의 침상 결정이 생긴다.

5. 입구가 큰 피펫으로 결정을 용해시키는 동시에 **흡수하여 흡인 여과**하여 결정을 획득한다 (C). 결정 표면에 묻어있는 더러워진 용액을 제거하기 위해 흡인을 계속하면서 소량의 아세트산 에틸을 뿌리면 된다. 약 40 mg 의 결정이 획득된다.

a. 바퍼린 용액    b. 소량의 용액 여과    c. 입구가 큰 피펫(왼쪽)과
보통 피펫(오른쪽)

6. 2개의 시험관에 1% 염화철(Ⅲ) 수용액을 2 mL 씩 넣고, 한쪽에는 살리실산, 다른 한쪽에는 5에서 획득한 백색 결정을 귀이개 끝으로 소량을 떠서 가한다. 살리실산만이 적자색으로 발색한다.

7. 5에서 획득한 결정의 나머지를 시험관에 넣고 0.1 mol / L 수산화나트륨 수용액 0.5 mL 를 가하여 용해시킨다.

8. 7의 시험관에 6 mol / L 염산 1~2 방울을 가하여 잠시 놓아두면 다시 백색 결정이 석출된다.

## □ 해설

식물의 수지 등은 고대로부터 통증과 통풍 등의 치료에 사용되어 왔다.

19세기에 들어서 식물의 유효성분 추출이 시도되어, 장미과 조밥나무 속의 식물에서 살리실산이 분리되었다.

살리실산은 해열·진통제로 널리 사용되고 있으나 사람에 따라서는 구토 등의 부작용 있었으므로 연구자들은 부작용을 고려해야 할 필요를 절감하게 되었다.

아세틸살리실산 (아스피린)은 이러한 필요성에 따라 개발된 유도체의 일종이며, 살리실산에 비해 부작용이 적은 관계로 해열진통제로 널리 사용하게 되었다.

바파린은 절반이 아세틸살리실산이며 아스피린정에 비해 용해되기 쉬우므로 이 실험에 가장 적합하다.

여기서는 획득된 백색 결정에 페놀성의 히드록시기가 없고 (조작 6), 카르복시기가 있는 (조작 7, 8) 것을 확인하고 있는데 불과하나 박층 크로마트그래피를 사용하면 순수한 아세틸 살리실산과 비교할 수 있다.

## 설탕의 선광능

학생 실험 ▎ 소요시간 : 20분

### □ 실험 개요

설탕물을 2매의 편광판에 끼워 백열전구를 관찰하면 색깔을 띠어 보인다.

### □ 준비물

설탕, 200 mL 비커, 백열전구, 편광판 (2매), 삼각

### □ 실험 방법

1. 1 mol/L의 자당 용액 200 mL 를 준비한다.

2. 그림 1과 같은 장치를 조립하여 1 의 용액을 200 mL 비커에 넣는다.

3. 한쪽 편광판을 회전시키면서 백열 전구를 관찰한다.

4. 2와 3의 조작을 증류수와 식염수 등으로도 시도해 본다.

   참고 조제한 용액은 냉장고에 보 관해 두면 반복하여 사용할 수 있다. 그러나 교육적으로는 학생 들이 평소에 먹고 있는 설탕을 직접 녹인 것으로 실험하는 것이 효과적이다.

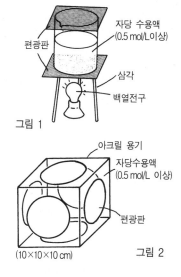

그림 1

그림 2

## □ 발전

1. 글루탐산나트륨 등 주변 가까이에 있는 다른 물질로도 시도해 본다.
2. 프로젝터와 확대경(지름 약 10 cm)을 사용하면 스크린상에 투영하여 관찰할 수 있다.
3. 그림 2와 같은 선광분산 관찰기를 만들면 밝은 방향을 향해 기구를 비추어 보기만 해도 세 가지 색깔이 나타난다.
4. $d$-체와 L-체를 각각 별도의 용기에 준비해 두면 광학불활성의 상태를 형성할 수가 있으며 간단히 '광학분할' 할 수 있다.

## □ 해설

A. 어떠한 물질이 광학적으로 활성인가?

기본적으로는 어떤 물질을 거울에 비쳤을 때 생기는 상(경상체)이 실물과 동일한 공간적 배치를 취할 수 없으면 실물과 경상체도 광학적으로 활성이다.

참고 수학적으로는 Sn 대칭이 존재하지 않는 물질이다.

B. 빛이 광학 활성인 물질에 쬐었을 때 무엇이 일어나고 있을까?

광학 활성인 물질이 그 빛의 진동방향을 변화시키고 있다.

C. 왜 여러 가지 색깔을 관찰할 수 있을까?

파장이 다른 빛이 같은 거리를 진행하였을 때 파장에 따라 각 빛의 진동방향에 엇갈림이 생긴다. 즉 편광면의 회전각이 파장에 따라 다르다.

위의 설명으로 만족할 수 없으면 다음 문헌을 참고하기 바란다.

R. P. Feynmann 외 '페인만 물리학 Ⅱ'

난잡하게 분자운동하고 있어야 할 분자에 왜 편광면이란 방향성이 있는 성질이 관계하는가를 알고자 하면 다음 문헌이 적합하다고 여겨진다.

A. Sommerfeed '이론물리학강좌'

## 플라스틱의 식별
간단한 조작으로 플라스틱을 구분한다

교사 실험 ▌ 소요시간 : 25분

## □ 실험 개요

우리 나라에서 사용량이 많은 플라스틱의 1위와 2위가 폴리에틸렌과 폴리스티렌이다. 이것은 우리들의 생활 주변에 매우 많이 존재하지만 이것을 식별할 수 있는 사람은 많지 않다. 플라스틱을 성질의 차이에 따라 식별하고, 주변에 있는 플라스틱에 흥미와 관심을 갖게 하는 것이 이 실험이다.

## □ 준비물

폴리에틸렌(PE), 폴리스티렌(PS)의 펠렛(또는 판상의 작은 조각), 발포 폴리스티렌 조각(발포스틸롤 조각), 아세톤, 물, 나무망치, 비커, 피펫, 핀셋, 유리막대, 가스버너

### 주의 사항

연소방법의 차이를 알아보는 조작에서, 용해된 폴리에틸렌을 직접 만지면 피부에 붙어 떨어지지 않아 뜻밖의 화상을 입는 경우가 있다.

## □ 실험 방법

1. 물리적 강도실험

폴리에틸렌과 폴리스티렌의 펠렛을 나무망치로 두드린다.

PE … 변형하지만 깨지지 않는다(유연하고 질기다).

PS … 부서진다(딱딱하고 약하다).

2. 밀도실험

폴리에틸렌과 폴리스티렌의 펠렛을 비커의 물 속에 넣는다. 표면장력으로 뜨는 경우가 있으므로 펠렛을 넣으면 유리막대로 잘 혼합한다.

PE … 물에 뜬다($0.91 \sim 0.97$ g / cm³).

PS … 물에 가라앉는다($1.05 \sim 1.06$ g / cm³).

3. 유기용매 실험

폴리에틸렌과 폴리스티렌의 펠렛 및 발포 스티롤(폴리스티렌이 발포된 것)에 아세톤을 피펫으로 떨어뜨린다.

PE … 거의 변화하지 않는다(화학적으로 안정).

PS … 녹는다(발포스티롤은 곧 녹는다).

4. 연소방법 실험

폴리에틸렌과 폴리스티렌의 펠렛을 핀셋으로 집어 가스버너의 불꽃으로 연소시킨다.

PE … 바로 연소한다. 그을음은 거의 생기지 않는다. 또 용해된 투명한 액을 뚝뚝 떨어뜨리면서 연소한다.

PS … 쉽게 연소되지 않는다. 연소하기 시작하면 상당한 양의 그을음이 생긴다.

## □ 발전

뜨거운 물에 부드러워지는가의 여부로 플라스틱을 식별할 수도 있다. 또한 이밖의 식별조작을 생각해서 실험해 보는 것도 좋다. 위의 실험조작을 참고로 폴리프로피렌과 폴리염화비닐 등, 여러 가지 플라스틱으로 실험하여 생활주변의 플라스틱을 식별하여 보자.

## □ 해설

플라스틱에는 여러 가지 종류가 있으며, 그것이 어떤 물질로 되어 있는가를 식별하기란 어렵다. 그러므로 우선 플라스틱의 종류가 명확한 펠렛이나 그 판조각으로 실험을 하고, 그 관찰 결과로 생활 주변의 플라스틱을 식별하는 방법을 익히는 것이 좋다. 두드린다. 물에 넣는다. 연소시킨다. 등이 기본적인 식별 조작이다. 최근에는 열가소성 플라스틱에 대한 **SPI** 코드에 의한 재활용 표지(아래그림)가 보급되고 있으므로 발포 폴리스티렌 이외의 것이라도 그 표지를 보면 구별이 가능하다.

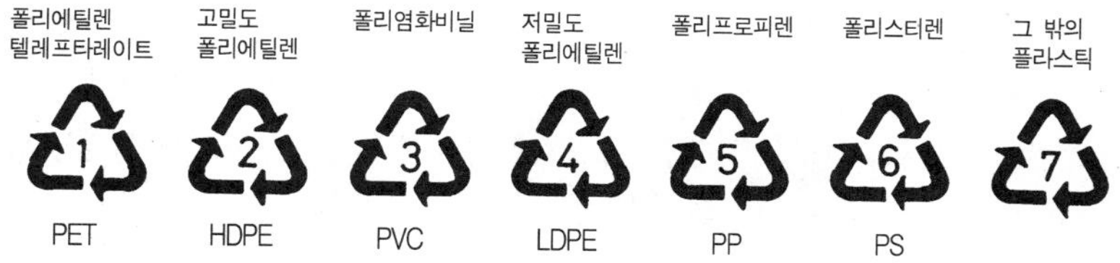

| 폴리에틸렌<br>텔레프타레이트 | 고밀도<br>폴리에틸렌 | 폴리염화비닐 | 저밀도<br>폴리에틸렌 | 폴리프로피렌 | 폴리스티렌 | 그 밖의<br>플라스틱 |
|---|---|---|---|---|---|---|
| ♳ 1 | ♴ 2 | ♵ 3 | ♶ 4 | ♷ 5 | ♸ 6 | ♹ 7 |
| PET | HDPE | PVC | LDPE | PP | PS | |

# 요소 수지

**새로운 합성방법으로 단시간에 요소수지를 만든다**

교사 실험 · 학생 실습 ▎소요시간 : 30분

## □ 실험 개요

요소수지는 무색 투명하며, 틀에 넣어 원하는 형태로 성형할 수 있을 뿐만 아니라 쉽게 착색할 수도 있다. 여기서는 새로운 합성법으로 단시간에 요소수지를 만들어 본다.

## □ 준비물

포르말린(20 mL), 요소 (5 g), 아세트산암모늄 (1.5 g), 비등석, 착색제 (미틸렌블루, 마라카이드그린, 로다민 등), 내열시험관 (지름 25 mm), 회수용 시험관, 100 mL 비커, 삼각 플라스크, 내열 면장갑, 실리콘의 고무마개와 튜브, 유리막대, 시험관 집게, 알루미늄 케이스

### 주의 사항

포르말린 증기는 유독하므로 소량으로도 눈과 목을 상하게 한다. 그러므로 드래프트 안에서 실험하는 것이 바람직하다. 학생실험 때에는 실험실의 창문을 열어 통풍이 잘 되게 하는 동시에, 시험관 안의 잔류 포르말린도 바로 씻어 버린다. 반응 종료 후 유도관 안에 요소수지가 생성되어 유도관이 막히는 경우가 있다. 막히면 매우 위험하다. 실험할 때마다 반드시 손으로 만져 막혔는지를 알아본다.

## □ 실험 방법

1. 100 mL 비커에 포르말린 20 mL 를 넣고 여기에 요소 5 g 과 아세트산암모늄 1.50 g 을 가하여 교반 혼합한다.

2. 다시 극히 미량의 착색제를 가하여 혼합한다.

3. 조작 2의 혼합액을 시험관(지름 25 mm)에 넣은 후 2, 3개의 비등석을 넣는다.

4. 그림과 같은 장치를 설치하여 시험관을 시험관 집게로 잡아 지지한다. 이때, 양손에 내열 면 장갑을 낀다. 회수용 시험관은 알루미늄 호일로 뚜껑을 하고, 그것에 유리관을 박아 놓는다. 이때 유리관을 클립 등으로 잡

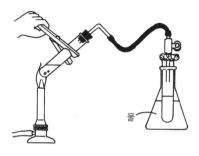

아 위에 놓고 밑의 액이 묻지 않도록 하면 역류를 방지할 수 있다.

5. 가스버너의 불꽃을 작고 약하게 하여 시험관을 가열한다. 이때 시험관을 약간 경사지게 하여 잡는다.

6. 2분 정도 있으면 지워지지 않는 거품이 생긴다. 또한 상당한 양의 포르말린이 회수용 시험관에 증류되어 괴인다.

7. 다시 지워지지 않는 거품이 시험관 안에서 활모양으로 되어, 용액의 7할 정도를 점하여, 반응액이 끈끈해지면 즉시 포르말린 회수용 시험관에서 유도관을 빼고, 다음에 고무마개를 제거한 다음 즉시 시험관의 내용물을 알루미늄 케이스 속에 부어 넣는다. 이 동안의 조작을 10초 이내에 한다. 시간이 걸리면 시험관 안에서 요소수지가 굳어진다. 반대로 반응액의 점도가 불충분하면 합성반응이 진행하지 않고, 틀에 요소수지를 흘려 넣어도 굳어지지 않는다. 흘려 넣는 타이밍이 이 실험의 가장 중요한 관건이다.

8. 5분 정도 놓아둔 후에 알루미늄 케이스에서 요소수지를 집어낸다.

## □ 해설

요소수지는 요소와 포르말린의 혼합물에 촉매로 암모니아수를 가하여 15분 정도 가열한 후에 항온기에서 1시간 성숙시켜 만든다. 황산 등의 산 촉매를 사용하면 바로 경화하여 불투명한 흰 수지상의 것이 형성된다. 이 실험에서와 같이 아세트산 암모늄을 촉매로 사용하면 단시간에 투명한 요소수지를 만들 수 있다. 아세트산 암모늄을 촉매로 사용하는 것은 다음과 같이 생각하여 발견하였다. 암모니아수를 촉매로 사용하면 투명한 수지는 만들어지지만 시간이 너무 걸린다. 그러므로 반응을 촉진하기 위해 약산 (아세트산)을 가하면 어떨까 하는 생각에서 촉매로 암모니아수와 아세트산을 사용한 결과 멋지게 단시간에 투명한 수지가 합성되었다. 그후 처음부터 아세트산암모늄의 염을 촉매로 사용하여도 같은 결과라는 것을 알게 되었다.

## 나일론 6, 10의 계면중합
### 모든 학생이 실험하도록 하자

학생 실습 ▌ 소요시간 : 20분

□ **실험 개요**

나일론 6, 10의 계면중합을 학생 각자에게 실험하게 한다.

□ **준비물**

- 약품 : 염화세바코일(세바실산 염화물) 2 mL를 1, 1, 1-트리클로로에
  탄(사염화탄소 또는 헥산이라도 가능하다) 5 mL에 용해하여
  A액으로 한다. 헥사메틸렌디아민(시약병마다 더운 물에 데워
  용해시켜 사용한다) 4 mL를 물 50 mL에 용해하여 B액으로
  한다. A액, B액 모두 이 정도면 50인분이다.
- 지구 : 학생 1인당 샘플병 1개(지름 18 mm, 높이 40 mm정도, 크기
  는 다소 차이가 나도 무방하다), 나일론을 감아내기 위한 시
  험관 1개, 한 반당 A액과 B액을 인원 수 만큼(4인이면 4 mL
  + $a$) 넣은 시험관, 3 mL 피펫 2개(A액용과 B액용), 핀셋 1개

□ **폐기물 처리**

시험관에 감아 올린 나일론은 플라스틱이므로 플라스틱제품 회수통
에 버리도록 한다. 또 샘플병에 남아 있는 액은 흔들어 혼합하여 굳어
진 후에 역시 플라스틱제품 회수통에 버리도록 한다.

## □ 실험 방법

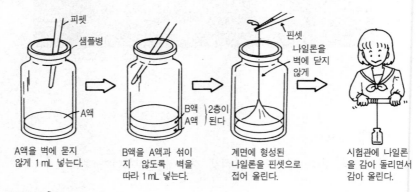

피펫
샘플병

A액

A액을 벽에 묻지
않게 1 mL 넣는다.

B액
A액 } 2층이
된다

B액을 A액과 섞이
지 않도록 벽을
따라 1 mL 넣는다.

핀셋
나일론을
벽에 닿지
않게

계면에 형성된
나일론을 핀셋으로
접어 올린다.

시험관에 나일론
을 감아 돌리면서
감아 올린다.

## □ 해설

고분자 화합물(폴리머)은 분자량이 작은 화합물(모노머)을 다수 결합하여(중합하여) 만든다. 여기서는 축합반응을 반복하면서 중합을 일으켜 나일론을 만들고 있다. 반응식은 다음과 같다.

$$n \left[ \begin{array}{c} H \!-\! N \!-\! (CH_2)_6 \!-\! N \!-\! H \\ | \qquad\qquad\qquad | \\ H \qquad\qquad\qquad H \end{array} + \begin{array}{c} Cl \!-\! C \!-\! (CH_2)_6 \!-\! C \!-\! Cl \\ \| \qquad\qquad\qquad \| \\ O \qquad\qquad\qquad O \end{array} \right]$$

$$\longrightarrow \quad H \!\left[ \begin{array}{c} N \!-\! (CH_2)_6 \!-\! N \!-\! C \!-\! (CH_2)_6 \!-\! C \\ | \qquad\qquad\quad | \quad \| \qquad\qquad\qquad \| \\ H \qquad\qquad\quad H \;\; O \qquad\qquad\qquad O \end{array} \right]_n \!\! Cl \quad + \quad (n\text{-}1)\ HCl$$

서로 섞이지 않는 두 액의 경계면에서 중합이 일어나므로 이 중합 방법을 계면중합이라 한다. 이 실험은 교과서에도 실려있으나 여기서는 시약의 양을 극단적으로 적게 하여 학생 한 사람 한 사람이 이 실험을 할 수 있도록 하였다. 수업을 하고 있는 동안, 모든 학생들이 열심히 나일론을 감아 올린다.

계면이 작으므로 생성되는 나일론도 가늘고, 이 시약의 양으로도 충분한 길이의 나일론이 획득된다. 염화세바코일의 용액으로서는 사염화탄소가 일반적이지만 안전성을 고려하여 1, 1, 1-트리클로로에탄을 사용하고 있다. 그러나 이것도 안전하다고는 단언할 수 없다.

# 구리 암모니아 레이온
## 섬유와 필름을 만든다

학생 실습 **|** 소요시간 : 40분

## □ 실험 개요

학교에서 실험으로 제작되는 섬유로는 나일론 66과 구리 암모니아 레이온이 있다. 암모니아 냄새만 참을 수 있다면 이 구리 암모니아 레이온은 손쉽게 만들 수 있다. 청색의 액을 묽은 황산 속에 부으면 순식간에 백색으로 변화하며, 레이온 섬유나 필름을 만들 수 있다.

## □ 준비물

황산구리(Ⅱ), 암모니아수, 여과지, 황산, 깔때기, 비커, 주시기(없어도 무방하다), 시험관

### 주의 사항

- 수산화구리를 조제할 때 암모니아수를 과다하게 넣으면 착이온이 생겨 획득할 수 있는 수산화구리가 적어진다. 그러므로 어느 정도의 수산화구리가 생성되었을 때 여과하고, 여과액에 다시 암모니아수를 가하여 다시 생성된 수산화구리를 여과하도록 한다.

    또 암모니아수를 붓자 곧바로 액이 진한 청색으로 된다면 이 액은 사용하지 않는 것이 좋다. 이와 같은 이유에서 처음에 황산구리(Ⅱ) 수용액을 만들 때는 황산구리(Ⅱ)를 어느 정도 다량으로 넣는 것이 좋을 것 같다.

- 진한 암모니아를 가할 때에는 환기에 크게 신경 써야 한다. 드래프트 챔버를 사용하는 것이 가장 좋으나 사용할 수 없는 경우에는 창가에서 선풍기를 돌리며 실험하는 것이 좋다.

> • 탈지면을 용해시킬 때는 랩으로 비커의 입구를 덮거나 비닐 봉지 속에 넣어 실험테이블 위에서 할 수 있다. 랩으로 덮는 것만으로도 냄새를 크게 감소시킬 수 있다.

## □ 실험 방법

[수산화구리의 조제]

1. 황산구리(Ⅱ) 1 g 을 물 30 mL에 녹인다.
2. 이것에 약 5% 정도의 암모니아수를 조금씩 가하여 수산화구리를 침전시킨다.
3. 수산화구리를 여과하여 집어낸다.
4. 여과하여 생긴 수산화구리를 여과지에 끼워 가급적 수분을 제거한다.

[슈워이처액의 조제]

1. 여과지에 모은 수산화구리를 약숟가락으로 긁어내어 비커에 넣는다.
2. 수산화구리 1 g당 진한 암모니아수를 4 mL 가하여 수산화구리를 녹인다.

[방사액의 조제]

슈워이처액에 탈지면 0.1 g 정도를 조금씩 가하여 유리 막대로 혼합하면서 탈지면을 용해시킨다.

[셀룰로오스의 재생]

20% 묽은 황산 속에 주사기로 압출하면서 감아낸다. 또한 추가실험으로, 시험관 둘레에 방사액을 엷게 바르고 묽은 황산에 넣으면 필름상의 구리 암모니아 레이온이 획득된다. 슬라이드 유리에 칠해서 넣어도 무방하다.

## 플라스틱 놀이를 하자

학생 실험 **|** 소요시간 : 60분

### □ 실험 개요

가정에서 수거한 폐플라스틱을 연소 테스트를 통하여 4대 플라스틱으로 구분한다. 또한 폴리프로필렌의 스트로를 원료로 폴리프로필렌 섬유를 만들어, 건식 방사와 압출 성형의 원리를 이해한다. 끝으로 폴리스티렌을 아세톤으로 반죽하여, 이것을 원료로 발포스티롤을 만든다.

### □ 준비물

샘플 플라스틱(폴리에틸렌 봉지, 비닐 테이프, 스트로, 발포스티롤), 테스트 플라스틱, 구리선, 아세톤, 버너, 핀셋

### □ 실험 방법

1. 그림과 같이 버너 불꽃으로 구리선을 가열하여 테스트하는 플라스틱 조각을 꽂아 불꽃 속에 넣고, 다시 가연성을 확인한다. 연소방법으로 종류를 판정한다. 이때 샘플과 비교한다.

   약호 PE : 폴리에틸렌
   　　 PVC : 폴리염화비닐
   　　 PP : 폴리프로필렌
   　　 PS : 폴리스티렌

   불꽃 밖으로 낸다.

   • PE (폴리에틸렌　봉지)―그을
     음을 내지 않고 녹은 것이 방울 모양으로 흐르면서 타고, 불어서

끄면 양초 냄새가 난다.
- PVC (비닐 테이프)—녹색의 불꽃 반응을 보인다.
- PP (스트로)—PE와 유사하나 불어서 끄면 악취가 난다.
- PS (발포스티롤)—다량의 그을음을 내며 연소한다.

언뜻 보아 동일하게 보이는 필름(통칭 랩)에도 차이가 있고, 다르게 보이는 것이 동일한 것(특히 PVC가 그러하며, 예를 들면, 지우개, 랩, 인공피혁의 가방 등)이 있어 흥미롭다.

2. 손수 간단한 방사노즐을 만든다. 관을 2중으로 하는 이유는, 가열을 온화하게 하기 위해서이다. 건식 방사와 압출성형의 장치도를 보여주면 더욱 효과적이다.

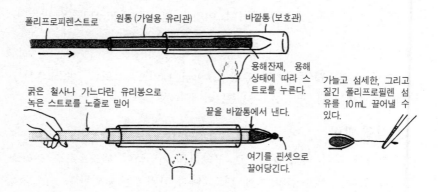

폴리프로피렌스트로　원통(가열용 유리관)　바깥통(보호관)

용해잔재, 용해상태에 따라 스트로를 누른다.

굵은 철사나 가느다란 유리봉으로 녹은 스트로를 노즐로 밀어

끝을 바깥통에서 낸다.

여기를 핀셋으로 끌어당긴다.

가늘고 섬세한, 그리고 질긴 폴리프로필렌 섬유를 10 mL 끌어낼 수 있다.

3. 폴리스티롤제의 도시락 뚜껑이나 피크닉용 컵 등을 아세톤 속에서 분쇄한다. 충분히 가열하여 잠시 방치했다 약간 굳어져 떡 모양으로 되었으면 그림과 같이 수증기로 쪄서 마개를 하고 급냉하면 발포제가 되어 부풀어 흰 발포스티롤이 된다.

## □ 해설

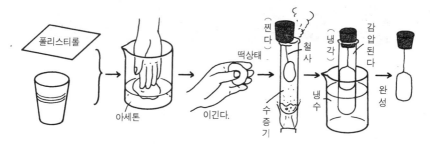

플라스틱의 중합실험은 있으나 성형을 다룬 것은 많지 않다. 플라스틱의 생명이 열가소성에 있으므로 그것과 관계되는 실험을 고안하였다. 현재 플라스틱은 생활 속에서 필수적인 것이 되었고 반면 폐플라스틱 문제도 있으므로 이러한 실험은 의미가 있을 것이다. 1은 샘플 재료를 준비하는 것으로, 2는 건식방사과 압출성형에 관련시키는 것으로, 3은 발포제로서 잔류 아세톤을 사용하는 것으로 손쉽게 실험할 수 있으며 이해하기도 쉽고 흥미롭다.

## 은아세틸리드의 폭발
마찰로는 폭발하지 않도록 하는 노력, 안전하게 보관하기 위해

교사 실험 **▮** 소요시간 : 제작 20분 / 건조 1일 / 폭발실험 1분

## ☐ 실험 개요

아세틸렌과 암모니아성 질산은 용액으로 만들어진 은아세틸리드는 사소한 마찰로서도 폭발하므로 다루기가 어렵고 보관도 위험하다. 그러나 여과지에 발라 흡수시키면 충격으로는 폭발하지 않고 가열에 의해서만 폭발하므로 보관과 다루기가 용이하게 된다. 불을 붙인 성냥을 넣은 재떨이 위에 이 여과지를 놓으면 큰 소리와 함께 50~60 cm 높이로 여과지가 튕겨오르는 것을 볼 수 있다.

## ☐ 준비물

칼슘 카바이드 (탄화칼슘), 물, 질산은, 암모니아수, 성냥, Y자 시험관, 유리관이 붙은 고무마개, 고무관, 코니컬 비커 또는 삼각 플라스크와 시험관 (굵은 것), 시험관 대

### 주의 사항

- 칼슘 카바이드와 물을 반응시키면 발열하므로 반응시킬 때는 면장갑 등을 사용해야 한다. 또한 반응 후의 수용액은 강한 염기성이 되므로 적절하게 처리한다.
- 폭발실험 때에 여과지 위에 불이 붙은 성냥을 놓으면 폭발과 함께 불이 붙은 성냥이 튕겨 오르므로 위험하다. 반드시 불이 붙은 성냥 위에 여과지를 놓도록 해야 한다.

- 은아세틸리드를 만들 때 시험관 입구에 은아세틸리드가 묻으면 잠시 있다 깜박거리며 연소하고 입구에서 넘쳐나는 아세틸렌이 연소하기도 한다. 즉시 불을 꺼 화상을 입지 않도록 조심한다.
- 여과지에 칠하여 스며들게 할 때, 두껍게 칠하면 사소한 마찰로도 폭발하므로 두껍게 되지 않도록 한다.

## □ 실험 방법

[암모니아성 질산은 용액의 조제]

0.1 mol / L의 질산은 수용액(질산은 1.7 g 을 증류수 또는 이온 교환수에 용해하여 100 mL 의 비율로 조제한다)에 2 mol / L의 암모니아수(판매하는 진한 암모니아수 48 mL 에 물을 가하여 100 mL로 하는 비율로 조제한다)를 조금씩 가하여 흔들어 혼합한다. 암모니아수를 가하면 갈색 침전이 생긴다. 이 침전이 사라질 때까지 암모니아수를 가한다.

[은아세틸리드의 생성]

1. 그림과 같이 Y자 시험관에 우선 칼슘카바이드를 넣고 다른 가지에 물을 넣은 다음 고무관이 달린 고무마개를 한다. 고무관 끝의 유리관을 암모니아성 질산은 용액이 들어 있는 코니컬 비커에 넣는다.
2. 1에서 준비한 Y자 시험관 안에서 물을 조금씩 칼슘카바이드 쪽으로 옮기면서 반응시켜, 발생한 기체를 암모니아성 질산은 용액에 통과시킨다.
3. 백색 또는 회색의 은아세틸리드가 침전한다. 충분히 반응시킨다.
4. Y자 시험관 안의 물을 되돌려 반응을 멈추게 한다.

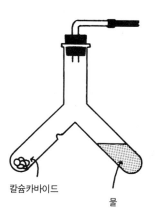

칼슘카바이드

물

[여과지에 발라 스며들게 한다.]

1. 침전한 은아세틸리드를 여과한 다음 다시 물을 부어 세척한다.
2. 젖어 있는 은아세틸리드는 마찰로는 폭발하지 않으므로 약숟가락을 사용하여 여과지에 확실하게 스며들게 한다. 부족하게 여겨질 정도의 두께가 적절하다. 폭발음의 효과를 크게 하고자 할 때는 아세틸리드의 두께가 아니라 바르는 면적을 조정한다. 또한 여과지 전체에 스며들지 않도록 한다.
3. 하루동안 그늘에서 건조시킨다. 밝은 곳에서는 점차 분해하여 흑색으로 된다.

[폭발시킨다.]

1. 여과지 끝을 핀셋으로 잡고, 여과지 끝에 불을 당긴다.
2. 깊이가 있는 재떨이 위에 불이 붙은 성냥을 놓고, 그 불꽃에 여과지를 놓는다 (은아세틸리드의 일부라도 온도가 높아지면 전체적으로 폭발한다).

# 생활 주변에 있는 식품을 사용한 지시약

교사·학생 실험 ┃ 소요시간 : 5분

## □ 실험 개요

병 속의 수분만을 제거한다. 2~3회 냉수로 씻은 다음에 연한 황색
의 굳어진 덩어리를 랩 필름에 집어낸다.
3. 만들어진 덩어리를 스푼 등으로 누르면서 수분을 뺀다. 만들어진
   버터는 무염 버터이므로 소금으로 맛을 내면 보통 버터가 된다.

[다른 방법]
1. 생크림을 주발에 넣고 거품기로 혼합한다. 점차로 공기를 함유하면
   서 양이 증가하고 부푼다 (주발 바닥을 냉각시키면 좋다).
2. 잠시 계속 혼합하면 끈기가 없어지며 수분이 분리된다. 더욱 혼합
   하면 흰액(버터 밀크)이 추출되고 연한 황색의 덩어리가 된다. 흰
   액을 별도로 옮기면서 액이 추출되지 않을 때까지 혼합한다.
3. 연한 황색 덩어리를 냉수로 2~3회 씻고 수분을 제거한다. 다시 랩
   필름 위에 놓고 스푼 등으로 누르면서 물기를 뺀다.

□ **해설**

생크림에 함유되어 있는 유지방은 단백질 막에 싸인 지방구로서 물
속에 분산되어 있다. 이 지방구의 막이 파열되어 유지방끼리 결합하여
굳어진 것이 버터이다. 생크림에서 버터로의 변화는 물 속에 지방이
분산하고 있는 형태에서 지방 속에 물이 분산되어 있는 형태로의 변화
라고 생각할 수 있으며, 콜로이드의 흥미로운 교재가 된다. 버터의 노
란색은 소가 먹는 풀 속에 존재하는 카로틴의 색깔이다.

## 스낵 과자의 염분 측정
### 몰법을 사용하여 식품 속에 함유된 염분을 측정한다

교사 · 학생 실험 ▌ 소요시간 : 25분

## ☐ 실험 개요

이 실험은 산화 환원 적정으로 식품에 함유된 염화이온을 측정하는 방법으로, 몰법이라 한다. 가장 일반적인 식품의 염분 측정법으로 정밀도가 가장 우수하다.

## ☐ 준비물

2% 크롬산칼륨 용액, 0.1 mol / L 질산은 용액, 증류수, 유발, 비커 (100 mL, 50 mL), 삼각 플라스크 (100 mL), 홀피펫 (5 mL), 메스피펫 (2 mL), 뷰렛 (10~25 mL), 메스실린더(50 mL), 피펫터, 깔때기, 여과지, 유리막대, 약숟가락, 스탠드, 여과 스탠드

## ☐ 실험 방법

1. 시료 (스낵 과자, 인스턴트 라면 등)약 10 g 을 유발에서 미세하게 분쇄한다.
2. 분말시료 10.0 g 을 100 mL 비커에 정확하게 계량하여 넣는다 (Mg).
3. 증류수를 가하여 전량을 약 100 g으로 하고 그 질량을 정확하게 계량한다 (Mg).
4. 유리막대로 잘 휘저어 약 5분 놓아둔 후 표면에 부상하는 기름기를 여과지로 받아내고, 상등액을 여과한다. 여과액은 50 mL 비커에 받는다.

5. 홀피펫을 사용하여 정확하게 여과액 5.0 mL를 100 mL 삼각 플라스크에 넣는다.

6. 2 mL 메스피펫을 사용하여 2% 크롬산칼륨 용액 1.0 mL를 취해서 삼각 플라스크에 가한다. 가능하면 피펫터를 사용하면 좋다 (이때의 용액 색깔은 황색).

7. 50 mL 메스실린더로 증류수 20 mL를 취하여 삼각 플라스크에 가한다.

8. 0.1 mol / L 질산은 용액으로 액의 색깔이 약간 적갈색으로 될 때까지 적정한다 (적정량 v mL).

9. 적정을 3~5회 하여 적정량 v mL의 평균값을 취한다.

10. 다음 계산식에 값을 대입하여 시료의 염분 농도를 구한다.

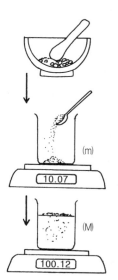

[계산식]

염분농도 (%) $= 0.00585 \times v \times \frac{100}{5} \times \frac{M}{m} \times f$

v : 적정량 (mL)

m : 분말 시료 채취량 (g)

M : 증류수를 가하여 희석하였을 때의 질량 (g)

f : 0.1 mol / L 질산은 용액의 역값 (팩터)
　　이 경우는 f=1

## □ 해설

• 적정 중의 반응

$$Ag^+ + NO_3^- + Na^+ + Cl^- \longrightarrow AgCl \downarrow + Na^+ + NO_3^-$$
(백색 침전)

• 종말점에서의 반응

$$2Ag^+ + 2NO_3^- + Na^+ + 2K^+ + CrO_4^{2-}$$
$$\longrightarrow Ag_2CrO_4\downarrow + Na^+ + 2K^+ + 2NO_3^-$$
(적갈색 침전)

몰법은 식품 중의 염분을 염화이온을 측정함으로써 구할 수 있으므로 수돗물처럼 염화이온을 함유하는 물이나 이것으로 씻은 상태의 기구를 사용하지 않도록 주의해야 한다.

또 식생활 중의 염분 과잉섭취로 문제가 되는 것은 염화이온이 아니라 나트륨 이온인데, 이 방법으로는 나트륨 이온은 측정할 수 없다. 그러므로 이 방법으로 측정하고 있는 것은 주로 식염으로서의 염화나트륨이고, 인위적으로 첨가한 염분의 대표적인 것을 측정하고 있는 셈이 된다.

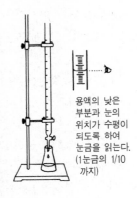

용액의 낮은 부분과 눈의 위치가 수평이 되도록 하여 눈금을 읽는다. (1눈금의 1/10 까지)

## 합성 세제의 잔류 테스트
메틸렌 블루법을 사용하여 의류와 식기에 잔류한
세제성분을 찾아낸다.

교사·학생 실험 ┃ 소요시간 : 7분

## □ 실험 개요

음이온 합성 계면활성제의 잔류 여부를 알아본다.

## □ 준비물

0.01% 메틸렌블루 수용액, 클로로포름, 증류수, 시험관, 피펫, 세탁물 (또는 식기세척, 이 닦은 후의 양치물 등)

### 주의 사항

클로로포름이 휘발한 가스는 위험하므로 신중하게 다룬다.

## □ 실험 방법

[메틸렌블루 수용액을 만드는 방법]

메틸렌 블루 0.1g, 진한 황산 7 mL, 무수 황산나트륨 50 g을 증류수에 녹여 1000 mL로 한다.

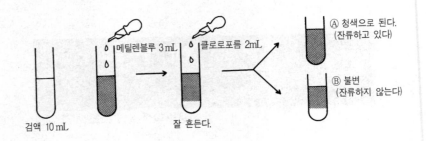

[합성세제 잔류테스트]

1. 헹군 세탁물에 축축해질 정도로 증류수를 뿌리고, 세탁물에서 짜낸 물 10 mL를 검액으로 한다.

2. 메틸렌 블루 수용액 3 mL와 클로로포름 2 mL를 검액에 가하여 혼든다.

3. 메틸렌 블루의 청색이 크롤로포름의 투명층에 이행하는 것으로 판단한다(청색이 이행하면 음이온 합성 계면활성제가 잔류하고 있다).

□ **발전**

섬유와 헹구는 횟수에 따라 잔류 정도의 차이를 알아보거나 치약이나 세발 후의 헹군물 등을 사용하여 잔류 테스트를 해 보는 것도 재미있다.

## ● 수산화나트륨을 사용하지 않은 비누 ●

학생 실험 ┃ 소요시간 : 30분

### □ 실험 개요

수산화나트륨 대신에 오르토규산나트륨을 사용하여 비누를 만든다.

### □ 준비물

기름 (튀김 기름이나 폐식용유), 오르토규산나트륨 (분말로 된 것이어야 한다). 시중에서 판매하는 가루 비누 (에탄올이라도 무방), 물, 스테인리스제 주발 (500 mL 나 1 L의 비커를 사용할 수도 있으나 깨지는 경우가 있다). 의류용 산소계 표백제(염소계 표백제를 잘못 사용하여서는 안 된다). 면장갑, 삼발이, 소독저나 유리막대(혹은 플라스틱제 스푼), 젖은 걸레

### □ 실험 방법

1. 아래에 적은 양의 폐유, 오르토규산나트륨 (분말), 가루비누, 물을 스테인리스제 주발 (혹은 비커)에 동시에 넣고 가볍게 혼합한다 (비커는 500 mL와 1 L를 사용, 1 L의 것이 조작하기 쉽지만 500 cc 라도 가능하다. 단 500 cc 의 경우는 6에서 주의가 요망된다).

> 폐유 100 g 에 대해 오르토규산나트륨 (분말) 약 25 g, 가루비누 약 10 g, 물 약 50 mL

2. 가스버너의 불을 강하게 하여 유리막대 혹은 플라스틱제 스푼으로 교반한다. 처음에는 바닥에 들러붙지 않도록 주의한다 (비커를 사용할 때는 삼발이에 금망을 얹은 것 위에서 가열한다. 교반할 때 안

전을 위해 교반하는 사람, 삼각을 젖은 걸레로 잡는 사람이 필요하다. 또 열기 때문에 교반하는 사람은 면장갑을 끼어야 한다).

3. 거품이 인다. 거품이 일면 물과 기름이 분리되지 않도록, 위쪽이 응고하지 않도록 계속 교반한다.

4. 가열하기 시작하여 약 10분 후, 수분이 없어지고 끈끈해지면서 풀 상태가 된다(비누 냄새가 나고, 물, 기름이 분리되지 않는 상태).
   이 상태가 되면 다시 바닥에 들러붙지 않도록 교반한다. 그러면 수분이 더욱 없어져 단단해진다. 교반하면 용기의 벽에서 떨어져 반죽하는 막대에 들러붙은 상태가 된다.

5. 용기 속의 것을 조금 떠서 물에 한 조각 넣어 본다. 기름이 뜨지 않는 상태이면 기름은 비누가 되어 있다. 기름이 뜨면 더욱 가열한다.

6. 불을 끄고, 뜨거운 동안에 한꺼번에 물 약 50 mL 들어붓고(증기가 난다), 다시 산소계 표백제를 넣은 다음 유리막대(혹은 플라스틱제 스푼)로 잘 혼합한다. 크림과 같은 상태가 된다(거품이 일기 시작하므로 거품이 흘러나가지 않도록 한다. 1 L의 용기라면 문제가 없으나, 500cc의 경우는 물을 붓고 혼합하면서 표백제를 가한다. 용기가 작기 때문에 일시에 넣으면 거품이 넘쳐 나온다).

7. 하룻밤 놓아두었다 거품을 제거한다. 손으로 반죽하여 형태를 만든다. 2~3일 놓아두면 점차 굳어진다.

□ **해설**

이 실험은 다음과 같은 장점이 있다.

1. 수산화나트륨을 사용하지 않으므로 안전성이 높다.

2. 기름 100 g 사용으로 약 30분 이내에 끝나므로 1단위 시간으로 끝낼 수 있다.

3. 시판하는 비누보다 성능은 약간 못하지만 세척률이 좋은 비누를 만들 수 있다. 오르토규산나트륨이라는 약염기성 물질을 사용하므로 양을 많이 사용하여도 pH가 별로 오르지 않는다. 과잉 사용한다 해서 기름이 미반응으로 잔류하기 어렵다.

## 간단한 식품 첨가물의 검출(1)
### 시중에서 판매되는 식품에 함유된 합성 착색료를 검출한다

학생 실험 ▮ 소요시간 : 30분

## □ 실험 개요

식품에 산성 타르 색소가 함유되어 있으면 털실(양모)은 착색된다.

## □ 준비물

비커(200 mL), 핀셋(또는 소독저), 워터박스, 칼(또는 부엌칼), 도마, 가위, 흰 털실(양모), 식초(또는 아세트산), 조사하려는 식품(청량 음료수, 김치, 과자 등)

### 주의 사항

백색 쉐터 같은 것을 입고 있으면 자칫하면 용액이 튀었을 때 쉐터에 얼룩이 생기므로 조심한다.

## □ 실험 방법

1. 김치나 과자 등을 잘게 썰어 비커에 넣고 약 5배의 물을 가한다. 청량음료수는 그대로 비커에 약 50 mL를 붓는다.

2. 식품이 들어 있는 비커에 식초 약 10 mL를 가한다(아세트산이면 10배로 희석한다).

3. 흰 털실을 넣고 워터박스로 약 10분 가열한다(흰 털실 장갑 등으로 하는 것도 재미있다).

4. 털실을 집어내어 물로 씻는다. 물든 털실
　의 색깔이 탈색하지 않으면 아세트산 타
　르 색소이다. 거의 물들지 않는 경우는 천
　연 색소이다.

□ **해설**

　양모는 단백질이므로 산성 타르 색소는 산
성으로 양모를 물들인다. 단백질을 구성하고
있는 아미노산은 분자 내에 아미노기($-NH_2$)가 있다. 한편, 산성 색소
는 분자 내에 $-SO_3Na$와 $-COONa$가 있으므로 양자가 반응하여 염을
생성한다.

## □ 실험 개요

합성 보존료로서 소르빈산 (sorbic acid)이나 소르빈산 칼륨이 식품에 사용되고 있으면 이크롬산 칼륨과 2-티오 바르비트르산이 반응하여 붉은 핑크색으로 발색한다.

## □ 준비물

비커(100 mL), 워터박스, 칼(또는 부엌칼), 도마, 시험관, 피펫 (2 mL), 이크롬산칼륨 용액(0.06 mol / L), 2-티오바르비트르산, 묽은 황산 (0.06 mol / L), 수산화나트륨 용액(1 mol / L), 묽은 염산 (1 mol / L), 조사하려고 하는 식품 (햄, 소시지, 햄버거, 김치 등)

**주의 사항**

이크롬산 칼륨은 강력한 산화제이다. 조심하여 다룰 것.

## □ 실험 방법

1. 이크롬산칼륨 용액 10 mL과 묽은 황산 10 mL를 혼합한다. 이것을 ①액이라 한다.

2. 2-티오바르비트르산 0.3 g을 10 mL의 물에 녹인다. 이것에 수산화나트륨 용액 5 mL와 묽은 황산 6 mL를 가하고 다시 물을 가하여 50

mL로 한다. 이것을 ②액이라 한다.

3. 식품을 잘게 썰어 약 5 g을 비커에 넣고, 물을 가하여 50 mL로 한다. 이것을 워터박스에서 약 20분 가열하고 상등액 약 20 mL를 시험관에 넣는다.

4. 이 용액에 ①액을 2 mL 가하고 약 5분간 워터박스에서 가열한다.

5. 다시 ②액을 2 mL 가하고 약 10분간 워터박스에서 가열한다.

## □ 해설

소르빈산이 이크롬산 칼륨으로 산화되면 말론 알데히드를 생성한다. 이것이 2-티오 바르비트르산과 반응하면 붉은 핑크색으로 발색한다.

$$CH_3-CH=CH-CH=CH-COOH$$
소르빈산

$$CH_3-CH=CH-CH=CH-COOK$$
소르빈산 칼륨

말론알데히드산

말론디알데히드

2-티오 바르비트르산

# 박층 크로마토그래피에 의한 분리
## 유성 크로마딕크의 색소분리

학생 실험 ▌ 소요시간 : 10분

## □ 실험 개요

유성의 검은 매직 색소를 박층 크로마토그래피(TLC)로 분리한다. 5~6 종류의 색소가 분리된다.

## □ 준비물

아세톤, TLC 플라스틱 시트, 비커(50 mL), 시계접시, 알루미늄 호일, 모세관(가스버너로 유리관을 지름 1 mm 정도로 늘려, 샌드페이퍼로 적당한 길이로 자른다), 유성의 검은 매직

### 주의 사항

이 실험에서는 아세톤을 사용하고 있으므로 비커에 알루미늄 호일로 뚜껑을 하는 것만으로도 좋으나, 일반적으로는 전개조는 반드시 뚜껑이 있는 용기가 바람직하다.

## □ 실험 방법

1. TLC시트를 가위로 15 mm×45 mm의 넓이로 자른다(이 크기는 필요 최소한의 크기이므로 이보다 커도 무방하다. 글라스 플레이트의 경우는 유리칼로 자른다).
2. 시계접시에 아세톤 약 1 mL 를 담고, 검은

알루미늄호일

TLC시트

아세톤

매직의 끝을 담그어 색소가 진한 용액을 만든다.

3. 모세관으로 색소 용액을 빨아올려 시트 밑에서 10 mm 높이의 위치에 색소를 스폿한다.

4. 50 mL 비커에 아세톤을 깊이 5 mm 정도까지 넣는다.

5. 시트를 비커에 넣고, 알루미늄 호일로 시트가 보이도록 뚜껑을 한다. 바로 색소가 분리되는 것을 관찰할 수 있다. 용매가 선단까지 가기 전에 시트를 비커에서 집어낸다.

6. 색소가 분리되는 상태를 관찰한다. 시트상의 스포트에 연필로 표시한다.

## □ 발전

옅은층의 흡착제로는 실리카겔, 알루미나 등이 일반적이지만 어느 것이든 사용할 수 있다. 흡착 강도는 Rf값으로 표시된다. Rf값이 작을수록 그 분자의 흡착력이 강하다 (Rf값 = 원점에서 스포트까지의 거리 / 원점에서 용매 선단까지의 거리).

적 102, 적 106, 황 4, 황 5, 청 1 등의 식용색소를 분리할 때의 전개용매는 $n$-부틸알코올 : 에틸알코올 : 1% 암모니아수 = 6 : 2 : 3 등의 극성이 강한 혼합용액을 사용하

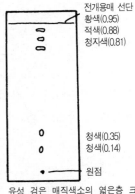

전개용매 선단
황색(0.95)
적색(0.88)
청자색(0.81)

청색(0.35)
청색(0.14)

원점

유성 검은 매직색소의 얇은층 크로마토그래피 전개(용매 : 아세톤)

는 경우가 많다. 이러한 조합과 비율은 다음 용매의 용출력에 근거하여 이루어진다.

일반적으로 전개용매의 선택은 다음 순서에 근거하여 용매를 바꾸거나 혼합비율을 바꾸면 된다. 화살표의 순서로 용매의 극성(용출력)이 강해진다 (Rf값이 높아진다).

헥산 → 벤젠 → 아세트산 에틸 → 에틸알코올 → 물

클로로포름은 크로마토그래피의 적절한 전개제이지만 독성이 강하므로 사용하지 않는 것이 좋다.

## 발포 폴리스티렌의 재활용

발포 폴리스티렌을 용해하여 접착제를 만든다

학생 실험 ▌ 소요시간 : 10분

## □ 실험 개요

발포 폴리스티렌을 유기용매에 용해하여, 이 용액을 접착제로 사용한다. 아세톤에 용해시킨 용액에 물을 가하여 다시 폴리스티렌을 석출시킨다.

## □ 준비물

톨루엔, 아세트산에틸, 아세톤, 발포 폴리스티렌, 비커(50 mL, 3개), 유리막대, 나무조각 (2개)

### 주의 사항

폴리스티렌을 용해하는 용매는 그 밖에도 있지만 독성이 강한 사염화탄소와 벤젠을 사용해서는 안 된다. 특히 사염화탄소는 함부로 사용해서는 안 된다.

## □ 실험 방법

[폴리스티렌 용액을 만들어 접착제로 한다.]

1. 50 mL 비커 2개에 각각 톨루엔, 아세트산에틸을 약 10 mL 씩 넣는다.
2. 각 비커에 발포 폴리스티렌을 찢어서 넣는다. 발포하며 녹는다. 녹을 만큼 용해시킨다.
3. 생겨난 농후 용액을 유리막대로 나무조각에 발라 접착시킨다.

4. 수 시간 후에 완전히 접착되어 있음을
확인한다.

[아세톤 용액에서 폴리스티렌을 회수한다.]
1. 50 mL 비커에 아세톤 약 10 mL 를
넣는다.
2. 발포 폴리스티렌을 아세톤에 담가 풀모
양으로 만든다.
3. 물을 가하여 폴리스티렌을
석출시킨다.
4. 석출한 폴리스티렌을 집어내
어 수돗물로 잘 씻는다.
5. 경도와 늘어나는 상태를 확
인한다.

유리막대

발포스티롤

톨루엔 또는 아세트산
에틸 mL

물을 가한다.

풀 모양으로 된
발포스티롤

## □ 발전

범용 플라스틱의 처리·리사이클 교재로 이용할 수 있다. 쓰레기의
부피 문제 등, 환경교육의 일환으로 검토할 수 있다.

## □ 해설

폴리스티렌은 톨루엔, 아세트산에틸에는 용해되지만, 아세톤으로는
결정은 파괴되나 폴리스티렌 분자의 벤젠 고리 상호작용을 절단하기까
지는 되지 않는다. 그러므로 풀 모양으로는 되지만 분자는 따로따로
흩어지지 않고 용해하지 않는다. 또 이 실험에 적합하지 않는 폴리스
티렌으로 기계적 강도를 증가시킨 초고분자 폴리스티렌이 있다.

## 공기의 오염도를 체크하자
### 질소 산화물의 측정

학생 실험 ┃ 소요시간 : 50분

### □ 실험 개요

대기오염의 주요 물질인 이산화질소를 간단한 방법으로 모아 발색 반응을 이용하여 농도를 비교한다.

### □ 준비물

빈 필름 케이스, 여과지, 술파닐산, $n$-1-나프틸에틸렌디아민 염산염, 인산, 트리에탄올아민, 염산, 증류수, 피펫, 메스 플라스크

### 주의 사항

인산, 염산의 원액은 위험하므로 다룰 때 조심해야 한다. 사용하는 시약은 순도가 높은 것이 좋다. 용액의 조제에는 반드시 증류수를 사용한다.

### □ 실험 방법

[샘플링 용기를 준비한다.]

1. 빈 필름 케이스(뚜껑이 있는)를 준비한다.
2. 여과지를 장방형으로 잘라 필름 케이스 안쪽 벽에 꼭 맞게 발라 붙인다.
3. 스포이드로 트리에탄올아민액을 여과지 에 스며들게 한다. 액이 흐르지 않을 정

여과지
필름 케이스
뚜껑

도의 양이 적절하다. 필름 케이스에 뚜껑을 닫아둔다.

4. 측정장소에 이르면 필름 케이스의 뚜껑을 열고 그림과 같이 열린 입구가 밑으로 오도록 고정한다. 고무테이프나 철사로 고정할 수 있다.

5. 24시간 후에 뚜껑을 닫고 회수한다.

[발색 용액을 만든다.]

술파닐산 5 g, *n*-1-나프틸에틸렌디아민 염산염 50 mg, 인산 30 mg에 증류수를 가하여 메스 플라스크에서 1 L로 한다(발색 용액, 자르츠만 시약).

[측정한다.]

1. 필름 케이스의 뚜껑을 열고 증류수 5 mL 를 가한다. 수분간 방치한 후에 액만을 비커에 옮긴다.

2. 이 비커의 액에 발색시약 5 mL 를 가하여 10분간 방치한다. 액이 적자색을 띈다. 색깔이 진할수록 공기중의 이산화질소가 많다는 것을 의미한다.

3. 단계적으로 발색농도가 다른 용액을 시험관에 준비해 두면 비교할 수 있다.

4. 보다 정확한 측정을 하려면 비색계와 이산화질소의 표준용액이 필요하다.

## □ 간단한 비색계를 만든다.

1. 형광등, 태양전지, 디지털 테스터, 황색 셀로판지, 상자(사방 약 10 cm)를 준비한다.

2. 상자 양쪽에는 지름 약 3 cm의 구멍을 뚫어 놓고, 한쪽에는 황색 셀로판지를 바르고 다른 쪽에는 태양전지를 부착한다(황색 셀로판에는 적자색의 발색용액에 흡수되기 어려운 빛의 성분을 제거하는 효과가 있다).

3. 상자에 비커를 넣었다 뺐다 할 수 있는 위 뚜껑을 만들어두면 편리하다.

4. 상자 안은 셀로판의 구멍 이외는 빛이 들어오지 않도록 빈틈을 검은 종이 등으로 메워 둔다.

5. 그림과 같이 배치한다.

6. 측정할 때는 형광등과 비커의 거리를 항상 일정하게 하는 것이 중요하다.

7. 용액의 발색이 진할수록 투과하는 빛의 양은 적고, 따라서 전압은 낮다.

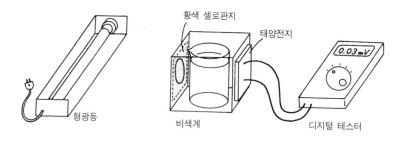

□ **이산화질소의 표준 용액을 만든다.**

1. 아질산나트륨을 1.50 g 계량하여 증류수를 가해서 1 L로 한다. 이 표준 용액의 1 mL에는 아질산이온 ($NO_2^-$)이 1 mg 함유되어 있다 (1000 ppm).

   ※ PPM이란, 환경측정에서 많이 사용되는 단위로, 1/1000000을 의미한다. 수용액의 경우 용액 1 L에 용질이 1 mg 용해되어 있으면 1 ppm이 된다.

2. 1000 ppm 표준 용액 10 mL를 취하여 증류수를 가하여 1 L로 한다 (10 ppm).

3. 10 ppm 표준용액 0, 2, 4, 6, 8, 10 mL를 취하여, 각각에 증류수를 가하여 100 mL로 하면 0, 0.2, 0.4, 0.6, 0.8, 1.0 ppm의 농도가 된다.

4. 이러한 0~1.0 ppm 표준용액의 5 mL 를 취하여[측정한다]의 순서에
   따라 발색시켜 비색계로 전압을 구한다. 농도와 전압의 그래프를
   작성해 두면 농도가 불명확한 시료도 전압을 측정함으로써 농도를
   구할 수 있다.

## □ 해설

이산화질소는 자동차 엔진에서 가솔린이 고온 (1000℃ 이상)으로 연
소될 때 공기 중의 질소가 산화되어 생성되는 물질이며, 현재 대기오
염의 주된 원인이 되고 있다. 적갈색으로 자극성 냄새가 있으나 공기
중의 농도가 극히 적으므로 색깔과 냄새를 감지하기는 거의 불가능하
다. 그러나 적은 농도라도 사람에게는 유해하여 천식 등을 일으킨다.
물에 용해되어 강한 산성을 나타낸다. 빗물에 녹아 산성비의 원인이
되기도 한다.

# 부 록

# 실험 10훈

일본의 공립 출판사에서 발행한 『화학강의 실험법』이란 책을 보면 저자인 후지키겐고씨는 실험에서 지켜야 할 '10가지 다짐'을 표어처럼 정리하여 다음과 같이 제시하고 있다.

| | |
|---|---|
| 1. 안전제일 | 6. 철저관찰 |
| 2. 백발백중 | 7. 장치존속 |
| 3. 신속준비 | 8. 개선노력 |
| 4. 장치간단 | 9. 재료경제 |
| 5. 현상현저 | 10. 청결정돈 |

## 1. 안전제일

안전은 실험에 있어 가장 유념해야 할 사항이다. 실험 방법, 사용하는 약품의 성질 등에 관하여 사전에 충분히 조사 연구한 다음에 계획에 따라 실험에 임해야 한다.

폭발성 물질의 실험에서는 사전 조사 및 연구 뿐만 아니라 안전을 도모하는 하나의 요건으로 우선 약품을 가급적 소량 사용하여 실험해 보고 난 후 그 요령을 점차로 터득한 다음에야 적당량 사용하도록 한다.

5의 현상현저를 위하여 화학교사 중에는 '폭발'에 관한 실험을 좋아하는 사람이 많은 것 같다. 드라마틱한 화학변화 중에서도 폭발 실험은 그 변화와 함께 소리와 파괴가 따르기 때문일 것이다. 나 역시 수소의 연소, 폭발 등을 수업에서 다루고 있다.

교사로 처음 출발하였을 무렵에는 안전한 시험관 내에서의 수소의 확인(성냥불을 접근시키면 펑하고 소리를 내면서 폭발)에 만족할 수 없어 한 되들이 병에 수소와 산소를 채워 넣고, 흰 천으로 싸서 불을 붙인 적이 있었다. 굉장한 소리와 함께 큰 폭발이 일어났다. 다행히 병은 파열되지 않았으나 큰 사고로 이어질 가능성이 있었다.

또 비닐관으로 유지오미터를 만들어 가열한 전열선이 전기불꽃으로 점화하는 실험을 할 때의 일이다. 내가 만든 유지오미터의 지름이 굵어 역시 큰 폭발을 하였다. 끼어있던 스탠드의 철제 클램프가 갈라져 날아가 버렸다.

나트륨의 큰 덩어리를 물(강)에 던져버린 적도 있다. 물기둥을 일으키며 대폭발이 일어났다.

위의 모든 경우 자칫했으면 사고로 이어질 뻔하였다. 공업고등학교 화학과에서 출발하여 대학원까지 나는 화학실험에 몰두하였다. 그런 과신도 작용하였을 것이다.

사고가 두려워 '수소 실험은 절대로 불가'라고 말하는 교사들도 있으나 두려움을 모른다는 것도 현명하지 못하다. 실험 방법, 사용물질의 성질 등을 충분히 알고 있으면 수소와 나트륨의 실험으로도 사고는 일어나지 않는다. 따라서 폭발성 물질의 실험도 작은 양의 물질로 시작하여 그 변화의 정도를 '체험'해 둘 필요가 있다.

## 2. 백발백중

실험을 하고 나서 '사실은 ○○이 된다'고 나중에 설명하는 교사가 있다. 그렇다면 실험은 무엇 때문에 했는지 묻고 싶다.

실험에서는 합리성과 정확성이 요망된다. 강의 실험에서는 결과를 알고 있고, 그 결과를 확인하기 위해 하는 경우가 많은데, 이 경우는 특히 한 번 실험으로 분명하게 예측했던 결과가 얻어지는 것이 바람직하다.

## 3. 신속준비

모두에서 소개한 『화학강의 실험법』에는 신속준비를 위하여 다음 세 가지에 포인트로 두고 있다.

① 열원장치 ② 기물, 약품류를 정비, 정돈한다. ③ 고무관, 고무막의 보존

과거에는 실험실에 가스설비가 없는 곳이 많았으나 현재는 대부분의 학교에 가스설비가 되어 있다. 또한 '실험실용 가스'나 '가스 토치' 등의 열원장치의 구입이 용이하다.

필자는 보통 가스버너 이외에 멧켈버너(공기량이 많고 보통 가스버너보다 고온으로 된다), 실험실용 가스, 가스토치를 때때로 사용하고 있다. 간단한 유리세공은 실험실용 가스, 가스토치로 가능하다.

또 다량의 식염을 융해하는 등, 보다 고온이 필요할 때는 머플로(muffle furnace)를 사용할 때도 있다(식염은 보통 가스버너로도 융해 가능하다).

고무관은 일반적으로 겨울에 경화되므로 글리세린을 발라 공기와 광선으로부터 가급적 차단시켜 두면 경화되는 것을 막을 수 있다.

신속준비의 가장 중요한 요점은 기물, 약품류를 정비·정돈하는 것이다.

실험용 기물, 예를 들어 플라스크, 비커, 병 등은 많은 실험에 반복 사용되고 있는 이른바 상비품이다. 따라서 이러한 기물을 사용한 경우에는 각각 잘 처리해서 다음 실험 때 즉시 사용할 수 있도록 준비가 되어 있어야 한다.

## 4. 장치간단

실험장치는 간편한 것이 바람직하다. 특정한 기물, 장치를 필요로 하는 실험은 특별한 경우 이외는 별로 없을 것이다.

중화 적정실험을 예로 들면, 뷰렛은 정확한 눈금이 새겨진 것을 사용하여야 하지만 받는 그릇은 반드시 코니컬비커를 고집해야 하는 것은 아니다. 즉, 내면이 백색인 찻잔을 사용해도 결과에는 아무런 변화가 없다.

장치 간단은 설비부족을 보충하려는 소극적인 면이 아니라, 실험에 신선미를 부여하고 나아가 학생 자신이 자작에 의해 실험을 시도하고자 하는데 자신감을 주는 적극적인 면도 있다.

인원수만큼의 실험기구 준비가 어려운 때에는 여러 가지 기구를 대용할 수 있다. 대용하여 매우 효과적이었던 것으로 다음의 것들을 들 수 있다.

① 1회용 플라스틱 컵 → 비커
② 필름 케이스 → 소형 비커
③ 스트로 → 유리관
④ 석고로 만든 판 → 가열물을 놓거나 한다.

예를 들어 필름 케이스는 여러 가지 용기로 사용할 수 있다. 전지와 전기분해의 용기로 사용하면 한 사람 한 사람에게 실험시킬 수 있다. 염화구리(II) 수용액을 넣고 샤프펜의 심을 전극으로 각자에게 실험하게 할 수 있다.

이제까지의 실험은 전통적인 조작에 지나치게 구애된 나머지 조금은 경직된 경향이 있다. 실험 본래의 '물질과 접촉하고 물질에서 배운다'라는 본질을 상실하면 화학은 죽는다. '물질과 함께 호흡한다'는 의미가 중요하다. 그러기 위하여 기구답지 않은 기구를 많이 사용한다. 슈퍼에 가면 물건을 보고 실험을 생각해 내는 일이 있다. 필름 케이스와 스트로 외에도 김밥의 간장을 담는 작은 접시, 네모진 폴리에틸렌 병, 과일용 백, 소독저 등이다.

이러한 재료의 매력은 첫째 생활 주변에서 쉽게 구할 수 있어 학생들에게 친근감을 갖게 하고, 둘째 어쩐지 유머스럽고, 셋째 간편하고 쓰기 쉽다는 데 있다.

## 5. 현상현저

현상이 현저하다는 것은 반드시 실험이 대규모여야 한다는 뜻은 아니다. 실험 그 자체의 성능에 따라 대규모이고, 현저한 경우도 있지만, 오히려 소규모의 실험으로도 결과가 더 뚜렷한 경우도 있다.

일반적으로 말해서 물리실험은 대규모로, 화학실험은 소규모로 라고 말할 수 있다. 그 이유는 물리실험은 시범에 적합한 반면, 화학실험은 학생 자신이 물질과 대화를 하면서 실시하는데 목적이 있기 때문이다. 안전상으로도 화학실험은 소규모로 하는 것이 바람직하다.

예를 들면, 테르밋 반응에서 산화철(Ⅲ) 30 g 과 알루미늄 가루 9~10 g 의 혼합물에 점화하면 격렬한 반응이 일어나 철이 생성된다. 이 정도의 양이면 부득이 실외에서 해야만 한다. 이것을 10분의 1 혹은 20분의 1로 하면 실내에서도 안전하게 할 수 있다. 그러면 반별로 실험이 가능하다. 그것으로도 반응은 격렬하게 일어나고 철도 확인할 수 있다.

현상현저라 하면 우선 액체질소 실험을 생각할 수 있다.

상태변화의 세계를 보여 주는데 있어 이것만큼 현상현저한 실험은 없을 것이다. 필자가 20년 전 신임교사 시절부터 애용하는 실험이다. 당시 대학연구실에서 구한 액체질소가 들어있는 용기를 전차로 운반했었다. '이것으로 상태변화를 보여 주면 학생들은 상태변화의 세계를 단번에 알게 되겠지'하면서 흥분했고 그 예상은 어긋나지 않았다. 지금도 나는 중학생 및 고교생들과 액체질소 실험을 즐긴다.

## 6. 철저관찰

현상이 현저해야 한다는 것은 관찰을 철저하게 시킬 수 있는 하나의 요소가 된다. 그러나 현상이 현저할지라도 관찰을 잘못하면 고찰할 대상을 상실하게 된다. 자신이 연구하는 경우는 물론, 강의실험에 있어서도 마찬가지로 현저한 현상을 발현시키는 데에 주력하는 동시에 그 관찰의 요점, 관찰방법도 지도해야 한다.

시범실험의 경우에는 이 실험에서는 적어도 다섯 가지를 관찰하고 후에 노트에 적도록 지시하는 한편, 그 요점별로 관찰의 관점을 설명하는 것도 권장하고 싶다.

산화수은의 분해실험(화학변화와 원자, 분자)을 예로 들어 보자.

'고체 물질을 가열하여 액체·기체로 하여도 상태변화일 경우 원래의 온도로 하면 원래의 상태로 되돌아간다'는 상태 변화를 학습시키는 교사도 있다.

또 "처음에 생겨나는 기체는 무엇일까요?"라고 발문하고, 시험관 속의 공기가 팽창하여 빠져 나온 것을 질문하여 확인한다. 실험 도중 "오렌지색 고체의 색깔은 어떻게 되었을까?, 고체의 양은 어떻게 되었을까?, 기체가 시험관 1개 이상에 모여지는데 이상하지 않는가? 시험관 속에 무슨 변화가 일어나지 않았는가?" 등등을 물어본다. 처음의 고체 물질은 없어지고 수은과 산소가 생성된 것을 확인하는 것인데, 그냥 보이기만 하면 처음에는 집중하는 것 같지만 나중에는 집중이 소홀해지거나 서로 말하기도 하며, 중요한 것을 보지 못하는 경우가 있다.

실험은 2회 반복하는 것도 효과적이다. 처음 실험에서는 실험의 전체를 파악시키고, 두 번째 실험으로 철저하게 관찰시키는 방법이다.

## 7. 장치존속

실험에 한 번 사용한 장치는 특별히 개량할 필요가 있는 것 외는 존속시킨다. 준비를 신속하게 하고, 실험 능률을 향상시키는 측면에서 특히 중요하다.

## 8. 개선노력

개선노력은 주로 실험장치와 실험방법 두 가지 면에서 생각할 수 있다.

장치를 존속시키는 것과 개선노력은 언뜻 생각하기에 양립되지 않을 것처럼 느껴질 수 있으나 사실은 그렇지 않다. 실험장치는 한 장치를 사용하는 동안에 그 불편하고 불합리한 점을 발견하여 개량을 시도하는 경우가 있는데, 그것을 존속시켜 놓으면 실험 중의 불합리, 불편 등을 개선하는 데 더욱 생각을 깊게 할 수 있는 것이다.

개선노력이란 결국 안전제일과 백발백중, 장치간단, 현상현저한 실험을 하기 위한 발판이기도 하다.

## 9. 재료경제

기구의 간단화는 실험준비의 능률 증진에도 효과적일 뿐만 아니라 경제적 측면에서도 바람직하다.

또 실험방법의 개선노력으로 약품 같은 것도 남용을 피할 수 있는 경우가 적지 않다.

초보자의 실험에서 일반적으로 볼 수 있는 현상은 사용 약품의 분량을 과용하는 점이다. 약품의 필요량을 좀 더 신중하게 정한다면 많은 사용자가 사용하고 있는 약품의 절반의 양으로도 실험의 성과는 충분히 거둘 수 있으리라고 생각되는 경우가 적지 않다.

## 10. 청결정돈

실험실에서의 정리정돈은 합리적이어야 한다. 화학실험을 하기 위해서나 또는 그 준비를 함에 있어서 필요한 기구나 시약을 찾는데 시간이 걸리거나 혹은 어려움을 느낀다면 그것은 합리적인 정리정돈과는 거리가 멀다.

또 정리정돈이라 하여 준비실의 테이블에서부터 약품, 기구, 기계 등이 보기에 정연하고 깨끗하게 되어 있으면 잘된 것이 아니다. 기구, 기계 등은 활용되고 있거나 그렇지 않은 경우는 활용을 대기하고 있는 상태가 바람직하다.

그러나 시범실험의 테이블은 깨끗하게 정돈되어 있어야 한다. 실험에만 주의를 집중시켜야 하기 때문이다.

# 화학실험 위험방지 기술

사고를 두려워하는 나머지 실험은 하지 않고 '칠판과 분필'만으로 끝내는 '불충분한' 수업을 하는 교사는 존재하지 않을까?

특히 화학 수업의 경우 '물질'을 떠난 수업은 학생들을 '화학의 본질'에서 멀어지게 하고 '화학이 싫다'를 만드는 요인이 된다.

화학 수업에서는 때로는 폭발을 수반하는 실험도, 유독물질을 다루는 실험도 할 필요가 있다. 사고는 두려워해야 하지만 위험한 약품을 다루는 방법을 가르치는 것도 화학교육의 역할의 하나라 믿는다. 어떠한 경우에 위험이 따르는가를 알아 두고, 충분히 주의를 기울어 실험에 임한다면 그만큼 성과가 따르기 마련이다.

초등학교, 중학교, 고등학교의 화학분야 수업에서 일어나기 쉬운 사고에 대하여 그 방지의 기본적 지식을 기술하기로 하겠다.

## 기본적인 사고

- 교육상 유효성은 있지만 학생실험으로 하면 안전상 문제가 있는 실험은 교사실험으로 한다.
- 평소부터 학생들에게 '지시를 반드시 지키고, 제멋대로 행동해서는 안되며, 실험 중에는 조용하고 냉정하게 행동하고, 절대로 장난쳐서는 안 된다'는 것을 지도해 둔다.
- 실험테이블 위는 정리정돈하고, 실험에 필요한 것만 놓아둔다.
- 교사 실험에서도 위험물이나 발화물이 튀길 가능성이 있는 실험에 대해서는 학생들을 가까이 접근시키지 말고, 아크릴 수지제의 칸막

이를 세우거나 하여 학생들에게 피해가 미치지 않도록 한다.
- 처음으로 하는 실험이나 오랫동안 하지 않다가 하는 실험에 대해
서는 반드시 예비실험을 하여 실험에 대해 사전에 파악해 둔다.

## 유리기구의 파손에 따른 사고

- 유리관이나 온도계를 고무마개에 끼울 때는 부러지지 않도록 조심
한다.

　구멍이 뚫린 고무마개에 유리관이나 온도계를 끼워 넣을 때는
유리관과 온도계를 물에 적셔 고무마개를 회전시키면서 끼운다. 이
때 양손의 간격이 1~2 cm 이상 떨어지지 않도록 짧게 잡고, 조금
씩 유리관을 돌리면서 끼워 넣는다.

　고무마개에서 멀리 떨어진 곳을 잡고 끼워 넣으면 관이 부러질
위험성이 있다. 간혹 관이 부러져 손을 찌르는 사고도 발생하고
있다. 유리관의 부러진 부분은 가늘고 예리하므로 깊은 상처로 이
어지기 쉽다.

　유리관과 유리관을 고무관으로 연결할 때도 유리관을 물에 적셔
서 하면 끼워 넣기 쉽다.
- 압력이 증가하거나 압력이 감소하는
실험을 할 때는 바닥이 둥근 플라스
크를 사용한다.

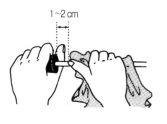

　기체가 팽창하여 가압될 때에는
상처가 있거나 유리에 기포가 들어
있는지 여부를 확인하고, 만약 상처
나 기포가 들어 있으면 사용하지 않는다. 최근에 바닥이 둥근 플
라스크를 사용하여도 고무마개로 밀폐하여 산소와 탄소를 반응시
킨 결과 플라스크가 파손했다는 사고 소식을 들었다. 이러한 경우
에 고무마개에 유리관을 끼우고 그것에 고무풍선을 매어 단 것으

로 마개를 하면 좋다.
- 유리 용기에 드라이 아이스를 넣고 마개를 하지 않는다.

　청량음료 병에 드라이아이스를 넣고, 병이 깨어져 부상을 당하는 사고가 일어나고 있다. 밀폐한 유리 용기는 내부의 압력이 높아지면 파열하고, 유리 파편이 비산한다. 유리 용기에 드라이 아이스를 넣거나 속에서 기체가 발생하거나 할 때는 절대로 마개를 닫아서는 안된다. 기본적으로 유리 용기에 가압 기체를 넣고 밀폐하는 실험은 피해야 한다.

　드라이아이스가 기화하면 부피가 크게 증가하는 것은 폴리에틸렌 봉지에 밀폐하여 보여 줄 수 있다. 혹은 필름 케이스에 넣어서 뚜껑을 한다. 봉지가 파열하거나 뚜껑이 튕겨 나가는 편이 안전하다.

## 수소 등의 폭발에 의한 사고

- 수소, 메탄, 아세틸렌 등에 점화할 때

　수소 발생기의 유도관 끝에 직접 점화하여 폭발하는 사고가 많이 발생하고 있다. 수소가 발생하는 유도관 끝에 점화할 때는 발생기 안에 공기가 혼합되어 있지 않는 것을 확인하지 않고는 절대로 점화해서는 안 된다. 처음에 한 번 확인하여도 그 후 산을 가하거나 하여 다시 발생기 안에 공기가 들어갈 가능성이 있을 때에는 공기의 혼합 여부를 다시금 확인한다 (유도관 끝에 점화할 때는 시험관에 포집한 수소에 점화하여 그 불꽃으로 하면 안전하다).

　이러한 기체 발생장치 가까이에서는 불을 다루지 않아야 한다. 불을 다룰 때에는 발생장치와 유도관을 불에서 분리시켜 인화하지 않도록 해야 한다. 발생장치에 불을 붙일 의도가 없어도 불이 가까이에 있으면 인화하여 사고가 발생할 수 있다.

　대량의 수소, 메탄, 아세틸렌 등과 공기(산소)의 혼합물에 점화해서는 안 된다. 어떠한 안전한 실험이라도 소리가 매우 큰 경우는 청각에 불쾌감을 주거나 심지어는 고막을 파괴시키는 수도 있다. 고막 파괴의 위험을 무릅쓰고까지 폴리에틸렌 봉지 등에 대량의 폭명기체를 넣고 불을 붙여 보일 필요가 있겠는가 (수소의 연소・폭발 실험의 내용을 참조).

## 역류와 돌연한 끓기

• 역류에 주의

발생한 기체의 유도관이 물 등의 액체에 들어있는 채로 시험관의 가열을 멈추면 시험관 안이 냉각되어 감압되고, 액체가 대기압에 눌리어 역류가 일어난다. 가열을 멈추기 전에 반드시 액체에서 유도관의 끝을 빼도록 한다. 또 핀치콕을 사용할 때는 핀치콕으로 도중의 고무관을 폐쇄한 후에 관 끝을 뺀다.

• 돌연한 끓기

끓는점에 이르러도 끓지 않고 가열상태로 있다가 갑자기 끓는 일이 있다. 에탄올의 끓는점 측정 실험에서, 비등석을 넣는 것을 잊은 결과 78℃를 초과하여도 끓지 않은 채로 온도가 상승하고 있는 것을 경험할 수 있다. 돌연히 끓었을 때 기구를 파손시키거나 인화된 에탄올이 비산되는 사고가 일어날 수 있다.

일반적으로 액체를 가열하여 끓일 때는 돌연한 끓기를 방지하기 위해 비등석을 넣도록 한다. 또 한 번 사용한 비등석은 재사용하지 않는다. 비등석은 초벌구이 자기의 조각이면 충분하므로 값싼 화분을 깨여 사용해도 무방하다.

## 알코올 램프, 가스버너

• 알코올 램프

알코올 램프는 알코올이 적어지면 램프 내부에 알코올 증기와 공기가 혼합하게 되고, 폭발 한계의 혼합비에 이르면 점화하였을 때 심지가 튕겨나거나 하여 일시에 폭발할 위험이 있다. 알코올 램프에는 알코올을 3분의 2 정도 넣어 두도록 한다.

불을 끄고 곧바로 알코올을 넣는 일은 절대로 삼가고, 깔때기를 사용하여 알코올을 넣어야 한다. 또 램프 주변에는 알코올이 묻지 않도록 한다.

알코올 램프에서 자주 사고가 일어나는 것은 알코올 램프가 전도되거나 알코올 램프를 경사지게 놓아 알코올에 인화할 때이다.

지도상의 유의점으로 ① 알코올 램프의 점화를 다른 알코올 램프를 이용하여 하지 않는다. ② 알코올 램프를 책상의 가장자리 부근이나 전도·낙하하기 쉬운 장소에는 놓지 않도록 한다라는 점을 항상 유념하여 지도할 필요가 있다.

• 가스버너

가스버너 불꽃에 얼굴을 너무 가까이 접근시켜 머리털을 태우는 일이 자주 일어난다. 실험 중 버너에 얼굴을 너무 접근시키지 않도록 주의한다. 또한 사용하지 않을 때는 불꽃을 작게 하여 불완전 연소를 시켜, 불꽃이 잘 보이도록 한다.

가스버너의 나사가 꽉 조여져 있으면 점화가 잘 되지 않는다. 또 힘을 주어 돌리면 세차게 가스가 분출되어 위험하다.

무리한 힘을 주어 조이지 말 것을 지도하는 동시에, 점화 전에 우선 나사가 쉽게 조절될 수 있는가를 확인시키도록 한다.

• 가열된 유리와 금속

유리는 언뜻 보아 차게 보이므로 무심코 만졌다 화상을 당하는 일이 있다. 필자 역시 유리 세공때 뜨거운 유리를 만진 일이 여러 번 있다. 학생들은 가열된 시험관이나 가열시에 사용한 삼발이를 만지는 일이 곧잘 있으므로 주의시켜야 한다.

# 수소 등 기체 이외의 폭발사고

• 화산의 실험, 폭발 실험에 주의

한 때는 성냥의 원리를 실험하고자, 염소산칼륨과 적인의 혼합물을 쇠망치로 두들겨 폭발시키는 실험을 하여 많은 사고가 뒤따랐다. 지금도 축제 등에서 폭발실험이 인기가 있어 사고가 적지않다. 안전상 충분한 지도를 한 후에 학생들에게 직접 시킬 수 있는 실험도 있으나 이러한 실험은 기본적으로 소량을 사용하거나 교사실험으로 해야 한다.

강력한 산화제와 가연물의 조합은 폭발적인 연소를 일으키기 쉽다.

염소산칼륨과 적인 이외로 폭발사고를 많이 일으키는 것은, 염소산칼륨과 이산화망간 (이산화망간에 가연성 물질이 혼합), 염소산칼륨과 황, 염소산칼륨과 설탕 등이다.

한 때, 산소는 염소산칼륨과 이산화망간을 혼합한 것을 가열하여 발생시켰다. 이산화망간에 가연성 물질인 탄소가 혼입되거나 하여 자주 폭발사고가 일어났다.

강력한 산화제로서 염소산 ○○이니, 과염소산 ○○, 질산 ○○에 주의해야 한다.

액체 산소와 가연물의 혼합물도 폭발한다.

• 30% 과산화수소수는 매우 진하다

산소 발생에 묽은 과산화수소수와 이산화망간을 많이 사용하고 있으나 이 경우의 묽은 과산화수소수란 3~6%의 것이다. 시약인 과산화수소수는 그 자체로는 약 30%의 농도이다. 이것을 묽은 것으로 여기고, 그대로 사용하여 매우 격렬한 반응 때문에 용기가 파열하는 사고가 일어나기도 한다. 30% 과산화수소수가 피부에 묻으면 매우 위험하다.

# 산과 알칼리

- 진한 황산을 물로 묽게 할 때

    다량의 물에 휘저어 섞으면서 조금씩 진한 황산을 가한다. 반대로 진한 황산에 물을 가하면 진한 황산에 물이 뜨면서 그 부분에서 큰 열이 발생하고 수증기가 발생하여 진한 황산이 비산할 위험성이 있다.

- 강염기에는 조심

    염산, 황산, 질산 같은 산에 대해서는 '위험하다'는 이미지가 있지만 수산화나트륨 같은 강염기에 대해서는 주의를 게을리하기 쉽다. 강염기의 수용액이 눈에 들어가면 실명할 위험이 있으므로 조심해야 한다. 특히 수산화나트륨 수용액을 가열할 때, 수용액이 비산하지 않도록 가열을 가감한다. 보안경을 착용하게 한다.

# 그 밖의 사고

- 나트륨·포타슘과 물의 반응

    나트륨·칼륨은 모두 물과 접하면 격렬하게 반응한다. 그 때 수소가 발생하는데 발열로 인해 인화하여 연소한다. 물과 반응시킬 때는 쌀알 크기 정도로 한다. 반응 후에 생성한 수산화물 등이 비산하는 일이 많으므로 깔때기를 거꾸로 씌우거나 조금 빈틈을 내어 유리판으로 덮거나 한다. 샬레 등에서 뚜껑을 하여 반응시키면 발생한 수소 때문에 뚜껑이 튕겨나가는 일이 있다.

- 이산화황, 황화수소, 염소 등의 유독가스

    이러한 가스는 악취가 나므로 감지하기 쉽지만 학생실험으로 동시에 실험을 하면 허용량을 초과할 수도 있다. 따라서 이러한 실험은 교사실험으로 하는 것이 적절하다. 학생실험으로 할 때는 극히 소량이 발생하도록 시약의 양을 조절하는 동시에 환기에 주의

하도록 한다.

- 에테르 · 알코올 · 이황화탄소 · 폭발약류

　이것에는 가급적 화기를 접근하지 않도록 한다. 휘발성 액체가 인화하는 것은 휘발한 증기로 인한 것이므로 밀폐하여 두면 인화를 막을 수 있다. 밀폐하여 두는 것은 보존상으로나 불필요한 증발을 방지하기 위해서도 필요하다.

　실험 중 이러한 것에 대한 인화사고는 실험대가 정리 정돈되어 있지 않아 일어나는 경우가 많다. 따라서 실험 중의 책상 정리는 이런 점에서도 필요하다.

- 과산화수소와 암모니아 병의 뚜껑을 열 때

　과산화수소나 암모니아의 병은 암냉소에 보존하고, 뚜껑은 교사가 열도록 한다. 이때 조금씩 뚜껑을 늦추어 속의 고압가스를 탈출하게 하고, 분출하여도 안전에 이상이 없는 방향을 향해 뚜껑을 열도록 한다.

## 사고가 발생했을 때의 응급조치

| | 사고의 상태 | 응급조치 방법 |
|---|---|---|
| 부 상 | · 유리 기구의 파손으로 부상 | · 우선 파편을 제거한다. 출혈을 멈추게 한다. 상처부분을 직접 손이나 거즈로 압박한다. |
| | · 쇼크 증상<br>- 수족이 차갑다<br>- 안면 창백<br>- 식은 땀, 구토증 등 | · 상처가 큰 경우 쇼크에 주의<br>- 발을 높게 한다<br>- 몸이 차가워지지 않도록 한다.<br>- 출혈이나 통증, 상처의 치료를 신속하고 올바르게 한다.<br>· 조치를 하여 병원으로 보낸다. |

| | | |
|---|---|---|
| 화상 | • 일반 화상 | • 우선 첫째로 화상 부위를 냉수 또는 얼음물 속에 가급적 빨리 담그어 철저하게 냉각시킨다.<br>물집이 생기면 터트리지 않도록 한다. 기름이나 팅크류는 바르지 않는다. |
| | • 심한 화상 | • 화상 부위를 식히고 청결한 천으로 덮는다. 얼음 뜸질을 하면서 신속히 바로 종합병원으로 이동한다. |
| 약상 | • 진한 황산이 피부에 부착 | • 15분간 대량의 물로 씻는다. 물로 충분히 씻은 후 탄산수소나트륨의 묽은 수용액으로 중화한다(바로 하면 중화열로 인해 피해가 더욱 커진다). |
| | • 강한 알칼리가 피부에 묻었을 때 | • 바로 의복을 벗고 피부가 미끈미끈하지 않을 때까지 가급적 신속하게 물로 씻는다. 다음에 물에 희석한 식초나 레몬쥬스 등으로 중화한다. |
| | • 눈에 들어갔을 때<br>(강한 산, 강알칼리) | • 눈꺼풀을 열어 15분간 물로 씻은 후 의사의 치료를 받는다. 중화제 등은 사용하지 않는다. |
| 중독 | • 염소에 의한 중독 | • 우선 첫째로, 신선한 공기가 있는 장소로 옮겨 신체를 편안하게 쉬게 한다.<br>기침이 나서 괴로울 때는 거즈에 에탄올을 묻혀 입에 댄다. 혹은 에탄올 증기를 흡수시킨다. |

# 주요 시약의 조제

## 1. 용액의 희석법

(1) 과산화수소수 30% 수용액을 희석하여 5% 용액으로 하려면 $30 \div 5$ = 6으로 6배로 희석한다. 원용액 1용에 대해 물 5용을 가한다.

(2) A%의 수용액을 물로 희석하여 B%의 수용액을 100 g 만들려면
① 몇 배로 희석할 것인가를 계산한다 ($A \div B = C$로 C배로 희석한다).
② A%의 수용액을 $100 \div C$[g] 취한다.
③ ②를 물로 희석하여 100 g로 한다.
(A%의 수용액 농도가 희박하여 물의 농도에 가까우면 양의 단위는 질량이 아니라 부피라도 무방하다).

## 2. 몰농도 용액의 조제

(1) A [mol / L]의 수용액(용질의 식량 M, 즉 몰질량 M[g / mol])을 V[cm$^3$]으로 만들려면
① 이 수용액 중에 용해되어 있는 용질의 질량은

$$A[mol / L] \times \frac{V[cm^3]}{1000} \times M[g / mol] = \frac{AVM}{1000} [g] 이다.$$

② $\frac{AVM}{1000}$ [g]을 계량하여 용기에 넣고, 물을 가하여 수용액 전체를 V[cm$^3$]로 하면 A [mol / L]의 수용액이 된다.

(2) A [mol / L]의 수용액을 물로 희석하여 B [mol / L]의 수용액을 V [cm$^3$] 만들려면
① 몇 배로 희석할 것인가를 계산한다 ($A \div B = C$로 C배로 희석한다).

② A [mol / L]의 수용액을 V ÷ C [cm³] 취한다.

③ ②에 물을 가하여 수용액 전체를 V [cm³]로 한다.

## 3. 주요 산·염기(알칼리)

(1) 염산 : 진한 염산은 12 mol / L에서 37 %이며 밀도는 약 1.18 g / cm³

① 알루미늄 호일과 반응시켜 수소 발생…약 7 %

② 아연과 반응시켜 수소 발생…약 13 %(약 4 mol / L, 물 2에 대하여 진한 염산 1용).

③ 석회석과 반응시켜 이산화탄소 발생…약 7~13 %

④ 수산화나트륨 수용액과 중화반응…약 4~7 %

(2) 황산 : 진한 황산은 18 mol / L에서 95 %로 밀도는 1.83 g / cm³

① 아연이나 철과 반응시켜 수소 발생…20~30 %

② 구리와 아연의 볼타전지…20 %

③ 중화실험…5 %

(3) 질산 : 진한 질산은 16 mol / L에서 약 60~62%의 것과 69%의 것 등이 있다. 밀도는 약 1.4 g / cm³

① 묽은 질산을 사용하는 실험…약 10%(약 2 mol / L, 물 7용에 진한 질산 1용).

(4) 수산화나트륨 : NaOH = 40.0

8% 정도(약 2 mol / L)의 수용액을 상비해 두면 편리하다.

① 알루미늄 호일과 반응하여 수소 발생 : 약 8 %

② 중화실험 : 0.4%(리트머스 시험지 사용, BTB용액을 사용할 때에는 더욱 희석한다).

(5) 수산화바륨 : Ba(OH)₂ · 8H₂O = 315.5

60 g의 결정(수화물)을 100 cm3의 물과 함께 실온에서 잘 흔들어 상등액만 사용한다(0.2 mol / L).

(6) 수산화칼슘 : Ca(OH)₂ = 74.1

약 10 g에 물을 가하여 잘 흔들어 상등액만 사용한다 (약 0.1%)

(7) 암모니아수 : 진한 암모니아수는 15 mol / L에서 약 28%이며, 밀도는 0.90 g / cm$^3$. 묽은 암모니아수는 6 mol / L(진한 암모니아수 4용에 대해 물 6용)

## 4. 지시약

(1) 페놀프탈레인 용액 : 결정 1 g을 에탄올 70 cm$^3$에 용해시키고 물을 가하여 100 cm$^3$로 한다.

(2) BTB용액 : 결정 0.1 g을 에탄올 20 cm$^3$에 용해시키고 물을 가하여 100 cm$^3$로 한다 (극히 묽은 수산화나트륨 수용액을 몇 방울 가하여 녹색으로 하여 보존).

## 5. 특수 시약

(1) 페엘링액 A액 : 결정 황산구리 7 g 을 100 cm$^3$의 물에 용해한다.
  B액 : 타르타르산 칼륨나트륨 (로셀염) 34.6 g과 수산화나트륨 10 g 을 물에 용해하여 100 cm$^3$로 한다.
  사용 직전에 두 용액을 동량 혼합한다.

(2) 베네틱트액 : 결정 황산구리 17.3 g, 시트르산나트륨 173 g, 탄산나트륨 무수물 100 g에 물을 가하여 1 L로 한다.

(3) 요오드 요오드화칼륨 용액 : 요오드 0.5 g과 요오드화칼륨 1 g 에 물을 가하여 500 cm$^3$로 한다.

## 6. 그 밖의 시약

(1) 과산화수소수 : 시중에서 판매하는 것은 약 30%이고 밀도는 1.11 산소 발생에는 5 % 정도가 적합하다 (5 %의 것 1용에서 약 10용의 산소가 획득된다).

# 유리세공의 기초

## 1. 머리말

어느 정도의 유리세공을 할 수 있게 되면 간단한 유리 기기류를 스스로 제작할 수 있다. 따라서 최소한의 유리세공 기술은 화학 교사에게 있어서는 필수라 할 수 있다.

전문 유리기술자나 유리공예가 같은 고도의 기술을 필요로 하는 것도 아니므로 조금만 연습하면 누구나 유리세공은 할 수 있게 된다.

## 2. 실험용 유리기구

실험실에서 사용하는 유리기구는 주로 다음 3종의 유리로 제조되고 있다.

(1) 연질 유리

시약병 등, 일반적인 유리병은 연질 유리로 만들어지고 있으며, 이전에는 뷰렛, 피펫, 메스실린더 등, 눈금이 있는 유리기구의 대부분이 이 연질 유리로 제조되었으나 최근에는 경질 유리로 바뀌어 가고 있다.

보통 분젠버너로 세공할 수 있는 것은 이 연질 유리 뿐이다. 유리관이나 유리막대를 주문하였을 때 120 cm 사이즈로 절단되어 납품된다. 또 빛을 통해 절단면의 색깔을 보았을 때 황록색을 띠고 있다.

(2) 경질 유리(붕규산 알루미나 유리)

현재 초, 중, 고교의 실험실 시험관, 비커, 플라스크 등은 이 유리가 사용되고 있다.

세공을 하는 경우에는 유리세공용 버너가 필요하며, 숙달되면 경질 유리가 연질 유리보다 세공하기 쉽다. 유리관과 유리막대는 160 cm 사이즈로 절단되어 납품되며 절단면은 회다.

(3) 파이렉스 유리

내열성이 우수하므로 일반 가정의 가열용 유리기구, 커피사이폰 등에 사용되고 있다. 현재 선진국의 시험관, 비커류는 거의가 파이렉스이고, 일본의 경우도 사용량이 늘어나고 있다. 본격적인 유리세공은 산소를 주입한 버너를 필요로 한다.

## 3. 유리 세공용 기구

유리세공용 버너, 줄(눈금용의 줄), 핀셋, 풀무, 산소 봄베, 콜크마개, 펜치, 텅스텐 선 등

## 4. 일반적인 주의

유리세공에서는 화상이나 절상을 입기 쉬우므로 조심해야 한다.

특히 눈에 유리조각이 들어가지 않도록 조심하고(경우에 따라서는 보안경을 낀다), 세공하는 유리는 깨끗하게 씻어야 한다.

다른 종류의 유리는 각각 원료의 성분이 다르기 때문에 이종 유리는 서로 접속할 수 없으므로 세공대를 정리정돈하여 이종 유리가 혼재되지 않도록 한다.

유리는 충격이나 가열, 냉각에는 약하므로 가열할 때에는 약한 불에서 서서히 온도를 높여나가야 한다. 세공이 끝난 후에는 유리 전체를 재가열 조정한다. 살이 두꺼운 유리는 직화로 가열하면 갈라지기 쉽다.

## 5. 관과 막대의 절단(가는 관의 경우)

<그림 1> 같이 오른손에 줄칼을 잡고 강하게 유리면을 누르고 왼손으로 유리를 앞쪽으로 돌려 표면에 상처를 낸다. 줄로 낸 상처는 <그림 2>와 같이 깊고 예리해야 한다(상처를 길게 낼 필요는 없다). <그림 2>의 화살표 방향으로 힘을 가하면 쉽게 부러진다. 줄칼의 사용법은 <그림 3>과 같이 조금 기울게 하여 가장자리를 이용하여 유리에 상처를 내도록 한다. 절단이 잘못되면 <그림 4>와 같이 그라인더나 숫돌을 사용하며 면을 연마한다.

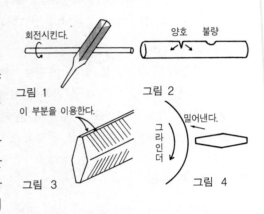

회전시킨다.
양호  불량
그림 1
이 부분을 이용한다.
그림 2
밀어낸다.
그
라
인
더
그림 3
그림 4

## 6. 굵은 관의 절단

<그림 5>와 같이 줄자국 바로 곁에 달군 작은 유리 덩어리를 밀어낸다. 줄자국에서 금이 늘어나므로 한 바퀴 돌리면 유리관이 절단된다. 달군 유리 덩어리가 식기 전에 신속하게 줄자국에 댈 필요가 있다. 가는 관이라도 말단에서 절단하는 경우에는 이 방법이 응용된다.

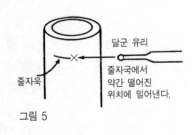

달군 유리
줄자국
줄자국에서 약간 떨어진 위치에 밀어낸다.
그림 5

## 7. 유리관의 인장

유리관으로 가장 많이 사용되는 것은 바깥지름 8 mm, 안지름 5 mm 의 것이다. <그림 6>과 같이 약 50 cm 길이의 관 중앙을 불꽃에 직각 으로 넣어 회전시키면서 균일하게 가열한다. 회전을 멈추지 않고 충분 히 가열하였으면 <그림 7>과 같이 불꽃 밖으로 내어 적당한 속도로 유리관을 늘린다. 당겨 늘린 유리 세관을 절단하는 경우에는 <그림 8> 과 같이 불꽃 속에서 충분히 가열하여 끌어당기면 잘린다.

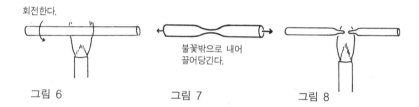

회전한다.

불꽃밖으로 내어
끌어당긴다.

그림 6          그림 7          그림 8

## 8. 유리관 굽히기

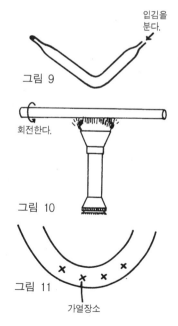

입김을
분다.

그림 9

회전한다.

그림 10

그림 11

가열장소

여러 가지 방법이 각각 나름대로의 특징이 있다.

• 불면서 굽히는 방법

<그림 9>와 같이 유리관 양단을 가늘게 늘려두고 한쪽 끝은 폐쇄 한다. 불꽃을 크게 하여 유리관을 적절하게 회전시키면서 충분히 연 하게 될 때까지 가열한다. 불꽃에 서 내여 일시에 굽히면서 한쪽에 서 숨을 불어넣는다.

- 어미등을 사용하는 방법

  <그림 10>과 같이 분젠버너 위에 어미등을 달아, 편편한 불꽃을 만든다. 유리관을 폭 넓게 가열하고 연하게 되었을 때 천천히 굽힌다.

- 조금씩 굽혀나가는 방법

  <그림 11>과 같이 가스버너로 가열하는 장소를 조금씩 바꾸면서 굽히도록 한다.

## 9. 유리관의 접속

접속하려고 하는 같은 질, 같은 사이즈의 두 유리관을 마련한다. 이것을 좌우로 회전시키면서 가스버너로 가열한다. 관 입구가 충분히 부드럽게 되었을 때 핀셋을 넣고 핀셋의 탄력을 이용하여 관 입구가 균일하게 되도록 안쪽부터 넓힌다. 두 유리면을 모두 잘 다듬어 가스버너로 가열한 다음 충분히 빨갛게 가열하였을 때, 면이 빗나가지 않도록 접합한다. 그 후 불꽃을 작게 하여 한쪽 관 입구를 고무마개 등으로 봉하고, 반대쪽에서 숨을 불어 넣는다.

유리는 숨을 불어 넣으면 부풀고, 가열하면 용해하여 수축하므로 이것을 반복해서 형태를 갖춘다.

## 10. T자관

<그림 12>와 같이 한쪽을 봉한 유리관을 2개 준비한다. 우선 접합하려고 하는 위치에 예리하고 강한 불꽃을 대여 가열한다. 다음에 숨을 강하게 불어넣어 가열한 곳을 팽창시킨다. 유리가 얇은 막이 되어 쉽게 파손되므로 버너로 가열하여 형태를 갖춘다. 접합하는 관의 굵기와 같은 정도로 구멍을 뚫고,

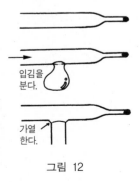

그림 12

다른 접합하는 관을 <그림 12>와 같이 직각으로 맞추어 적절히 돌리면서 버너로 가열하여 접합시킨다.

## 11. 교반막대의 제작

지름 5 mm, 길이 20 cm의 유리막대를 준비한다.

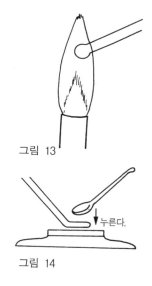

- <그림 13>과 같이 가스버너의 열이 가장 강한 부분에 넣어 회전시키면서 가열한다. 유리막대 끝이 충분히 부드럽게 되었을 때, 스테인리스 숟가락으로 눌러 유리를 조금씩 굵게 한다.

- 선단이 충분히 부드럽게 된 것을 <그림 14>와 같이 접시 위에 대고 위에서 스테인리스 숟가락으로 눌려댄다.

그림 13

- 선단이 충분히 부드럽게 된 것을 펜치로 조금씩 비틀면서 낀다. 숟가락 표면에 톱니모양이 생긴다. 기타, 끝이 뾰족한 것, 비틀림이 생긴 것 등, 노력하면 여러 가지 것을 만들 수 있다.

↓누른다.

그림 14

## 12. 병 자르기

병에 줄 자국을 내고 면실을 알코올에 적셔 절단면에 감아 점화한 다음에 급냉한다.

가장 간단하게 절단하는 방법은 절단하려는 위치에 표지를 하고, 줄로 깊은 자국을 낸다.

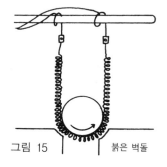

그림 15          붉은 벽돌

<그림 15>와 같이 전열용 니크롬선을 달고 벽돌로 지지하면서 병을 돌린다. 잠시 지나면 펑하는 소리가 나고 병 주위에 금이 돌아 잘려진다. 유리 절단면은 예리하고 위험하므로 샌드페이퍼로 연마한다. 사용하는 니크롬선은 300W용이 적당하다.

## 13. 고무마개에 유리관을 통하게 하는 방법

고무마개에 유리관을 통하게 하는 기회는 화학실험의 경우 의외로 많다. 그러나 유리세공에 의한 화상과는 달리 부상을 당하는 경우 큰 부상을 입을 수도 있으므로 매우 위험한 조작이라 할 수 있다. 우선 고무마개의 경우는 통하게 하려는 유리관과 거의 같은 사이즈의 볼러(착공기)를 사용한다. 뚫린 구멍은 고무마개의 경우, 수축하여 볼러보다 매우 작다. 콜르크마개의 경우는 반대로 볼러보다 크게 된다. 우선 적당한 크기의 목판을 준비하고, 그 위에 고무마개를 놓는다. 다음에 고무마개의 밑에서부터 구멍을 뚫는데 기울어지지 않게 수직으로 뚫는다. 최후에는 전부 볼러를 통하게 하지 않고 고무마개 표

그림 16

그림 17

면에서부터(반대쪽에서부터) 뚫는다. 볼러의 출입을 매끄럽게 하기 위해 물 또는 메탄올을 뚫린 부분에 흘려 넣으면 구멍은 뚫기 쉽게 된다. 구멍이 깨끗이 뚫렸으면 통하게 하려는 유리관 끝에 물을 묻혀 타올 등에 감아 잡는다. 혹시 유리관이 부러져도 손이 상하지 않도록 조심스럽게 조금씩 통과시킨다.

# 폐액처리의 기초

물은 인간 생활에 있어 가장 중요한 지구 자원 중의 하나이다. 또한 해양, 하천, 저수지 등의 수질 보전과 음료수 등의 생활용수, 농업용수, 공업용수의 확보문제도 나라마다 과제로 부각되고 있다.

최근 우리나라에서는 공해문제로서 폐수에 함유되는 유해물질로 인한 수질오염이 큰 문제로 대두되고 있다. 또한 폐수에 함유되어 있는 질소, 인, 유기물질로 인한 부영양화문제와 수돗물의 악취문제 등이 큰 사회문제가 되고 있다.

폐수처리는 통상 pH, SS(부유물질), BOD(생물학적 산소 요구량), COD(화학적 산소 요구량), 유분, 플루오르, PCB, 페놀, 시안, 중금속 (Cd, Cr, Ag, Mn, Fe, Pb, Hg, As, Zn), 황화물, 취기, 색깔 등에 대해서 한다.

또한 학교의 과학실험실에 보관되어 있는 약품 중 대부분은 위험물질, 독극성 물질 등으로 지정되어 있다.

이러한 약품을 취급할 때에는 당연히 기능적으로 보관, 관리하여야 하지만 각각 관련 법규도 준수해야만 한다.

또 고등학교 교과서에 기재되어 있는 약품류는 700 종류 이상이나 되고, 각 학교에서 실제로 보유하고 있는 약품도 200 종류를 넘고 있다.

이처럼 많은 약품류를 다루게 되므로 그 폐액에 관해서도 환경교육 면에서 특히 주의를 기울이는 동시에 적절한 처리가 요구된다.

실험실에서 발생하는 폐기물을 분류해 보면 다음과 같다.

• 일반 폐기물 (유리, 플라스틱, 종이, 나무조각, 금속편 등)…폐기물

처리 및 청소에 관한 법률의 규제를 받는다.

- 가스체(연소가스, 악취가스 등)···대기오염 방지법, 악취방지법 등의 규제를 받는다.
- 실험폐액(시약류)···수질오염 방지법의 규제를 받는다.

일반 폐기물은 보통 쓰레기와 동일하게 처리하고, 유리조각 등에 손을 베이지 않도록 조심한다.

가스체도 초, 중등학교 및 고등학교에서 다룰 정도의 소량이라면 교실의 환기가 잘 되게 하면 된다.

실험폐액 처리는 환경보전, 제3자에 대한 위험방지, 실험실의 안전확보 측면에서 생각할 필요가 있다. 이러한 것은 독극물 취급법 또는 소방법에 따라 폐액에 관해 일정한 기준이 제시되어 있어 엄격한 규제를 하고 있다. 또 공해방지 및 환경오염 방지 측면에서 상기한 수질오염 방지법 등이 제정되어 있다.

① 불필요하게 된 폐액은 적당한 화학적 처리(중화, 가수분해, 산화, 환원 등) 또는 희석하므로서 독물, 극물이 아닌 것으로 한다.

② 중금속 이온은 침전물로 회수한다.

③ 가연성 물질은 보건 위생상 위해가 발생하지 않는 장소에서 소량씩 연소시킨다. 학교에서 다루는 실험 폐액은 산업폐기물에 비해 극히 소량이지만 그 종류는 다양하다. 학교교육 및 환경교육 입장에서도 나 한사람쯤은 무방하겠지 하는 일이 없도록 실험실에서는 전원이 일정 기준 하에서 폐기물의 처리를 하도록 한다.

## 폐액을 회수할 때의 주의사항

(1) 폐액은 각각 종류별로 따로따로 용기에 회수한다. 다소 수고스러울지라도 재이용이나 뒤처리, 처리업자에 인도시에는 이 방법이 훨씬 편리하다. 일반적으로는 다음과 같은 종류로 분류하여 회수한다.

① 산   ② 알칼리   ③ 중금속이온   ④ 일반 유기화합물

(2) 회수 용기는 약품에 저항성이 강하고 파손에 견딜 수 있는 재질의 것을 사용한다. 살이 두텁고 용량이 큰 폴리에틸렌 용기가 적합하다. 용기에는 반드시 폐액의 명칭을 알아보기 쉽게 표시한다. 또 이러한 용기는 약장 등 안전한 장소에 보관한다.

## 구체적인 처리방법

(1) 산, 알칼리 폐액

원칙적으로 산, 알칼리류는 따로 회수한다. 상호 혼합하여도 지장이 없는 경우는 pH가 거의 7이 되도록 중화한 후에 물로 희석하여 5% 이하의 농도가 되도록 하여 방출한다.

또 알칼리 폐액은 중금속 이온의 폐기처리에도 사용할 수 있다.

수산화칼슘이나 수산화바륨 같이 황산과 반응하여 불용성 침전물이 생기는 것은 상등액을 버리고 침전물은 일반 폐기물로 처리한다.

(2) 중금속 이온 폐액

중금속 이온의 처리방법으로는 수산화물 공침법, 황화물 공침법, 탄산염법, 페라이트법, 이온교환 수지법, 활성탄에 의한 흡착법 등이 있다. 중금속 이온으로 일괄 처리할 수 있는 것은 Ni, Co, Ag, Sn, Pb, Cr(III), Cu, Zn, Fe, Mn, 기타(Se, W, Mo, Bi, Sb) 등이다.

학교에서 많이 취급하는 중금속 이온은 대체로 이 속에 포함되므로 대부분은 일괄 처리할 수 있다.

① 탄산염법

중금속 이온을 함유하는 폐액을 큰 폴리에틸렌 용기에 회수하고 어느 정도 양이 차면 알칼리 폐액을 가하여 알칼리성으로 한다.

중금속 이온은 이때 수산화물의 침전이 된다.

알칼리가 너무 강하면 Pb2+, Zn2+ 처럼 재차 용해되는 것도 있지만 탄산나트륨이나 드라이 아이스 등을 폐액에 가하면 이러한 것의 이온도 탄산염으로 침전한다. 이 상태로 정치하여 상등액이 투명해지면 사이폰으로 추출하여 다량의 물로 희석하고 방출하여도 무방하다.

침전물은 어느 정도 양이 차였을 때 추출하여 건조시킨 후, 빈 병 등에 보존한다.

최종적으로는 시멘트로 굳히거나 처리업자에게 처리를 위탁한다. 또 알칼리성으로 하는 경우 수산화칼슘을 사용하면 침전물이 증가하므로 사용하지 않는 것이 좋다.

② 페라이트법

이 방법은 중금속 이온을 석출되는 침전물 속에 넣어 처리하는 방법이다.

우선 황산 제일철을 $20 \sim 30\,\mathrm{g/L}$ 의 비율로 폐수 중에 가하여 적절히 용해시킨다.

다음에 $2\,\mathrm{mol/L}$ 의 수산화나트륨 수용액으로 pH를 $9 \sim 10$으로 조절한다.

다음에 가스풍로 등으로 $60 \sim 90\,℃$로 가열한 후 에어펌프로 공기를 2시간 정도 송풍하면 흑색 침전이 생긴다. 이것을 중화시킨 다음 상등액을 버린다. 침전은 건조 후 병에 보관한다(이 방법으로는 As, $Cr^{6+}$도 함께 처리할 수 있는 이점이 있다).

가장 중요한 것은, 폐기물의 양이 가급적 생겨나지 않도록 시약을 과용하지 말고 회수 이용할 수 있는 것은 가급적 회수하여 다시 이용해야 한다.

# 수은

수은 및 그 화합물은 '독물'이므로 위의 중금속 이온류 하고는 혼합

할 수 없으므로 별도로 회수한다. 수은이 쏟아져 바닥에 흩어진 경우
는

① 솔이나 종이로 가급적 모은다.

② 스포이드로 가능한 한 흡수하여 회수한다.

③ 미세하게 비산하여 모아지지 않는 것은 구리선, 구리판을 잘 닦아
수은을 아말감으로 흡수시킨다.

④ 빈틈 등에 들어가 위의 방법으로는 회수할 수 없는 경우 아연 분
말을 뿌린다. 이 방법으로 수은의 증발을 억제할 수 있다.

## 일반 유기화합물 폐액

일반적으로 물에 녹는 유기화합물(메탄올, 에탄올, 아세톤, 아세트
산, 녹말 등)은 하수처리로 분해되기 쉬우므로 소량이라면 다량의 물
로 희석하여 방출하여도 큰 문제가 되지 않는다(생물처리가 가능하면
더욱 좋다). 또 유지류나 가연성 플라스틱 등은 넓은 장소에서 소량씩
종이쓰레기 등과 함께 소각한다.

가연성의 유기용제 폐액은 가급적 회수하여 재활용하도록 한다. 그
것이 부적합한 경우에는 소각처분한다.

## 불연성 유기화합물 폐액

사염화탄소, 클로로포름 같은 불연성 유기화합물은 소각과 생물처리
모두 곤란하므로 가급적 사용을 억제한다. 만일 사용하였을 경우도 회
수, 재활용하도록 한다.

회수마저 곤란한 경우에는 다른 유기용제와 혼합하지 말고 보관하였
다가 업자에 처리를 위탁한다.

## 기타 폐기물

한제 등으로 대량으로 사용한 식염은 큰 폴리에틸렌 버킷에 넣어 자연방치해 두면 물이 증발하여 식염의 결정이 생긴다. 이것은 다시 한제 등으로 이용할 수 있다.

결정 형성 등에 사용한 명반류, 황산구리 등은 포화용액인 채로 전용 용기에 보관하여 다시 결정 형성 등에 이용한다.

기타 실험에 사용한 다량의 약품류, 예를 들어 전해용의 황산, 황산구리 용액 등도 전용 용기에 보관하여 반복 이용하도록 한다.

# 과학실험실의 '초'정리법과 각종 아이디어
## - 최소한의 수고로 깨끗이 정리 -

과학실험실의 정리라 하면 '아이쿠, 큰 일이야'라고 말할 분도 많을 것이다. 수업준비도 힘겨운데 정리할 시간이 충분하지 않은 것이 현실이다.

정리가 불충분하므로 시간이 더욱 걸리거나 학생들의 실험이 원만하게 진행되지 못하는 경우도 적지 않다. 즉, 과학실험실 '정리 부족 → 찾는 시간·수고가 많다 → 시간이 없어 정리 못한다' 하는 악순환에 빠져 있지나 않을까.

'초' 정리법이라고 이름 붙인 것은 한 번 정리해 두면 다음에는 별로 손을 대지 않아도 자연히 깨끗하고 합리적으로 유지할 수 있다는 뜻이다. 사소한 고안으로 준비물을 찾기 쉬운 그리고 사용하기 쉬운 과학실이 될 수 있다.

또한 학생들이 정돈하며 정리하는 과학실 = 노력이 별로 들지 않는 과학실이 실현된다.

## 1. 과학실 경영에 대한 기본 정신

정리법과는 좀 거리가 있으나 어떠한 방침으로 정리하는가에 따라 정리한 과학실의 분위기가 크게 달라진다. 기왕 정리한다면 학생들이 좋아하는 과학실로 해야 할 것이다. 내가 첫째로 여기는 것은

| 학생들이 즐겁게 가고 싶어하는 과학실 |
| --- |

이다. 가 보아도 벽에는 아무런 게시물도 없고 실험할 기구가 어디 있

는지 알 수 없는 과학실에서는 학생들이 과학실에 대한 매력을 느낄 수가 없다.

학생들이 과학실에 가면 수업이 시작되기 전부터 게시물을 읽거나 전시물을 볼 수 있어야 한다. 이러한 과학실이라면 학생들은 앞을 다투어 가게 된다.

그러나 즐거운 것만으로 과학실 경영이 끝나지 않는 것은 당연한 일이다.

> 기능적으로 정리되어 있을 것(학생들이 사용하기 편리하게 되어 있을 것)
> 과 사고방지의 배려가 되어 있어야 한다(약품관리, 기구배치 등).

가 대전제이다.

여기에 즐거움이 플러스되어야 한다. 그렇다면 즐거움은 어떻게 제공하여야 할까?

> 교재 교구를 풍요롭게, 정보를 풍요롭게 한다.

이 두 가지 방향에서 나는 주력해 왔다. 여기서는 정리법으로서 물건의 정리를 중심으로 소개한다.

(1) 교재 교구를 풍요롭게 하려면

돈이 있으면 좋겠지만 현실적으로는 충분하지 않다. 이러한 경우에는 구두쇠정신을 발휘하면 된다. 폐물을 가차없이 이용하여 교재화하는 것이다. 나에게 있어 쓰레기장은 보물단지이다.

급식시 제공되었던 1회용 컵도 전교 분을 모으면 동일한 규격의 용기로서 편리하게 사용된다(청소시간에 학생들이 씻는 수고는 해야 한다).

그러나 차차 이러한 교재 교구가 많아지면 정리가 잘 되지 않아 별 볼 일없는 보물 단지가 될 염려가 있다.

(2) 정보를 풍요롭게 하려면

　게시물과 전시물은 정보를 학생들에게 제공하기 위한 것이다. 세상은 정보의 홍수지만 학생들이 흥미를 느낄만한 과학정보란 관점에서 보았을 때 그렇게 풍요한 정보가 있다고는 말할 수 없다. 부디,

> 풍요한 정보를 제공하는 관점에서 게시물이나 전시물을 정리해야 한다.

고 말할 수 있다.

(3) 교사를 위한 정보수집·정리방법

　과학실 경영과 거리가 있으나 내가 하고 있는 것을 몇 가지 소개한다.

① 타교에서의 연구회 등에는 카메라와 명함을 갖고 참석하자.

> 카메라를 갖고 가서 다른 학교의 좋은 점을 훔쳐온다.

　나는 언제나 가방 속에 카메라를 넣고 다닌다.

　또한 회의가 끝난 후에도 발표자의 선생과 이야기하거나 질문을 한다. 그렇게 함으로써 여러 가지 정보, 때로는 자료(연구 수록이나 교재 등)를 받게 되는 경우도 있다.

　또한 가능한 명함 교환을 하여, 나중에도 정보교환을 할 수 있도록 하면 좋다. 물론 귀교한 후에는 바로 인사장을 발송한다. 이렇게 함으로써 많은 선생님들과 친교를 맺어 많은 정보나 자료를 쉽게 얻을 수 있도록 한다.

② 서클과 연구회 등에 적극적으로 참가하여 발표한다.

> 발표함으로써 자신의 실적이 기록에 남는다.

　자기가 습득한 것을 타인에게 전달하면서 서로 향상되어야 할 것이다. 마음껏 정보 교환을 하자.

③ 개인용 컴퓨터로 정보교환을 한다.

④ 기록 (문자, 사진, 비디오 등)을 폭넓게 이용하자

수업의 기록, 학생 레포트, 작문 등은 교사에게 있어 보물이다. 이 기록을 근거로 다음 수업의 향상이 가능하다. 또한 기록해 두면 실천에 옮기는 데 매우 유용하다.

⑤ 가나다순 주머니 파일

신문의 스크랩 등의 자료가 많이 수집되면 정리가 매우 어렵다. 사장되면 모처럼 수집한 정보가 헛되게 된다.

제목을 가나다순으로 배열하여 정리한다.

## 2. 선반 정리법

(1) 표시는 비닐테이프로

풀로 붙이는 종이레이블을 사용하고 있는 학교가 많은 것 같은데 떼어내면 더러워져 재배치하기가 매우 어렵다.

그런 점에서 비닐테이프는 떼어낸 다음도 깨끗하고 재배치가 간단하다. 한 번 붙인 후 장소를 바꾸고 싶으면 떼어내어 다른 장소에 새롭게 붙일 수도 있다. 몇 년 붙여 놓았던 것은 풀자리가 남으나 아세톤으로 닦으면 간단히 지워진다.

그 외에 다음과 같은 이점이 있다.

• 황, 청, 적 등 눈에 잘 뜨이는 색으로 표지할 수 있다.

• 폭 5 cm의 것과 2 cm의 것을 구분하여 사용할 수 있다.

• 길이는 필요에 따라 자유로이 조절할 수 있다.

• 내수성이 있으므로 적셔도 끄떡 없다.

분야의 표시 등에는 폭이 넓은 테이프를 사용하고 개개의 기구명은 폭이 좁은 테이프를 사용하여 표시한다. 나의 경험으로는 황색의 테이프에 흑색 유성펜으로 적은 것이 가장 눈에 잘 띄어 알아보기 쉬운 표시가 되었다.

약품 선반의 표시도 내구성의 면에서 비닐테이프가 적합하다.

(2) 스틸제의 문을 떼어놓는다.

흔히 사용하는 기구류는 보이는 곳에 놓는 것이 기본이다. 선반의 스틸제의 문은 떼어놓자. 물론 별로 사용하지 않는 것을 넣어두면 먼지가 들어가지 않도록 문을 달아두자.

선반의 좌우에 흔히 사용하는 기구가 들어있을 때, 양쪽을 동시에 열어 꺼낼 수 없으므로 불편하다. 흔히 사용하는 경우는 문을 떼어내어 수납하기 쉽도록 하자.

(3) 컨테이너 케이스로 규격을 통일한 수납

정리 정돈할 때 규격이 통일되었을 때와 그렇지 않을 경우는 큰 차가 있다. 컨테이너 박스를 같은 사이즈로 갖추어 놓으면 산뜻하다.

나의 권장은 40 cm × 28 cm × 15 cm의 것이다. 반투명한 것을 사용하면 속의 보관물을 알 수 있으므로 편리하다.

이 컨테이너 박스에도 비닐테이프를 붙여 기구명을 표시한다.

선반에 넣거나 학생용 락커에 넣어두면 박스 채로 운반할 수 있으므로 편리하다. 수조 대신으로도 사용할 수 있다.

(4) 같은 학생이 언제나 같은 기구를 사용한다.

현미경이나 접시 천평 등에는 비닐테이프로 학생(실험대)의 번호를 표시해 놓자. 언제나 같은 기구를 사용하는 것이 책임지고 잘 사용할 수 있는 것이다.

표시없이 마음대로 사용하게 하면 정비상태가 좋은 것을 먼저 잡은 사람이 사용하게 된다. 그리고 정비가 안 된 것을 사용해도 다음에는 다른 것을 사용하게 될 것이라 생각하게 되어 그대로 두는 경우가 많다. 표시가 있고 자기들의 기구라는 의식이 있으면 미비한 점은 바로 보고하여 좋게 하려고 한다.

또한 만일 정리상태가 미비하게 되었을 경우에도 그 학생을 불러 지도할 수가 있다. 이러한 것을 확실하게 해두면 학생들의 뒤처리가 철저해져 교사의 수고도 줄일 수 있다.

## 3. 학생용 실험대의 아이디어

### (1) 실험대에 No 표시를

비닐테이프(황색, 5 cm폭)로 No를 표시해 놓고 전술한 바와 같이 자신의 번호와 No가 같은 기구를 사용하도록 한다.

### (2) 수도꼭지에는 가스호스를

실험대의 수도꼭지는 너무 높아서 물이 튕기는 일이 많으므로 20 cm정도의 호스를 단다. 가스 호스가 적당한 굵기이다. 가스 호스는 수년이면 교환하므로 그 낡은 것을 사용하면 비용이 들지 않는다.

### (3) 싱크에는 목욕매트를

학생용 실험대의 싱크는 도기제이므로 시험관 등을 떨어뜨리면 바로 깨어진다. 큰 목욕매트를 싱크의 크기에 맞추어 잘라 깔아두면 좋다.

### (4) 솔걸이

수도의 꼭지에 비닐코팅된 굵은 철사로 솔걸이를 만들면 편리하다. 그림과 같이 하면 간단히 솔을 2개 걸 수 있다.

### (5) 타다 남은 성냥개비 넣기

청량 음료수의 빈통을 사용하는 것을 흔히 볼 수 있는데 타다 남은 성냥개비가 대량으로 쌓이므로 화재 염려가 있다. 더욱 작은 용기로 실험 후에는 매번 속을 비우도록 하는 것이 좋다.

그러기 위해서는 안정성이 좋고 단단한 물양갱 빈통이 가장 적합하다. 창가에 있는 싱크에 소쿠리를 준비해 두고 실험이 끝난 다음 타다 남은 성냥개비 넣기의 내용물을 버릴 수 있게 하면 언제나 깨끗하게 유지할 수 있다.

## 4. 각종 아이디어

(1) 폐기된 학생 책상을 배열한다.

　그 위에 실험기구나 전시물 등을 놓는다. 처음부터 선반 등이 정비되어 있는 학교에서는 필요 없는 일이지만…

(2) 풀, 가위, 셀로판테이프, 그래프 용지 완비!

　학생들에게 지참하도록 지시해도 잊어버리기 쉽다. 또한 그래프 용지 한 권 사서도 몇 장 밖에 사용하지 않는 것도 낭비다.

　풀, 그래프 용지 등은 과학실에 완비해 놓고 필요할 때 학생들이 자유롭게 사용할 수 있도록 하자. 그래프 용지는 B4의 것을 4분의 1로 잘라 놓으면 노트에 붙이기 쉬운 크기가 된다.

　나는 색연필(적, 청), 호치키쓰, 노트를 갖고 오지 않은 학생들이 자유롭게 사용할 수 있는 노트(B5의 종이)까지 준비해 놓고 있다. 과잉서비스는 아닐지?

(3) 18 L 깡통이 쓰레기통으로 변신

　유리용, 금속용 등의 위험물 넣을 쓰레기통을 간단히 만들 수 있다.

(4) 1회용 컵, 필름케이스를 대량으로

　각각 바구니 등에 넣어 과학실에 놓고 자유롭게 사용할 수 있도록 하자. 대량으로 있으면 실험의 개별화가 가능해진다.

　이 밖에 술컵, 어묵판 등도 모아 놓으면 편리하게 쓸 수 있다.

(5) 카드식 약품대장

　다음과 같은 카드를 약품대장으로 사용한다.

　이것이면 재고량도 알 수 있고, 사용하려 할 때 병에 조금 밖에 없어 당황하는 경우 등을 피할 수 있다.

　또한 병 자체에도 유성 펜으로 구입 년 월 일을 기입해 놓자.

약품명 : 수산화나트륨 NaOH        보관위치 No

특    성

독물, (극물,) 위험물(산화성 고체, 가연성 고체, 발화성 물질, 인화성 액체, 산화성 액체) 강산성, (강알칼리성,) (부식성,) 자극성, 변질성, (흡습조해,) (CO₂흡수,) 광분해, 기타)

비고 [공업용으로 충분, 물에 용해될 때 발열]

| 구입년월일 | 용량 | 규격 | 구매자 | 사용사항 | | | | | | 구매년월일 | 용량 | 규격 | 구매자 | 사용사항 | | | | | |
|---|---|---|---|---|---|---|---|---|---|---|---|---|---|---|---|---|---|---|---|
| 95.11.15 | 450 | 공업 | | | | | | | | | | | | | | | | | |
| | | | | | | | | | | | | | | | | | | | |
| | | | | | | | | | | | | | | | | | | | |
| | | | | | | | | | | | | | | | | | | | |
| | | | | | | | | | | | | | | | | | | | |
| | | | | | | | | | | | | | | | | | | | |
| | | | | | | | | | | | | | | | | | | | |

사용한 분량만큼
색깔을 칠한다.

# 집필자 소개(가나다순)

가시다 히데도시(樫田豪利)
1956년생. 나고야대학 대학원 졸. 가네사와대학 교육학부 부속고등학교 교사

가와바다 요우소(河端 良三)
1948년생. 도쿄이과대학 졸. 삿포로시립 소이와중학교 교사

고도 도미치(後藤富治)
1947년생. 야마가타대학 졸. 공립중을 거쳐 자유의 숲 중학교·고등학교 근무. 저서로는 「즐거운 과학실험·공작」, (신세이출판) 등

고모리 에이지(小森榮治)
1956년생. 사이타마현 렌다시립 렌다중학교 교사. 「이과수업의 재미있는 도입, 재료대백과」, (공편),「교육기술의 법칙화」 시리즈, 「즐거운 이과수업」 (이상 메이지도서),「이과 재미있는 실험·물건 만들기의 완전 매뉴얼」 (공저 도쿄서적) 등, 집필 다수. 법칙화 이과연구회 사무국장, 소니상 수상교연맹 사무국차장

구스다 준이치(楠田純一)
1951년생. 효고현 이치가와마치 스루이중학교 교사. NIFTY-Serve 교육실천포럼「이과교실」안내계(ID : MAF 02114). 저서 : 「교사를 위한 퍼스컴 통신입문」 (공저 가쿠지출판), 「스톱모션방식에 의한 1시간 수업기술 중2」 (공저 닛본쇼세키), 「즐거운 과학실험·공작」 (공저 신세이 출판)

기미시마 데스오(君島哲夫)
1959년생. 나고야공업대학 대학원 수료. 도지키 현립 이마이치고등학교 교사.

나가사도 미스아키(長里光秋).
1956년생. 오사카대학 대학원 이학연구과 석사과정 수료. 오사카부립 시조나와데고등학교 교사

노무라 마사유키(野村正幸)
1945년생. 아키다대학 학예학부 졸. 아키다현립 오다테호메이고등학교 교사

다니 겐이치(谷 賢一)
1949년생. 네야가와시립 게이메이소학교 교사, 네야가와 이과서클 사무국장. 저서「온도와 물질의 변화(3태변화)」 (포럼A), 기타 실험·물건 만들기 책 (공저) 등

다니구치 히로시(谷口博士)
1948년생. 나루도교육대학 대학원 석사과정 수료. 교육학석사. 돗토리현립 돗토리니시고등학교 교사

도리모토 노보루(鳥本 昇)
1936년생. 오사카대학 이학부 석사과정

수료.
공학박사. 오사카부 교육센터 과학교육
부장을 거쳐. 1995년도부터 시가대학
교육학부 교수 (이과교육연구실). 저서 :
「화학을 즐겁게 하는 5분간」 (공저 화
학동인)외 공저 2편

**도시야스 요시오(利安義雄)**
1940년생. 오사카시립대학 대학원 수료.
오사카부 교육센터 과학교육부장. 저
서 :「이과시험을 위한 유리·플라스틱
세공」(공저 다이이치 학습사」 등

**마스모토 류시(松本勇志)**
1939년생. 도쿄이과대학 화학과 졸. 자
유의 숲 학원 중·고등학교 교사

**모리구치 죠(盛口 襄)**
1928년생. 니혼대학 농학부 졸. 시부야
교육학원 마쿠하리고등학교 비상근 강
사. 도레이 이과 교육상(본상 2회, 심사
원 특별상 1회 수상). 저서 :「고교 화
학교육 싯점과 실천」,「신선한 화학아
이디어 실험」 (신생출판),「모리구치 죠
시집」 (예풍출판) 등

**모리모토 스스무(森本 進)**
1944년생. 오사카대학 대학원 박사과정
단위취득 퇴학, 오사카부 교육센터 주
임연구원. 저서 :「역의 원리와 자연계
의 기초법칙」(1992).「유전자는 소립
자와 같은 언어를 쓴다―유전자와 소
립자를 위한 주기표」(1997) 등

**무라카미 사도시(村上 聰)**
1961년생. 니혼대학 졸. 사이타마현 가
와고에시립 야마타중학교 교사

**무라다 가스오(村田勝夫)**
1943년생. 오사카대학 대학원 이학연구
과 박사과정 중퇴. 이학박사 나루도교
육대학 학교교육학부 교수(분석화학).
저서 :「분석화학 핸드북」 (공저 아사쿠
라 서점),「신재료 화학」 (공저 도레이
리서치센터)

**무라다 도시오(村田敏雄)**
1948년생. 요코하마국립대학 공학부 졸.
도쿄 이과대학 이학전공과 수료. 도쿄
도립 요요키 고등학교 교사

**미스지마 고세이(水島 耕成)**
1953년생. 나루도교육대학 대학원 수료.
가나가와현립 요코스카고등학교 교사

**사이토 고이치(齊藤幸一)**
1954년생. 도쿄도립대학 이학부화학과
졸. 가이세이학원 교사, 일본화학회 간
토지부 화학교육위원회 위원, 일본화학
회 꿈의화학 21위원. NHK 통신고교
강좌 화학강사

**사이노 슈이치(齊野秀一)**
1954년생. 야마가타대학 농학부 졸. 야
마가타 현 난요시립 우루야마중학교 교
사. 저서 :「즐거운 과학이야기」 (공저
신세이출판),「신 중학이과 2년의 수업」
(공저 민슈사)

스기야마 가스마사(杉山和正)
1957년생. 사이타마대학 이학부화학과
졸. 도쿄도립 오이스미고등학교 교사

스기야마 오시지(杉山美次)
1949년생. 도쿄학예대학 졸. 요코하마
시립 미나미고등학교 교사

스기하라 가스오(杉原和男)
1951년생. 교토시 청소년과학센터(화학
영역) 근무. 도레이 이과교육상(본상 1
회, 장려상 2회), 전일본 교직원 발명전
(입선, 장려상 각 1회), 교토시 교육공
로표창 수상 등. 저서 : 「이과 재미있는
실험・물건만들기 완전 매뉴얼」 (공저
도쿄쇼세키) 등, 과학교육연구협의회
회원, 교토파스칼 회원

스마끼 다카오(妻木貴雄)
1954년생. 도쿄교육대학 이학부화학과
졸. 스쿠바대학 부속고등학교 교사

스스키 지에코(鈴木智惠子)
1930년생. 교토대학 대학원 이학연구과
화학과 수료. 이학박사. 1995년 시가대
학 교육학부 교수 정년퇴임. 리스메이
칸대학 이공학부 비상근 강사(이과교
육). 저서 : 「친근한 현상의 물리와 화
학」 (도카이대학 출판부), 「친근한 현상
의 과학 소리」 (가이유사)등, 소학교교
원 양성을 위한 이과교육법과 쉽게 구
할 수 있는 재료로 할 수 있는 실험법
개발에 대한 논문 다수

스유모토 이사오(露本伊佐男)
1969년생. 도쿄대학 대학원 공학계연구
과 수료, 도쿄대학공학부 응용화학과
조교, 전문은 무기재료 물성・분광분석
화학

시카우라 히로시(四ケ浦 弘)
1954년생. 도쿄도립대학 인문과학부 졸.
사립 가네사와고등학교 교사. 저서 : 「
이과 재미있는 실험・물건 만들기 완전
메뉴얼」 (공저 도쿄쇼세키), 「생생한 화
학・내일을 여는 꿈의 실험」 (공저 신
세이출판), 「수업이 살아나는 가슴 두근
거리는 실험」 (공저 신세이출판), 1993
년도 도레이 이과교육상(본상) 수상

시미스 가스유키(清水一幸)
1952년생. 도쿄농공대학 대학원 수료.
도쿄도립 난야고등학교 교사. 중학이과
・고교화학 교과서편집위원(도쿄쇼세키)

야마모토 가스히로(山本勝博)
1948년생. 오사카공업대학 대학원 수료.
오사카부 교육센터 주임연구원(유기합
성화학・화학교육)

오키다 마사코(冲田雅子)
1956년생. 아키다대학 교육학부 졸. 아
키다현립 요코데공업고등학교 교사

와타나베 도오루(渡邊 徹)
1962년생. 도쿄도립대학 이학부화학과
졸. 도지키현립 우스노미야공업고등학
교 교사. 저서 : 「철저 이해・고교화학
의 기초」 (공저 실교 출판) 등

요코 야마 료지(横山 了爾)
1939년생. 효고교육대학 대학원 수료.
효고현립 이에시마고등학교 교장, 도레
이. 이과교육상(본상 1회 수상). 저서 :
「교사를 위한 이과 I」(공저 실교출
판), 「속 교사를 위한 이과 I-전개편」
(공저 실교출판)

우메스 데스오(梅津徹郎)
1950년생. 홋카이도대학 공학부 졸. 동
교육학부 졸. 홋카이도대학 대학원 교
육연구과 수료. 삿포로 모이와고등학교
교사. 홋카이도 교육에 대한 삿포로교
비상근 강사

우스이 도요카스(臼井豊和)
1962년생. 도쿄학예대학 대학원 교육학
연구과 석사과정 수료. 도쿄도립 하치
오지 히가시고등학교 교사

우치이에 시스(氏家 しづ)
1964년생. 가쿠슈엔대학 대학원 자연과
학연구과 석사과정 수료. 고쿠사이기독
교대학 고등학교 강사. 슨타이오픈스쿨
강사, 일본화학회 회원

이노우에 류지(井上雄二)
1967년. 도쿄이과대학 이학전공과(화학)
수료. 호세이대학 제2중학교 교사.

이히라 노리오(伊平憲生)
1958년생. 도쿄이과대학 이학부 제1부
졸. 이학전공과 수료. 도쿄도립 고야마
다이고등학교 교사. 일본화학회 정회원

호카무라 다카시(外村隆志)
1950년생. 오사카대학 졸. 오사카부립
가이바라 히가시고등학교 교사. 과학교
육연구협회 회원. 오사카화학서클에 소
속「이과교실」, 「오사카의 자연과 과학
교육」, 「오사카화학서클 실천의 정리」
등에 집필

호소가와 고오시로(細川貢四郎)
1948년생. 홋카이도교육대학 삿포로교
졸. 홋카이도 삿포로시립 마고마우치중
학교 교사. 저서 : 「홋카이도의 자연이
야기」(공저 신생출판), 「자연에 도전 :
화산탐험」(공저 오스기 서점), 「홋카이
도 5만년사」(공저 향토와 과학 편집위
원회 편)

후루가와 지요오(古川千代男)
1934년생. 에히메대학교 육학부 졸. 모
토마스야마 히가시구모중·고등학교 교
사. 저서 : 「물질의 원자론 — 학생과 창
조하는 과학수업」(코로나사), 「중학 이
과의 수업」(공저 민중사), 「즐겁게 아는
실험·관찰」(공저 신세이출판) 등

히라가 노부오(平賀伸夫)
1963년생. 도쿄학예대학 대학원 수료.
도쿄학예 대학부속 다케하야중학교 교
사. 저서 : 「중학교 이과교육 실천강좌」
(공저 니치분) 등

히라바야시 데루가스(平林輝一)
1963년생. 도카이대학 이학부화학과 졸.
오다하라시립 조후쿠중학교 교사